FRANCESCO REGGIANI / KEITH BLUEMEL

FERRARI MOTOREN

15 TRIEBWERKSIKONEN VON 1947 BIS HEUTE

HEEL

Widmung

Für meinen Vater.
Vor 26 Jahren widmete er mir
ebenfalls ein Buch über Ferrari.

Impressum

HEEL Verlag GmbH
Gut Pottscheidt
53639 Königswinter
Telefon 0 22 23 / 92 30-0
Telefax 0 22 23 / 92 30 13
Mail: info@heel-verlag.de
Internet: www.heel-verlag.de

Der Originaltitel „Ferrari Engines" ist erschienen bei:
Haynes Publishing, Sparkford, Nr Yeovil, Somerset, BA22 7JJ, UK
written by Francesco Reggiani © 2018

Deutsche Übersetzung: Manfred Kolb

Lektorat: G&U Language & Publishing Services GmbH, Flensburg

Bildnachweis: Francesco Reggiani

Satz und Gestaltung der deutschen Ausgabe: Ralph Handmann

Printed in Croatia

ISBN 978-3-95843-869-9

EINBANDABBILDUNG: Die Motor-/Getriebeeinheit (Motortyp F114 B) des legendären Ferrari 288 GTO von 1984. Durch Doppel-Turboaufladung schöpft der V8-Motor aus einem Hubraum von 2,8 Litern 400 PS (294 kW). (Bild: Franceso Reggiani)

FRANCESCO REGGIANI / KEITH BLUEMEL

FERRARI MOTOREN

15 TRIEBWERKSIKONEN VON 1947 BIS HEUTE

HEEL

INHALT

Einführung

Enzo Ferrari war fest davon überzeugt, dass ein V12-Motor der ideale Antrieb für leistungsstarke und erfolgreiche Sportwagen sei. Dank seiner hohen Laufkultur und ausgezeichneten Kraftentfaltung wäre ein damit motorisierter Wagen aber nicht nur wettbewerbsfähig, sondern auch alltagstauglich.

Nachdem Enzo Ferrari zuerst für Alfa Romeo Rennen gefahren war, übernahm er später die Leitung dieses Rennteams, das nun unter dem Namen „Scuderia Ferrari" startete. Unüberbrückbare Gegensätze führten jedoch nach einiger Zeit dazu, dass sich die Wege von Ferrari und Alfa Romeo trennten.

Während der Zeit, als Ferrari die Verantwortung über die Rennwagen von Alfa Romeo hatte, tauchte an diesen auch erstmals das „Cavallino Rampante" auf. Es war das Wappentier der Familie Baccara und Ferrari erhielt es von der Mutter des Kampfpiloten Francesco Baccara, der im Ersten Weltkrieg 1918 abgeschossen wurde. Zur Erinnerung an ihn brachte Enzo Ferrari das schwarze Cavallino Rampante auf einem gelben Schild an – der Farbe von Modena, seinem eigenen Geburtsort.

Die Auflösungsvereinbarungen zwischen Ferrari und Alfa Romeo sahen vor, dass für die folgenden vier Jahre kein Auto seinen Namen tragen durfte. Daher hieß sein erstes, 1939 nach der Trennung von Alfa Romeo gegründetes Automobilunternehmen „Auto Avio Costruzioni".

Alle Abbildungen in diesem Buch entstanden in den Räumen verschiedener Ferrari-Spezialisten in Italien, die ihre Werkstätten für diese Aufnahmen vorübergehend zu „Studios" umfunktionierten.

Die beiden von ihm gebauten 815 AAC Spider hatten Achtzylinder-Reihenmotoren, die aus zwei Fiat-508-Motoren mit einer gemeinsamen Kurbelwelle entstanden. Der Krieg verhinderte weitere Aktivitäten und erst nach Kriegsende konnte Enzo Ferrari, nun auch frei von den mit Alfa Romeo getroffenen Vereinbarungen, endlich unter seinem Namen Autos und Motoren bauen.

Im Lauf der Zeit wurde Ferrari zu einem der weltweit angesehensten und renommiertesten Hersteller automobiler Träume. Die legendären V12-Motoren (aber auch die R4-, R6-, V6-, V8 und V10-Motoren), konstruiert von Technikgenies wie Gioachino Colombo, Giuseppe Busso, Aurelio Lampredi, Vittorio Jano, Giotto Bizzarini, Mauro Forghieri, Nicola Materazzi, Giuliano de Angelis, Angelo Bellei und Franco Rocchi, waren und sind nicht nur ästhetische Meisterstücke der Motorenbaukunst. Sie haben auch eine unvergleichliche Leistungsentfaltung, die von einer betörenden Klangkulisse ähnlich einem Symphonieorchester begleitet wird, was kein Geringerer als die Dirigentenlegende Herbert von Karajan feststellte!

Die Idee zu diesem Buch entstand, während ich über fünf aufregende Jahre die Restaurierung einiger der schönsten Ferrari verfolgen konnte. Beim Fotografieren der verschiedenen Restaurierungsschritte zu Dokumentationszwecken realisierte ich, dass nicht nur die verschiedenen Karosserien mit ihren bildschönen Formen einen unvergleichlichen ästhetischen Reiz ausstrahlen, sondern auch die im Motorraum versteckten mechanischen Bauteile den Betrachter in ihren Bann ziehen können. Ich hätte mir vor den Aufnahmen der zerlegten Motoren niemals vorstellen können, welche Faszination von ihnen ausgeht. Ich verliebte mich regelrecht in die Herzen der vierrädrigen Geschöpfe und konnte diese technologischen Meisterwerke von Ferrari im Detail erforschen, indem ich sie in komplettem und zerlegtem Zustand fotografierte.

Für dieses Buch, das auch die Weitsicht und den Scharfsinn von Enzo Ferrari würdigen soll, haben wir 15 Motoren ausgewählt, die zu den Meilensteinen in der Geschichte von Ferrari gehören – Motoren in verschiedenen Ausführungen, mit unterschiedlichen Hubräumen und Kraftstoffsystemen, die alle diverse technische Innovationen aufweisen. Sie bezeugen die Genialität und die Motorenbaukunst ihrer Ingenieure und vervollständigen so in perfekter Weise das kreative Werk der Designer und Karosseriebauer, die diese wunderschönen Autos entstehen ließen.

Francesco Reggiani
Juli 2018

„Von Anbeginn an wollte ich – gegen alle anderen Meinungen – einen 12-Zylinder-Motor. Ich wurde dafür stark kritisiert und man sagte meinen wirtschaftlichen Ruin voraus. Aber dieser Motor wurde wirklich der Ahnherr aller Ferrari-Motoren, die heute noch erfolgreich Rennen fahren. Ich habe alle ausprobiert, Acht-, Sechs- und Vierzylinder-Motoren und kehrte immer wieder zum 12-Zylinder zurück, der mein Favorit ist.“

Enzo Ferrari
Aus *Caratteristiche Tecniche dei Motori Ferrari realizzati dal 1946 al 1985,* veröffentlicht von Ferrari 1985.

Danksagung

Dieses Buch, das mit ausgewählten Motoren die Geschichte der Ingenieurskunst bei Ferrari veranschaulichen möchte, wäre ohne die Einwilligung, Mitarbeit und Geduld von einigen der namhaftesten Ferrari-Spezialisten nicht realisierbar gewesen.

Mein besonderer Dank gilt der Mannschaft von Toni Auto, hier besonders Silvano Toni, Davide Toni und Andrea Toni, Vincenzo Conti, Marcello Silferi und Alessandro Olive, deren Werkstatt sich in Maranello direkt vor den Toren der Ferrari-
Fabrik in der Via dell'Abentone Inferiore 41 befindet.

Ein ausdrücklicher Dank gebührt auch den Fachbetrieben mit ihren Mitarbeitern, bei denen ich etliche Motoren fotografieren konnte, die auf den folgenden Seiten zu sehen sind: Corrado und Guido Patella von Autofficina Omega, Zanè (VI); Alessandro Peraro von Maranello Service, Calvatone (CR); Carlo und Renato Bonini von Autofficina Bonini, Cadelbosco di Sotto (RE); Aldo Carrabs von Forza Service, Torino (TO); Engineer Vincenzi von Motor Service, Modena (MO); Angelo Rizzoli von Autofficina Sauro, Bologna (BO); Maurizio Colpani von Colpani Motori, Poncarale (BS); Gesuita von Rosso Monza Officina Ferrari, Concorezzo (MB); und Tommaso Gelmini von GPS Classic, Soragna (PR).

Danken möchte ich auch Sergio Abate von Studio Ellisse und Duerre Tubi Style Group S.p.A.

Ein weiterer Dank richtet sich an Lorenzo Beltrami, Kommissar des ASI (Automotoclub Storico Italiano) der seine Zeit, sein Wissen und seine Erfahrung zur Verfügung stellte.

Außerdem möchte ich Alberto Nobile und Pietro Gandolfi für ihre freundliche Unterstützung beim Autodromo di Marzaglia danken.

Ein besonderer Dank gebührt meinem Freund Andrea Galetti, der mich bei einigen Besuchen in London bei sich aufnahm.

Nicht vergessen werden darf natürlich der Ferrari-Experte Keith Bluemel, der trotz vollem Terminkalender noch die Zeit fand, mein Manuskript auf Fehler zu überprüfen und Anmerkungen hinzuzufügen.

Ein ganz herzlicher Dank geht an Steve Rendle, der seit meiner ersten E-Mail an dieses Projekt glaubte und mich bei der vielschichtigen Realisierung tatkräftig unterstützte.

Und natürlich dürfen nicht die Besitzer der schönen, in diesem Buch präsentierten Ferraris vergessen werden, die meinen häufigen und teilweise recht merkwürdigen Bitten beim Fotografieren ihrer Autos ohne zu zögern nachkamen.

Francesco Reggiani

↓ Technikkunstwerke – die vier Weber-Dreifachvergaser 40 IF 3C eines Ferrari 365 GT4 BB.

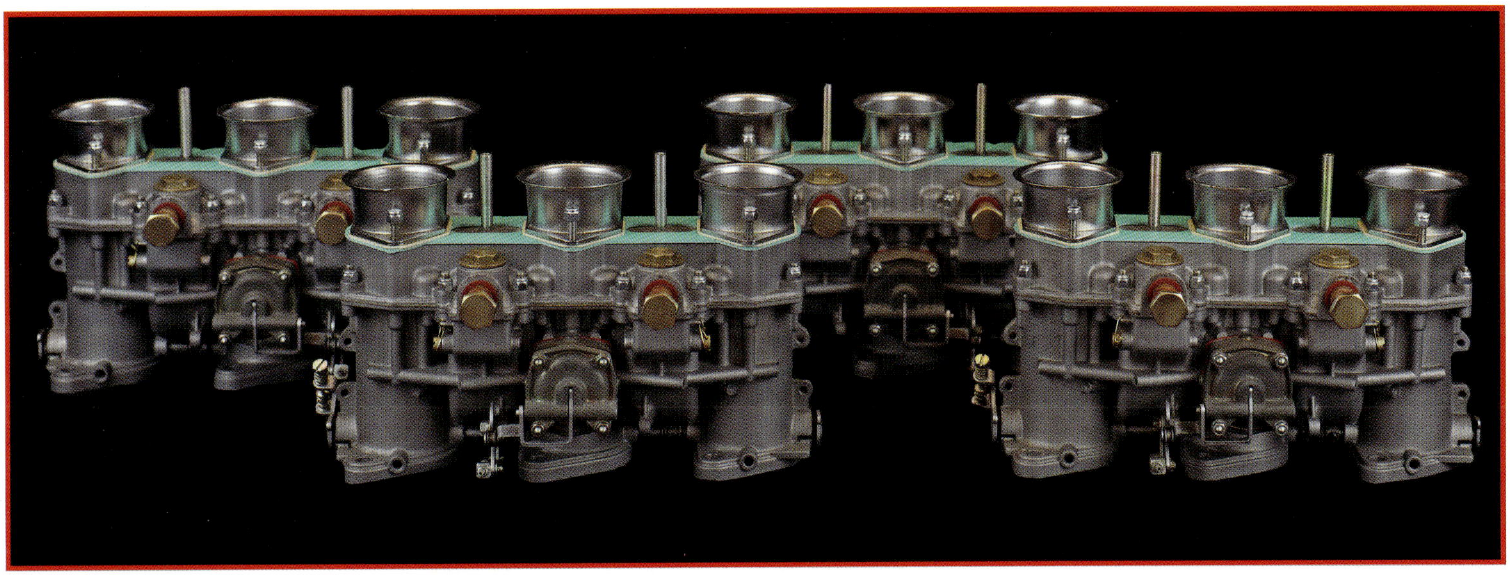

195 Inter

Die erste V12-Motorengeneration von Ferrari (1950)

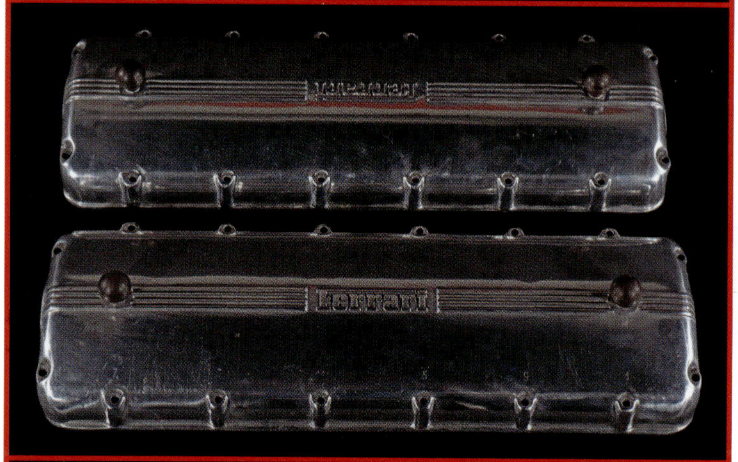

← In den Motorblöcken des Tipo 195 ist noch die Bezeichnung 166 (von den vorigen 2,0-Liter-Motoren) vorhanden.

↙ In den 1950er Jahren waren Pleuel mit schräg geteilten Pleuelfüßen ein typisches Konstruktionsmerkmal der Ferrari-Motoren. Dadurch lassen sich die aus Stahl gefertigten Pleuel nach oben aus dem Motor ausbauen.

Nachdem die von Enzo Ferrari gebauten Autos endlich auch seinen Namen tragen durften, wählte er als Typenbezeichnung das Hubraumvolumen eines Zylinders. Um den Gesamthubraum zu erhalten, muss diese Zahl mit der Zylinderzahl multipliziert werden. Für das Modell 195 ergibt sich somit als Gesamthubraum 195 x 12 = 2340 cm^3. Dieses Bezeichnungssystem – eines von diversen im Ferrari-Typendschungel – wurde in der Regel für die V12-Motoren verwendet und dort für lange Zeit beibehalten.

Die Karosserien seiner Autos ließ Enzo Ferrari damals bei verschiedenen italienischen Carrozzerias in Handarbeit anfertigen. Da es zwischen den einzelnen Exemplaren immer Unterschiede gab, bezeichnete man diese Wagen auch als „Fuori Serie", was sinngemäß Sondermodell bedeutet. Der hier vorgestellte und sehr seltene Motorentyp 195 wurde in den Jahren 1950 und 1951 produziert und fand lediglich in 32 Wagen Verwendung. Diese entstanden bei den damals führenden italienischen Karosseriebauunternehmen wie zum Beispiel Ghia, Motto, Touring und Vignale. Der Tipo 195 war dem zuvor gebauten 166 – von dem immerhin 39 Stück gebaut wurden – sehr ähnlich, hatte jedoch eine größere Zylinderbohrung mit entsprechenden Kolben und damit einen Hubraum von 2,3 Litern anstelle der 2,0 Liter des 166. Wie bei Ferrari üblich, flossen während der Bauzeit des 195 Erfahrungswerte aus dem Rennsport in die Fertigung ein, was zu geringen Unterschieden zwischen den einzelnen Serienmotoren führte. Hinzu kam, dass auch Kundenwünsche nach mehr Leistung berücksichtigt wurden.

Als Ferrari mit dem Automobilbau begann, waren V12-Motoren absolute Exoten und erregten wesentlich mehr Aufsehen als ihre heutigen Vertreter. Das lag nicht nur daran, dass sie in nur sehr geringen Stückzahlen gebaut wurden, sondern ein V12-Motor erschien in den kargen

↖ Der legendäre Ferrari-Schriftzug ist in die Aluminium-Ventildeckel eingegossen.

← Dieses Aluminiumgussteil bildet gemeinsam mit dem Motorblock das Schwungradgehäuse, an das die Kupplungsglocke angeflanscht ist. Gleichzeitig nimmt es auch die unteren Lagerschalen des hinteren Hauptlagers und des Kurbelwellen-Axiallagers auf und dient als Dichtfläche für die Ölwanne.

Jahren unmittelbar nach dem Krieg wie ein Ding aus einer anderen Welt! Der Erfolg im Motorsport war Enzo Ferraris gestecktes Unternehmensziel und es sollte mit einem V12 erreicht werden. Der erste von Ferrari gebaute V12-Motor war der Tipo 125 mit einem Hubraum von lediglich 1495 cm^3. Sein Schöpfer war der geniale Ingenieur Gioachino Colombo, dessen Konstruktionskünste Enzo Ferrari veranlassten, voll auf das V12-Konzept zu setzen. Die Umsetzung vom Reißbrett in die Realität übernahm 1946 der technische Leiter von Ferrari, Giuseppe Busso. Von diesem V12-Motor entstanden lediglich zwei Exemplare, die in der Barchetta „Alaspessa" und dem Zweisitzer „Sigaro" 125 S Competizione eingebaut waren.

Beim Tipo 166 mit 2,0 Litern Hubraum handelt es sich um den ersten in Kleinserie gebauten Ferrari-Motor. Wie der 125 war er ursprünglich für den Renneinsatz vorgesehen, diente später aber auch als Antrieb für straßenzugelassene Wagen, die es als Coupé, Berlinetta und Spider gab. Der untere Karosserieabschnitt der offenen Wagen lief oft ausgerundet in den Unterboden über, weshalb die zeitgenössische italienische Fachpresse diese Karosserieform als „Barchetta" (kleines Boot) bezeichnete. Dieser Begriff hat sich bis heute gehalten. Für die damaligen Verhältnisse hatte der drehfreudige Motor eine ordentliche Leistung und bereitete entsprechenden Fahrspaß.

Der Tipo 195 war eine im Jahr 1949 entwickelte Ausbaustufe dieses 2,0-Liter-Motors. Auf dem Pariser Salon 1950 wurde er – eingebaut in

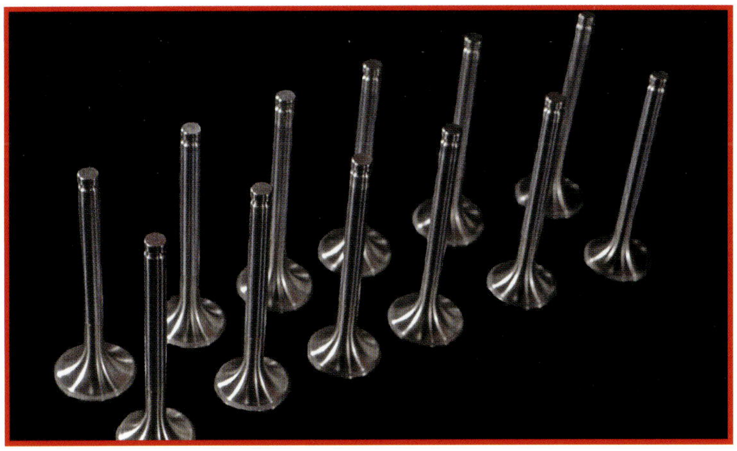

↑ Die ausgebauten Ventile eines Zylinderkopfs. In den 50er Jahren bevorzugte Ferrari „Livia"-Ventile, die von der Officine Sant´Ambrogio in Turin hergestellt wurden. Bei der Restaurierung greift man heute in der Regel auf modernes Material zurück.

↓ Die Schwungradseite des Kurbelgehäuses. Unten ragen die Stehbolzen heraus, über die das auf der Vorderseite abgebildete halbrunde Unterteil mit dem Gehäuse verschraubt wird.

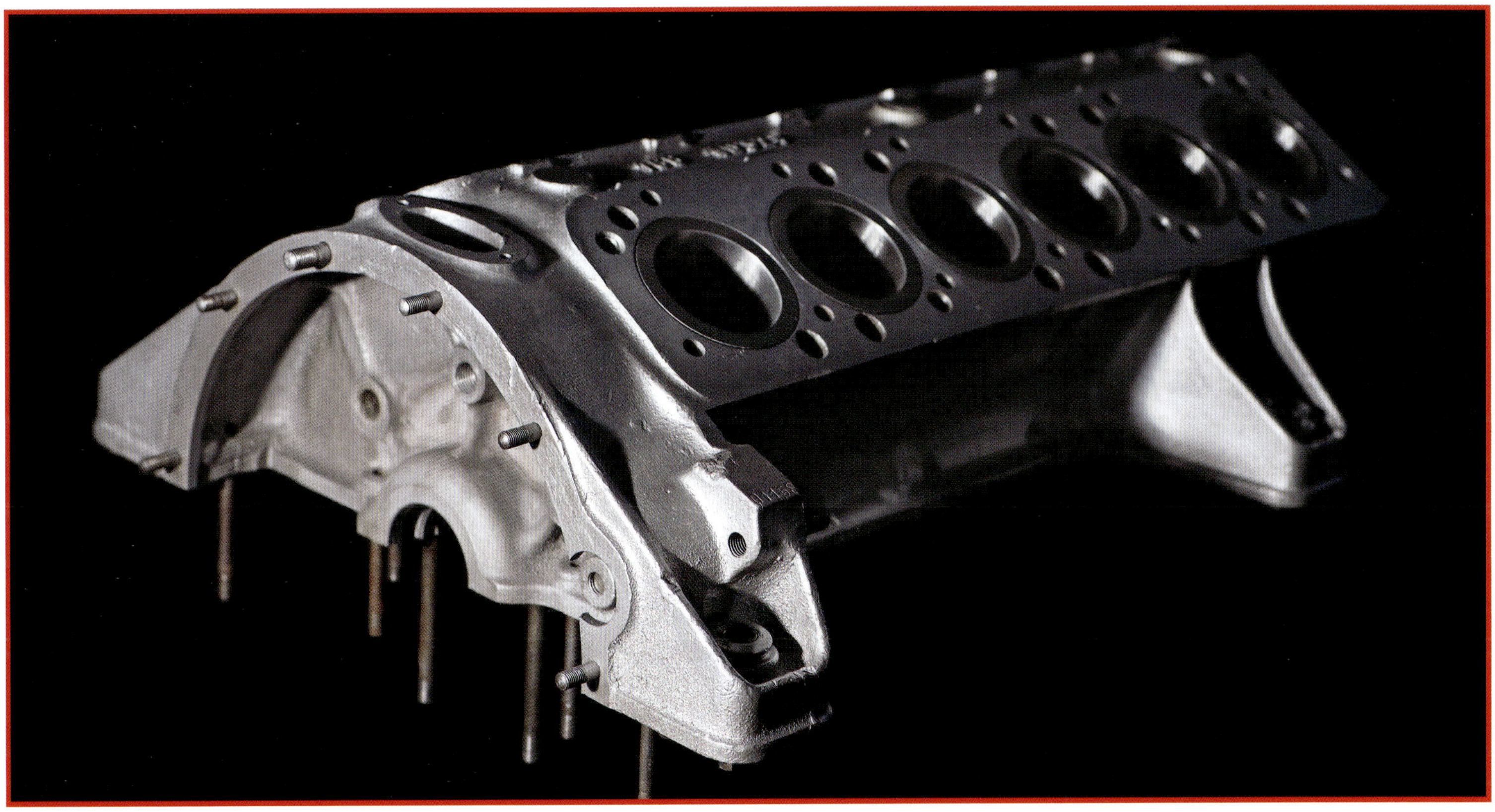

ein 195 Inter Vignale Coupé – erstmals der Öffentlichkeit vorgestellt. Vier von den insgesamt 32 gebauten Motoren waren Rennmotoren, die stramme 168 PS (125 kW) bei 7000 min^{-1} leisteten. Mit einem dieser Rennmotoren rüstete man eine 166 MM Barchetta Touring aus (Fahrgestellnummer 0020M). Ein zweiter kam in eine 166 MM Touring Berlinetta (Fahrgestellnummer 0026M), mit der Giannino Marzotto und Marco Crosara 1950 auch die Mille Miglia gewannen. Den zweiten Platz dahinter belegte ein weiterer 166 MM, der ebenfalls einen 2,3-Liter-Rennmotor erhalten hatte. Dabei handelte es sich um eine Barchetta Touring mit der Fahrgestellnummer 0038M, die von Serafini/Salani gefahren wurde. Auf den dritten Platz kam übrigens ein Alfa Romeo 6C mit 2500 cm^3, den ein gewisser Juan Manuel Fangio fuhr.

Der vierte und letzte Motor wurde in eine Touring Berlinetta (Fahrgestellnummer 0060M) eingebaut, mit der Dorino Serafini und Raymond Sommer in Le Mans an den Start gingen, aber vorzeitig ausfielen. Die Bauweise der Wagen begünstigte die damals durchaus übliche Praxis, vorhandene Autos mit einer neuen Karosserie zu versehen. So wurde 1951, ein Jahr nach der Auslieferung, ein 166 Inter Coupé Touring (Fahrgestellnummer 051S) wieder zur Carrozzeria Vignale gebracht, um dort in ein Cabriolet umgebaut zu werden. Gleichzeitig stattete man es auch mit einem neuen V12-Motor mit 2,3 Litern Hubraum aus. Außer den bereits erwähnten Wagen erhielten auch noch weitere 166-Modelle den größeren Motor. Vom Modell mit der Bezeichnung 195 Inter entstanden insgesamt 25 Exemplare. Vignale und Ghia bauten jeweils zehn Karosserien und Touring drei, während Ghia Aigle und Motto jeweils ein Exemplar fertigten.

Ghia Aigle war übrigens ein Schweizer Karosseriebauunternehmen und das erste außerhalb Italiens, das eine Rohkarosse an Ferrari lieferte. Dabei handelte es sich um einen 195 EL (Export Lungo), dessen Radstand mit 2550 mm etwas länger war als die 2500 mm der anderen Serienmodelle. Insgesamt war der Wagen 80 mm länger als der 166 und bot dadurch mehr Platz im Innenraum. Zur Verzögerung hatten diese luxuriösen Ferraris hydraulisch betätigte Trommelbremsen mit mächtigen Bremstrommeln mit über 30 cm Durchmesser. Drahtspeichenräder von Borrani waren serienmäßig vorhanden und je nach Karosserieausführung wogen die meisten Inter-Modelle etwa 1000 kg.

Die ersten 12-Zylindermotoren von Ferrari werden mitunter auch als „Kurzblock“-Motoren bezeichnet, da der Abstand der Zylindermittelachsen zweier benachbarter Zylinder lediglich 90 mm beträgt.

Dagegen haben die später von Aurelio Lampredi konstruierten Motoren einen „langen“ Motorblock mit einem Mittelachsenabstand von 108 mm. Das Maß von 90 mm blieb bei den „Kurzblock“-Motoren bis 1963 unverändert, dann wurde mit dem 4-Liter-Motor eine überarbeitete Version mit einem Zylinderabstand von 94 mm eingeführt.

Der Motortyp 195 basierte noch auf dem ersten V12-Projekt von Gioachino Colombo. Dieser hatte nach dem Tipo 125 gemeinsam mit Luigi Busso auch den Tipo 166 entwickelt, bevor er als externer Berater von Ferrari am Tipo 195 mitarbeitete. Zur Hubraumsteigerung er-

höhten die Ferrari-Ingenieure die Bohrung des 166 um 5 mm von 60 auf 65 mm, während der Hub mit 58,8 mm gleich blieb. Die Motoren entstanden von 1950 bis 1951 und wurden alle in das Modell Ferrari 195 Inter eingebaut. Wie bei allen Straßenwagen aus Maranello waren die Fahrgestellnummern ungerade; die Serie begann mit 081S und endete mit 0195EL.

Eigenartigerweise, vermutlich durch die damalige ökonomische Situation von Ferrari begründet, findet sich auf den Motorblöcken des Tipo 195 trotz der größeren Bohrung weiterhin das eingegossene Kürzel 166 des vorherigen 2,0-Liter-Motors. Ferrari verwendete wohl bereits vorhandene Motorblöcke und vergrößerte einfach deren Zylinderbohrungen. Um die Produktionskosten des in nur geringen Stückzahlen gefertigten Motors niedrig zu halten, übernahm man auch die Kurbelwelle des 166. Sie ist siebenfach gelagert und aus Schmiedestahl hergestellt. Selbst das Getriebegehäuse und die meisten anderen mechanischen Komponenten sind mit 166-Teilen identisch.

Die Pleuelfüße der Stahlpleuel sind schräg geteilt, ein in den 1950er Jahren typisches Merkmal der „kurzen" Ferrari-V12-Motoren, das bis zur 250-Baureihe D beibehalten wurde. Dadurch ist es möglich, die Pleuel nach oben aus dem Zylinder auszubauen. Später wurden die Pleuelfüße auf konventionelle Art horizontal geteilt. Wie es sich für einen „echten" V-Motor auch gehört, wirken die Pleuel von gegenüberliegenden Zylindern auf einen gemeinsamen Kurbelwellenzapfen.

Die Zündfolge des Motortyps 195 lautet 1-7-5-11-3-9-6-12-2-8-4-10.

Dabei handelt es sich übrigens um die ineinander verschachtelten Zündfolgen zweier Sechszylinder-Motoren.

Mit einem Verdichtungsverhältnis von 7,5 : 1 holt der V12, dessen Zylinderbänke in einem Winkel von 60° zueinander stehen, aus den 2,3 Litern Hubraum 128 PS bei 6000 min^{-1} und erzeugt sein maximales Drehmoment von 154 Nm bei 5000 min-1. Zur Ölversorgung ist eine Zahnradpumpe vorhanden, die das Motoröl aus der Ölwanne ansaugt und zu den Schmierstellen fördert (Nasssumpfschmierung). Die werkseitig eingebauten Kolben bestanden aus Leichtmetallguss und auch der Motorblock, das Steuergehäuse, die Ventildeckel und das Getriebegehäuse sind bereits aus diesem Material hergestellt. In jedem Zylinderkopf rotiert jeweils eine Nockenwelle, ihr Antrieb erfolgt über eine gemeinsame Triplex-Kette (Dreifachrollenkette) und zwei Kipphebel öffnen pro Zylinder jeweils ein Einlass- und ein Auslassventil.

Die Ventildeckel tragen stolz den erhabenen Schriftzug ihres Erbauers, seitlich eingerahmt von längs verlaufenden Stegen.

Den zündenden Funken erzeugt eine Batteriespulenzündung mit zwei Verteilern; bei den Rennmotoren waren in der Regel zwei Magnetzünder eingebaut. Wie bei allen Ferrari V12-Motoren vor der Baureihe 250 mit dem Kürzel 128 D (anders ausgedrückt, vor dem Eintritt von Giotto Bizzarini bei Ferrari), sind auch die Zündkerzen des 195 innerhalb des V-Winkels angeordnet. Bei den straßenzugelassenen Versionen übernimmt ein einsamer 36 DCF Doppelvergaser von Weber die Gemischaufbereitung; die Kraftstoffförderung erfolgt über zwei mechanische Kraftstoffpumpen.

Wahlweise konnte zur Leistungssteigerung auch eine Dreifach-Vergaseranlage – bestehend aus drei 36 DCF-Vergasern von Weber – eingebaut werden, die bei den vier erwähnten Rennwagen generell vorhanden war.

Die Kraftübertragung erfolgt über eine Einscheiben-Trockenkupplung auf ein Fünfgang-Getriebe und weiter über eine Kardanwelle zur hinteren Starrachse. Der hier in diesem Buch vorgestellte Motor gehört zu einem 195 Inter Coupé Vignale, das Giovanni Michelotti entworfen hatte. Wie alle Ferraris aus dieser Zeit weist es einige individuelle Details auf – so trägt es zum Beispiel eine noble Zwei-Farben-Lackierung in Dunkelgrün mit einem schwarzen Dach. Einen äußerst hochwertigen Eindruck vermittelt der Innenraum, dessen Ausstrahlung schon alleine Grund genug wäre, um diesen Ferrari in der Luxusklasse einzustufen. Die Sitze und Türverkleidungen sind mit feinstem Conolly-Leder bezogen und mit einem Vignale-Emblem und diversen Chromteilen verziert. Holzeinlagen in den Türgriffen, ein Lenkradkranz aus Holz auf dem

← Eine „Parade" der 12 Kolben. Bei der Überholung des Motors kommen Kolben zum Einsatz, die dem heutigen Stand der Technik entsprechen und zum Beispiel beschichtete Kolbenschäfte aufweisen.

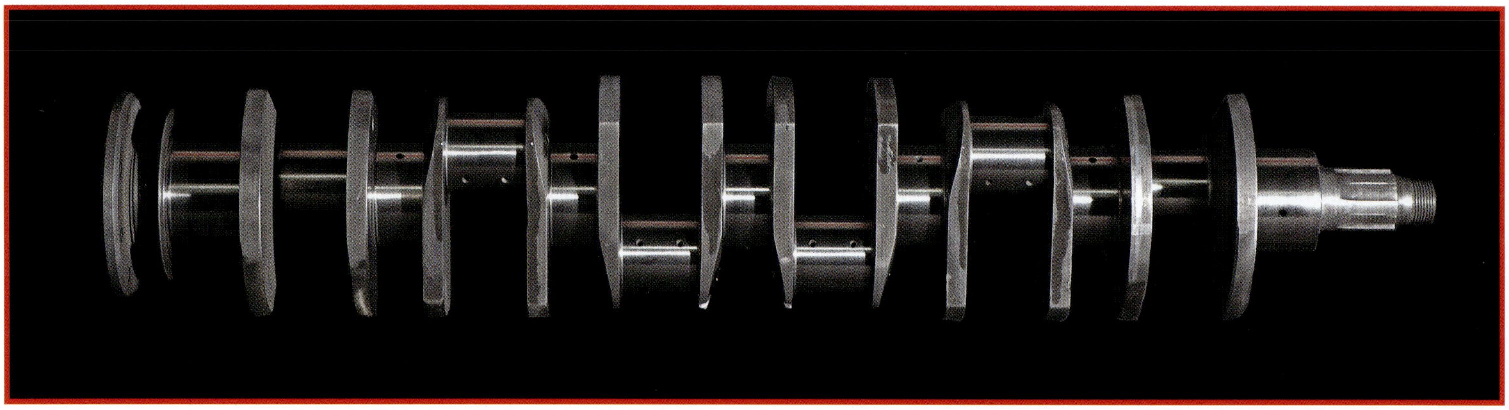

Drei-Speichen Lenkrad aus Aluminium und Zifferblätter in der Farbe des Instrumentenbretts verströmen zusätzliche Eleganz.

In den 1950er Jahren waren der Betrieb und die Zuverlässigkeit von leistungsstarken Motoren oft durch unzureichende Kühlung eingeschränkt. Daher hatte Ferrari stets große Kühler hinter entsprechenden Lufteinlässen vorgesehen (die für Ferrari arbeitenden Karosserieschneider waren bekannt für ihre meisterliche Gestaltung der Frontpartien an den Sportwagen). Das 195 Inter Vignale Coupé bildet hier keine Ausnahme und ist mit einem kunstvoll geformten Kühlergrill versehen, durch den das Auto den Betrachter sogar anzulächeln scheint. Damit wird ein angemessener Luftdurchsatz zur Motorkühlung gewährleis-

↑ Die Kurbelwelle des Tipo 195 wurde unverändert vom 166 übernommen. Sie ist aus Schmiedestahl hergestellt und siebenfach gelagert.

→ Mit etwas Fantasie erscheint das hier auf dem Kopf stehend abgebildete Steuergehäuse wie die Roboterfratze aus einem Science-Fiction-Film ...

↓ Das Innenleben eines Zylinderkopfs. Ganz oben sind die Kipphebelböcke zu sehen, die gemeinsam mit dem Zylinderkopf auch die Lagerstellen für die Nockenwelle bilden. Weiter sind die Kipphebel mit eingebauten Ventilspieleinstellschrauben abgebildet, die auf das Schaftende der darunter liegenden Ventile wirken. Die runden Bauteile sind Distanzhülsen, mit denen die Kipphebel im Lagerbock positioniert werden.

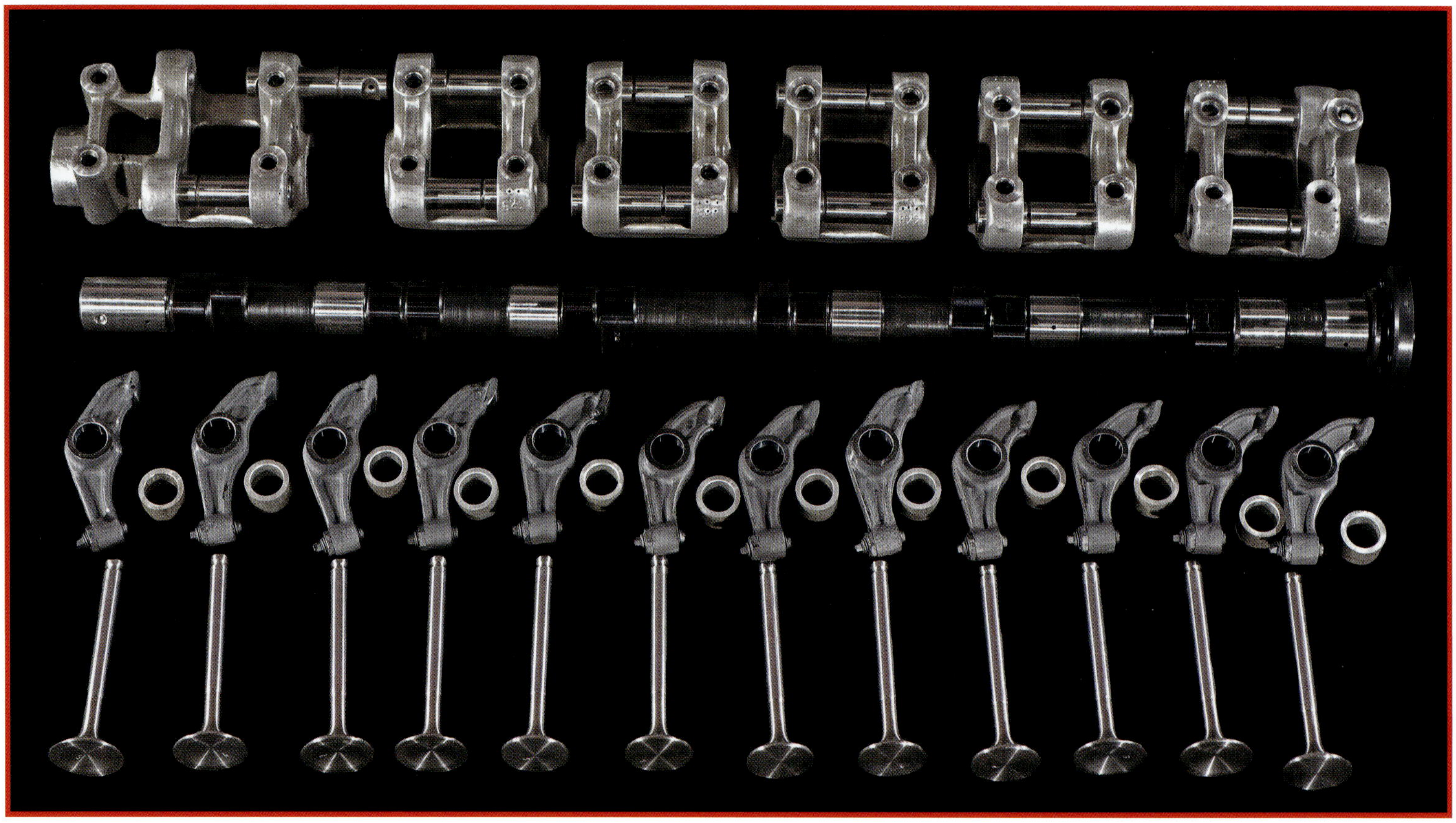

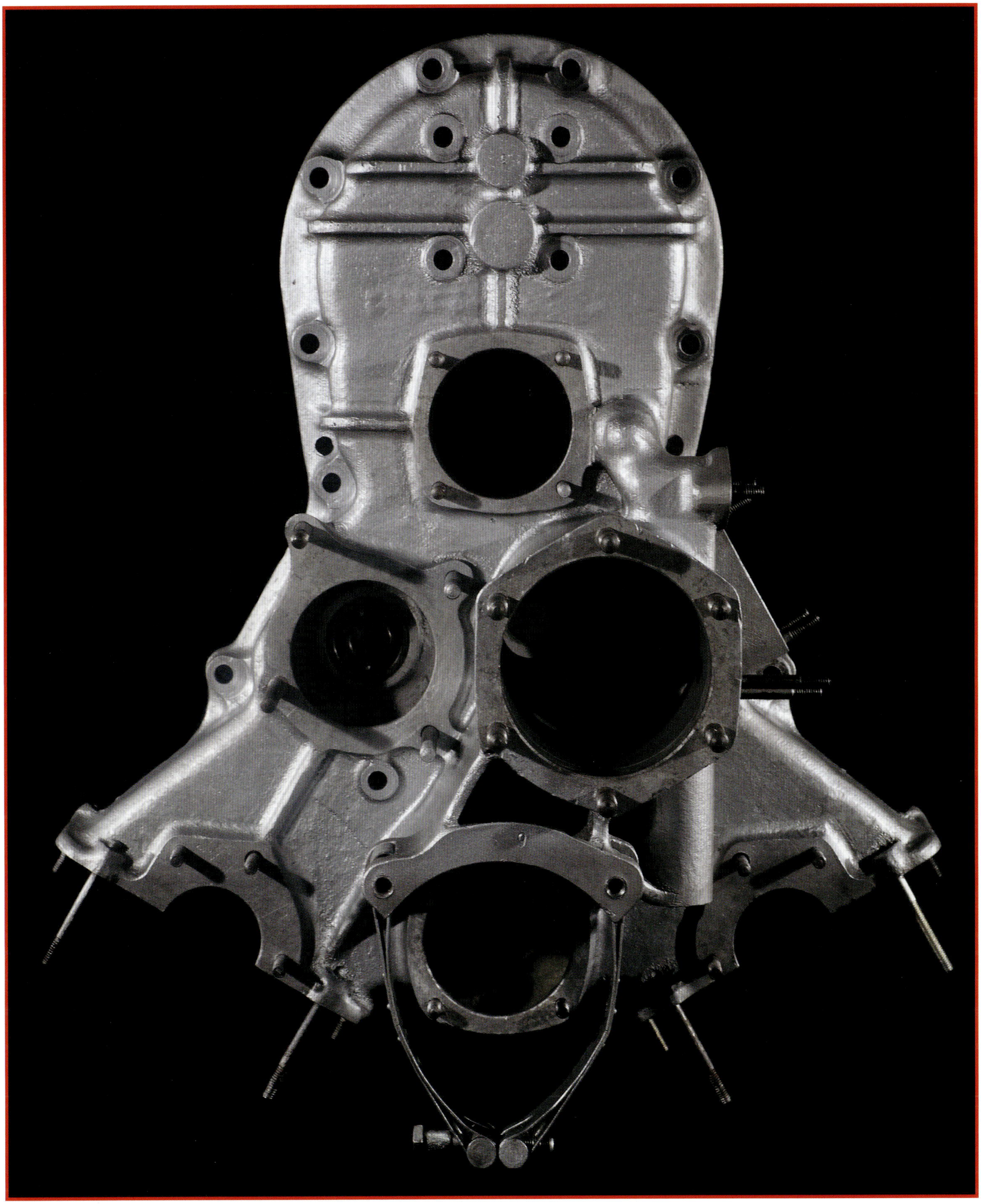

195 Inter: Die erste V12-Motorengeneration von Ferrari (1950)

↑ Zur besseren Kühlung und höheren Stabilität ist die Ölwanne (hier auf dem Kopf stehend abgebildet) stark verrippt. Die Ölablassschraube befindet sich in einem Deckel, der zur Reinigung des darunterliegenden Ölpumpenansaugsiebs entfernt werden kann.

↗↗ Eine durchaus sinnvolle Abweichung von der Originalität: Die ursprünglich eingebauten Kolben hatten neben den beiden Verdichtungsringen und dem Ölabstreifring zusätzlich am unteren Schaftende einen weiteren Ölabstreifring, der bei dieser modernen Nachfertigung aufgrund der neuen Kolbenringtechnik nicht mehr erforderlich ist.

tet und gleichzeitig der sportliche Auftritt des Wagens bewahrt. Dazu wurde die Stirnfläche konsequent ausgenutzt und die Kontur des Grills umrundet so knapp wie möglich die zusätzlichen, in die Frontpartie eingelassenen Nebelscheinwerfer. Trotz der großen Kühlungsöffnung des 195 musste aber auch hier bei längeren Fahrten mit hoher Drehzahl und entsprechender Wärmeentwicklung die Kühlmittel- und Öltemperatur im Auge behalten werden. Diese Motoren waren jedoch für schnelles Fahren gebaut und mit einer angemessen hohen Dauergeschwindigkeit konnte man eine Überhitzung am einfachsten vermeiden. Zwar war das Verkehrsaufkommen in den 1950er Jahren deutlich geringer und Wartezeiten aufgrund eines Staus kamen selten vor, aber Bummeln war – und ist – keine artgerechte Fahrweise für einen 195 Inter!

FERRARI 195 – TECHNISCHE DATEN

Motorbezeichnung	195
Motorbauweise	Längs eingebauter V12-Motor, 60° Zylinderwinkel
Bohrung und Hub	65 x 58,8 mm
Gesamthubraum	2341,02 cm^3
Einzelhubraum	195,08 cm^3
Verdichtungsverhältnis	7.5:1
Maximale Leistung	128 PS (96 kW) bei 6000 min^{-1}
Literleistung	55 PS/Liter (41 kW/Liter)
Ventilsteuerung	Eine obenliegende Nockenwelle pro Zylinderbank, zwei Ventile pro Zylinder
Gemischaufbereitung	Ein Weber 36 DCF Fallstrom-Doppelvergaser
Zündsystem	Batteriespulenzündung, zwei Verteiler, eine Zündkerze pro Zylinder
Schmiersystem	Nasssumpfschmierung
Kupplung	Einscheiben-Trockenkupplung
Maximales Drehmoment	154 Nm bei 5000 min^{-1}
Zündfolge	1–7–5–11–3–9–6–12–2–8–4–10

In den ersten fünf Jahren nach Gründung der Fabrik in Maranello wiesen die dort gefertigten V12-Motoren eine große Ähnlichkeit zueinander auf, waren doch die Grundkonstruktion und das dafür verwendete Material identisch. Aber diese erste V12-Generation war etwas Besonderes, denn sie entstand unmittelbar in der entbehrungsreichen Nachkriegszeit und es gelang den Erbauern trotz allen Erschwernissen, hier ein mechanisches Kunstwerk zu schaffen. Den Motoren der folgenden

→ Die oberen Abdeckungen des Steuerkettenschachts sowie die Räder des Steuerkettenantriebs. Zur Feineinstellung der Steuerzeiten können die großen Steuerkettenräder auf der Nockenwelle in verschiedenen Positionen befestigt werden.

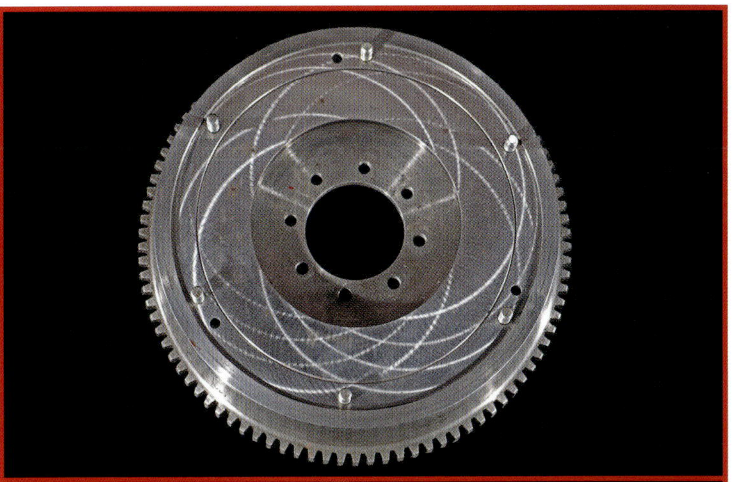

↗ Das Schwungrad ist mit acht Schrauben an die Kurbelwelle angeflanscht. Am äußeren Umfang ist der Zahnkranz für den elektrischen Anlasser zu erkennen; die sichtbaren „Ellipsen“ auf der Reibfläche für die Kupplungsscheibe entstanden beim Planschleifen und werden durch Lichtbrechung sichtbar.

→ Recht verloren thront der einzelne Weber Doppelvergaser 36 DFC mit seinen zwei seitlichen Luftfiltern auf der Ansaugbrücke. Immerhin konnte bei Bedarf eine Dreifach-Vergaseranlage montiert werden.

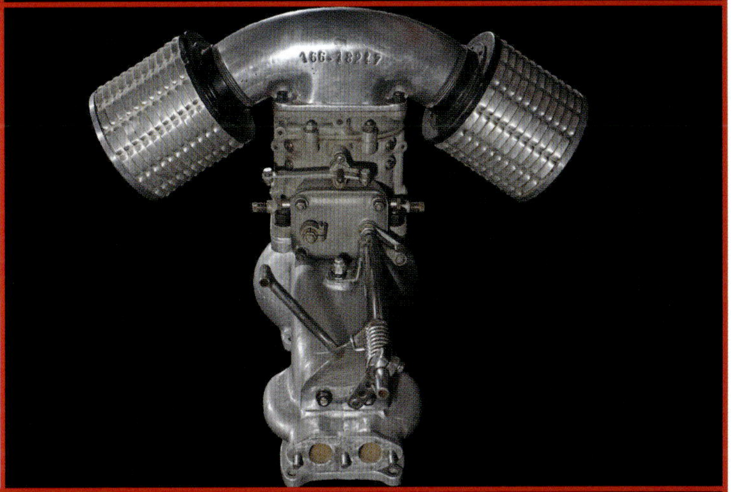

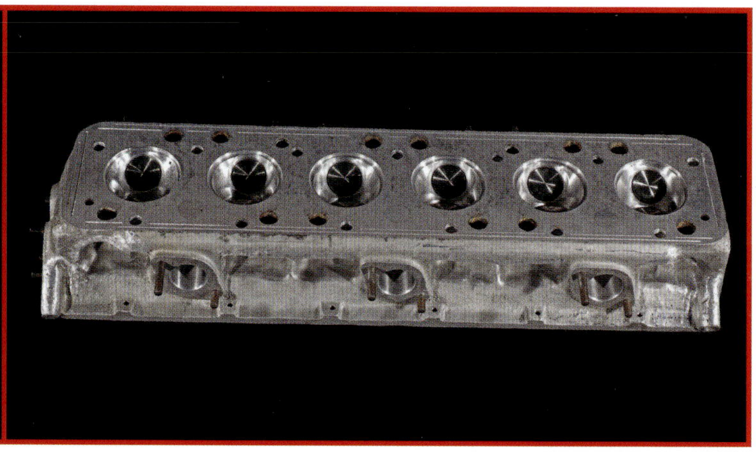

250-Baureihe fehlt es mitunter an Ausstrahlung, weil häufig die Vergaser von einem mächtigen Luftfilter überdeckt und die Ventildeckel mit schwarzem Schrumpflack überzogen sind. Diese frühen und sehr seltenen V12-Motoren – zu denen auch der Tipo 195 gehört – sind etwas Besonderes und werden es für immer bleiben.

↓ Der Zylindermittelachsenabstand von 90 mm führte dazu, dass die Vertreter der ersten V12-Motorengeneration von Ferrari mitunter auch als „Kurzblock“-Motoren bezeichnet werden.

↖ Innenleben der Zahnradölpumpe

↑ Ansicht eines Zylinderkopfs mit eingesetzten Ventilen. Die Ansaugkanäle zweier benachbarter Zylinder sind jeweils zusammengeführt; außerdem sind auch die Bohrungen für die im Zylinder-V angeordneten Zündkerzen zu sehen.

→ Nahaufnahme der Kurbelwelle: Da die Pleuel einander gegenüberliegender Zylinder auf einen gemeinsamen Hubzapfen wirken, sind diese etwa doppelt so breit wie die Hauptlagerzapfen.

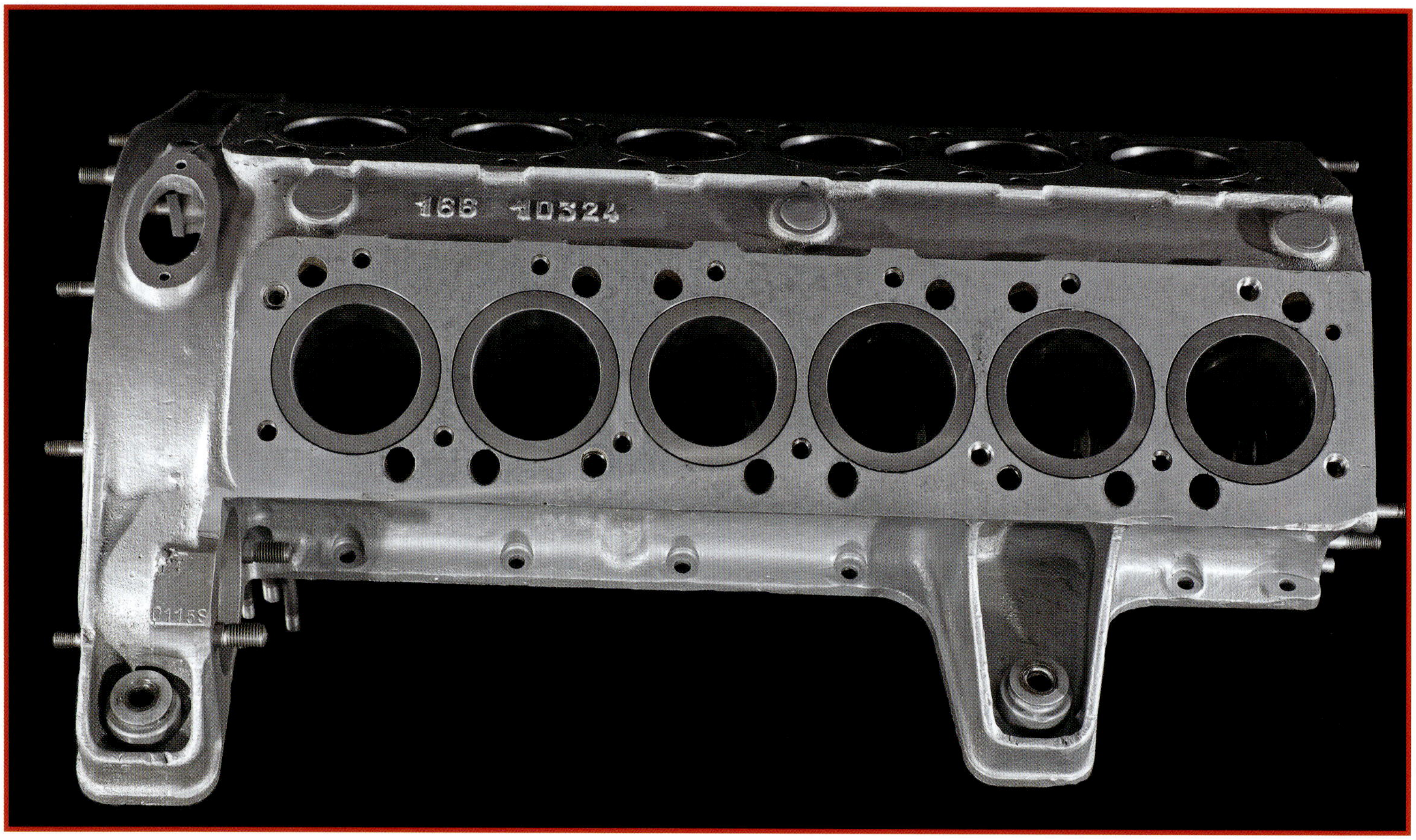

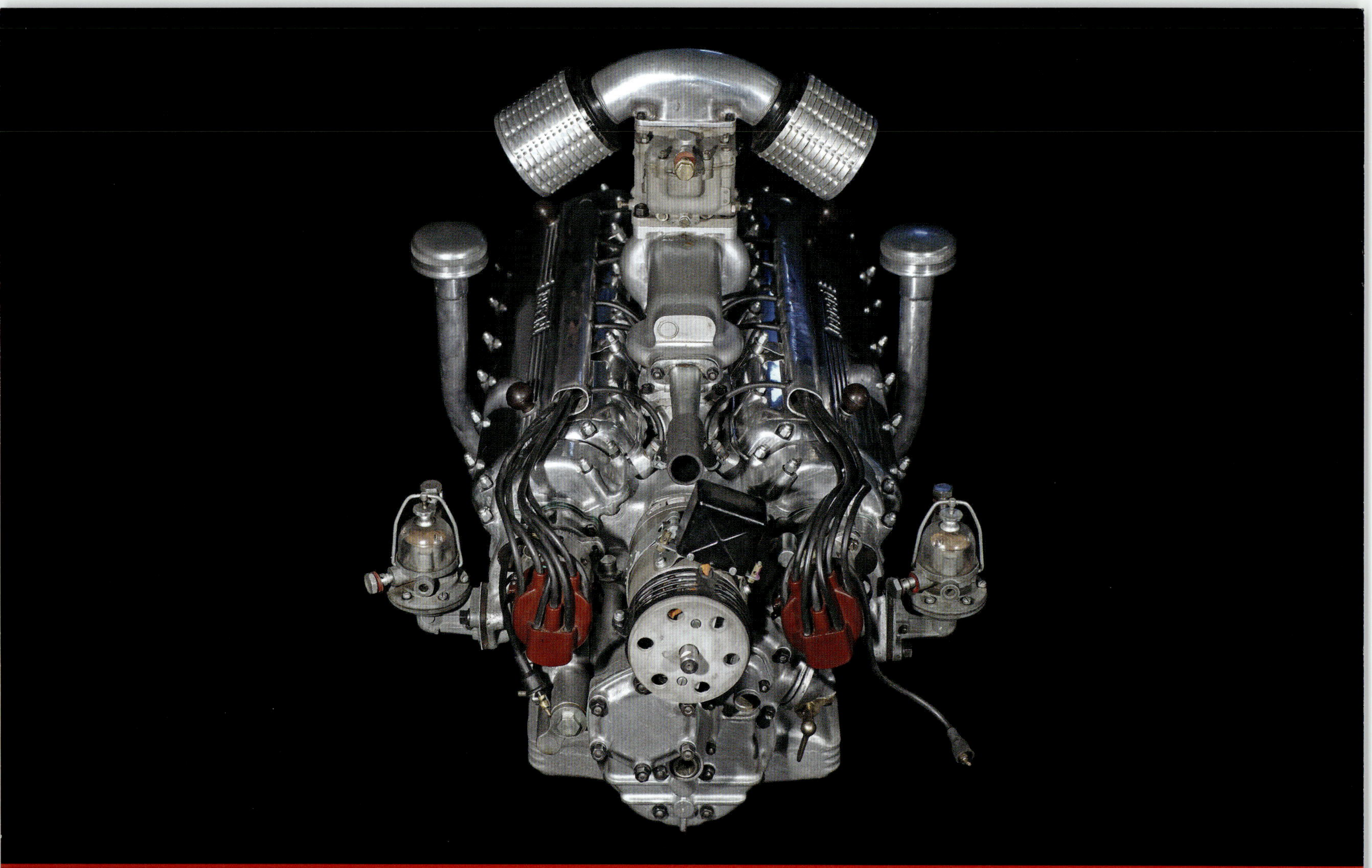

166.18247

↑ Vorderansicht des rechtsgelenkten 195 Inter, dessen Kühlergrill den Konturen der integrierten Nebelscheinwerfer folgt und so jeden Quadratzentimeter der Frontfläche für den nötigen Lufteintritt ausschöpft.

↑ Gleich zwei verchromte Hebel dienen an diesem eleganten Coupé zum Öffnen der Kofferraumhaube.

→ Die tief eingelassenen Heckleuchten sind von einem aufwändigen Chromrahmen eingefasst.

↘ Nicht nur der Kühlergrill, sondern auch die Stoßstange folgt den Konturen der Nebelscheinwerfer von Marchal.

↘↘ Versenkte Türgriffe aus Aluminium unterstreichen die Eleganz dieses Luxuswagens.

↘↘↘ Speichenräder von Borrani gehörten zur Serienausstattung und tragen wesentlich zum Gesamterscheinungsbild bei. Natürlich war auch das Reserverad im Kofferraum ein Speichenrad.

↓ Insgesamt entstanden 25 Exemplare des 195 in den Hallen namhafter Karosserieschneider wie Ghia, Motto, Touring und Vignale.

340 America

Der „große“ V12

← Der Lampredi-Motor kann anhand der Anzahl der Ventildeckel-Hutmuttern identifiziert werden. Hier sind in der unteren Reihe zur Ventildeckelbefestigung sieben Muttern vorhanden, bei den anderen V12-Motoren aus dieser Zeit sind es fünf bzw. sechs.

↙ Von unten betrachtet: Die von unten in den Zylinderblock eingeschraubten Zylinderlaufbüchsen stellen bei der Motorüberholung eine besondere Herausforderung dar.

Enzo Ferrari hatte erkannt, welches Potenzial der Markt in Übersee für ihn bereithielt und im Hinblick auf die zu erwartenden Geschäfte bekam der erste großvolumige Motor aus Maranello, der Tipo 340, auch den Anhang „A" für Amerika. Mit der Übernahme der amerikanischen „Big-Block"-Philosophie konstruierte der Motorenpapst Aurelio Lampredi das adäquate leistungsstarke und auch standfeste Triebwerk für die Modelle 340 America Coupé und Spider. Der Motor kam (mit geringen Änderungen zur Erhöhung der Wettbewerbstauglichkeit) auch in einigen Rennwagen zum Einsatz, so zum Beispiel im 340 Mexico (in lediglich vier Autos) und im 340 Mille Miglia (hier in zehn Exemplaren). Lampredi war nach Maranello zurückgekehrt, nachdem er sich bei Isotta Fraschini intensiv mit dem Bau von großvolumigen Motoren beschäftigt hatte. Er brachte seinen Erfahrungsschatz bei Ferrari ein, was sich in diversen innovativen Lösungen widerspiegelte. Dazu gehörten Zylinderlaufbüchsen, die nicht wie üblich in den Motorblock eingepresst, sondern in den Zylinderkopf eingeschraubt und am unteren Ende mit O-Ringen abgedichtet waren. Dadurch konnte die anfällige Zylinderkopfdichtung entfallen, die damals die Achillesferse vieler Motoren war. Diese Maschinen werden als „Lampredi-Motoren" oder „Langblock-Motoren" bezeichnet, da die eingeschraubten Zylinderlaufbüchsen zwischen den Bohrungen mehr Platz erfordern als bei der traditionellen Lösung. 1950 nahm man bei Ferrari die Produktion von Autos mit dem großen 340-Motor auf und zielte mit dieser neuen Baureihe 340 America in erster Linie auf den US-Markt, wo ja traditionell das Größte das Beste ist. Auf die 340 America folgten in den 1950er Jahren die Modelle 375 America und 410 Superamerica, in denen eine noch größere Version des gleichen Motors für angemessenen Vortrieb sorgte. Später setzte man die Zylinderlaufbüch-

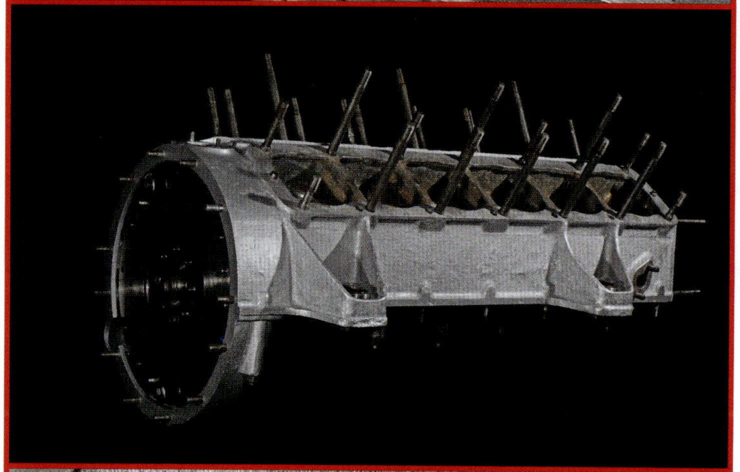

↖ Die Bezeichnung „großer Motor" erhielt der Lampredi-V12 durch den größeren Zylindermittelachsenabstand von 108 mm gegenüber den 90 mm des zeitgenössischen Colombo-V12.

← Versteckt im Steuergehäuse befinden sich auf dem vorderen Kurbelwellenzapfen das Zahnrad für den Ölpumpenantrieb und das Ritzel der Triplex-Steuerkette.

sen wieder traditionell in das Kurbelgehäuse ein und führte mit der Baureihe 400 Superamerica das Konzept der großvolumigen Motoren weiter, das mit dem in den Jahren 1964 – 1966 produzierten 500 Superfast einen vorläufigen Höhepunkt erreichte.

Der Antrieb hinter all diesen Projekten war wie immer Enzo Ferraris ungebremste Leidenschaft für den Motorsport. Allerdings sollte dieser Motor auch den Markt in Übersee und hier besonders in den USA für die Fabrik in Maranello weiter erschließen.

Um diesen Plan in die Tat umzusetzen, bemühte sich Enzo Ferrari erneut um den talentierten Motorenmann Aurelio Lampredi. Er hatte bereits Ende 1946/Anfang 1947 kurz für Ferrari gearbeitet und war nach einem Streit mit Ingenere Busso zu Isotta Fraschini gewechselt. Ferrari holte ihn Ende 1947 wieder zurück nach Maranello und ließ ihm freie Hand bei der Überarbeitung des Colombo-V12. Die klare Zielvorgabe war, die Leistung und Standfestigkeit zu erhöhen, um damit Rennen gewinnen zu können. Dazu beschritt er verschiedene Wege. Einer war die Vergrößerung des Hubraums, der bis Ende 1949 auf 2,34 Liter anstieg. Zusätzlich entwickelte er ein eigenes V12-Motorkonzept, aus dem schließlich der „große“ Tipo 340 hervorging. Darüber hinaus konstruierte er auch noch die Vierzylindermotoren, mit denen Alberto Ascari 1952 und 1953 die Fahrerweltmeisterschaft für Ferrari holte.

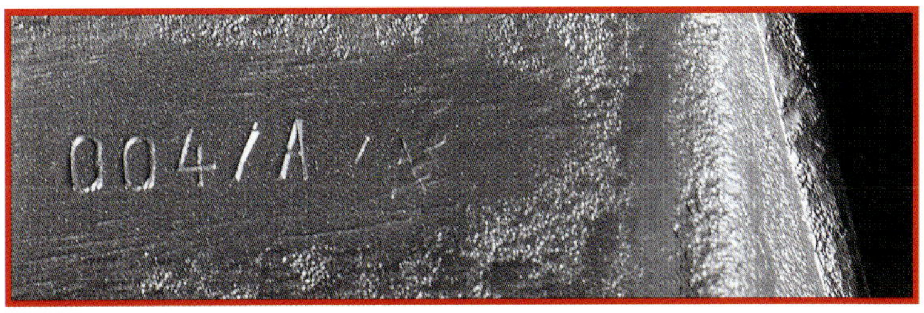

↑ Die mit dem Anhang „A“ versehene Motornummer des großen Motorblocks dokumentiert Enzo Ferraris Griff nach Übersee.

Lampredis Schöpfergeist, inspiriert vom Wissen um die amerikanischen „Big-Block“-Motoren, führte letztendlich zur Entstehung des ersten großen Ferrari-Motors. Wobei der Begriff „groß“ sowohl auf den Hubraum als auch auf die äußeren Motorabmessungen zutrifft, denn durch einen Zylindermittelachsenabstand von 108 mm anstelle bisher 90 mm war der Motor nun deutlich länger.

↓ Alleine das Kurbelgehäuse des Lampredi-V12 ist etwa einen dreiviertel Meter lang.

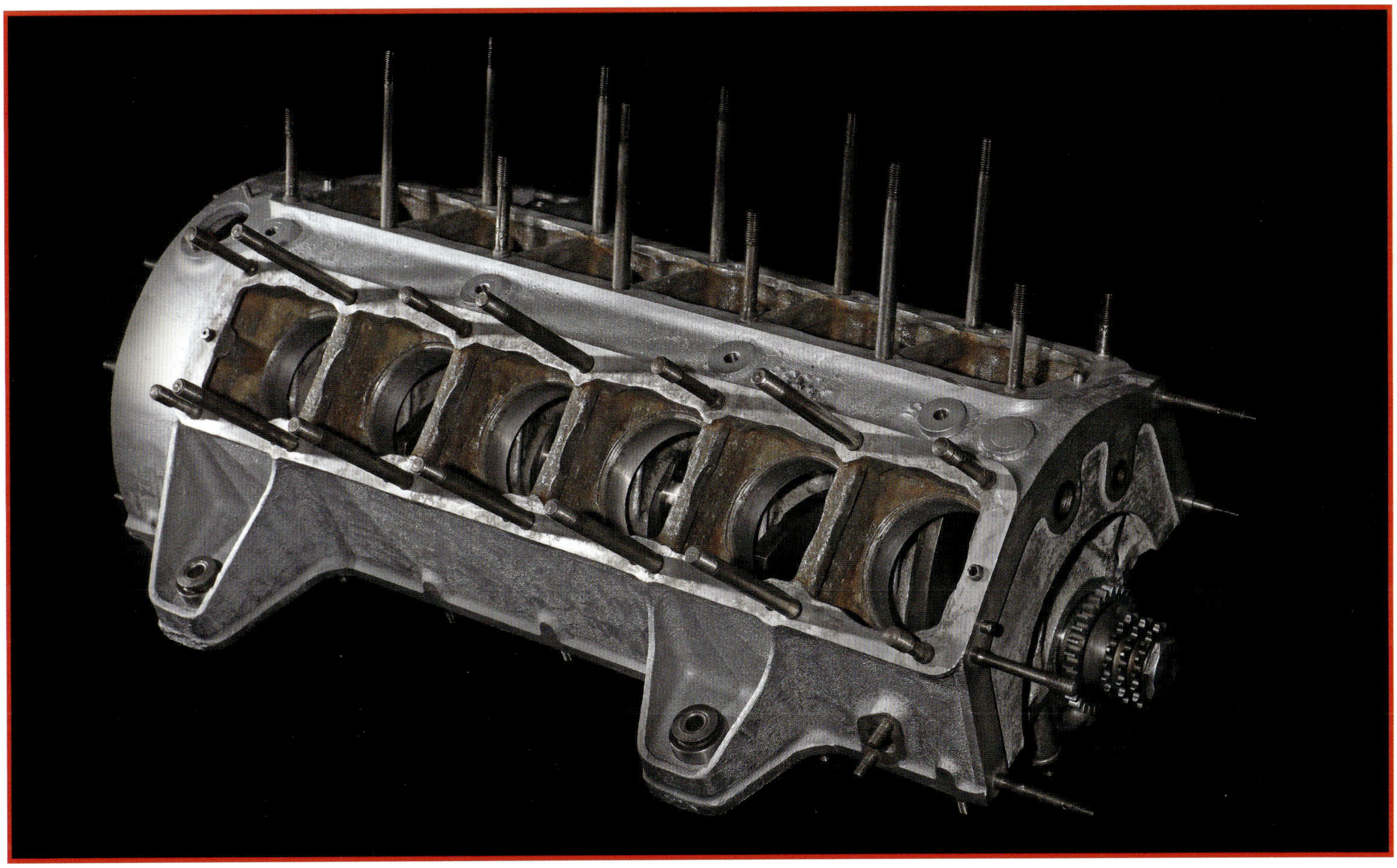

Sein neuer V12 hatte anfänglich einen Einzelhubraum von 275 cm^3, woraus sich ein Gesamtvolumen von 3,3 Litern ergab. Bei der Mille Miglia 1950 erlebte der Motor seine Feuertaufe und diente als Antrieb von zwei 275 S mit Touring-Karosserie, hinter deren Steuer die Fahrerduos Alberto Ascari/Senesio Nicolini und Gigi Villoresi/Pasquale Cassani saßen. Es war ein unspektakulärer Auftritt, denn beide Wagen fielen mit einem Getriebeschaden aus. Später wurde der Einzelhubraum auf 341,8 cm^3 erhöht und der erste 340-Motor war geboren.

Er wurde in einen Formel-1-Wagen eingebaut und Alberto Ascari nahm damit im Juli 1950 in Genf am Großen Preis der Nationen teil; einem Formel-1-Lauf, der nicht zur Weltmeisterschaft zählte.

Durch die wesentlich größere Baulänge erscheint der Tipo 340 im Vergleich zum bisherigen Colombo-V12 geradezu riesig! Wie bereits erwähnt, verwendete Lampredi in den Zylinderkopf eingeschraubte Zylinderlaufbüchsen, mit denen sich die hochbelastete und damals anfällige Brennraumabdichtung erübrigte. Zur Abdichtung des Kühlmittelmantels tragen die Grauguss-Zylinderlaufbüchsen Dichtringe am unteren Ende, um die Laufbüchsen zum Motorblock abzudichten, während zwischen Zylinderkopf und Motorblock eine normale Flächendichtung ausreicht.

Nach dem ersten Renneinsatz war Enzo Ferrari überzeugt, dass der 340 die Verkaufszahlen in Übersee kräftig anschieben könne. Das traf besonders auf die USA zu, wo hubraumstarke Karossen zum normalen Straßenbild gehörten – und die Kraftstoffpreise relativ niedrig waren. Ein Ferrari Sportwagen mit 4,1 Liter würde mit Sicherheit ein wohlhabendes

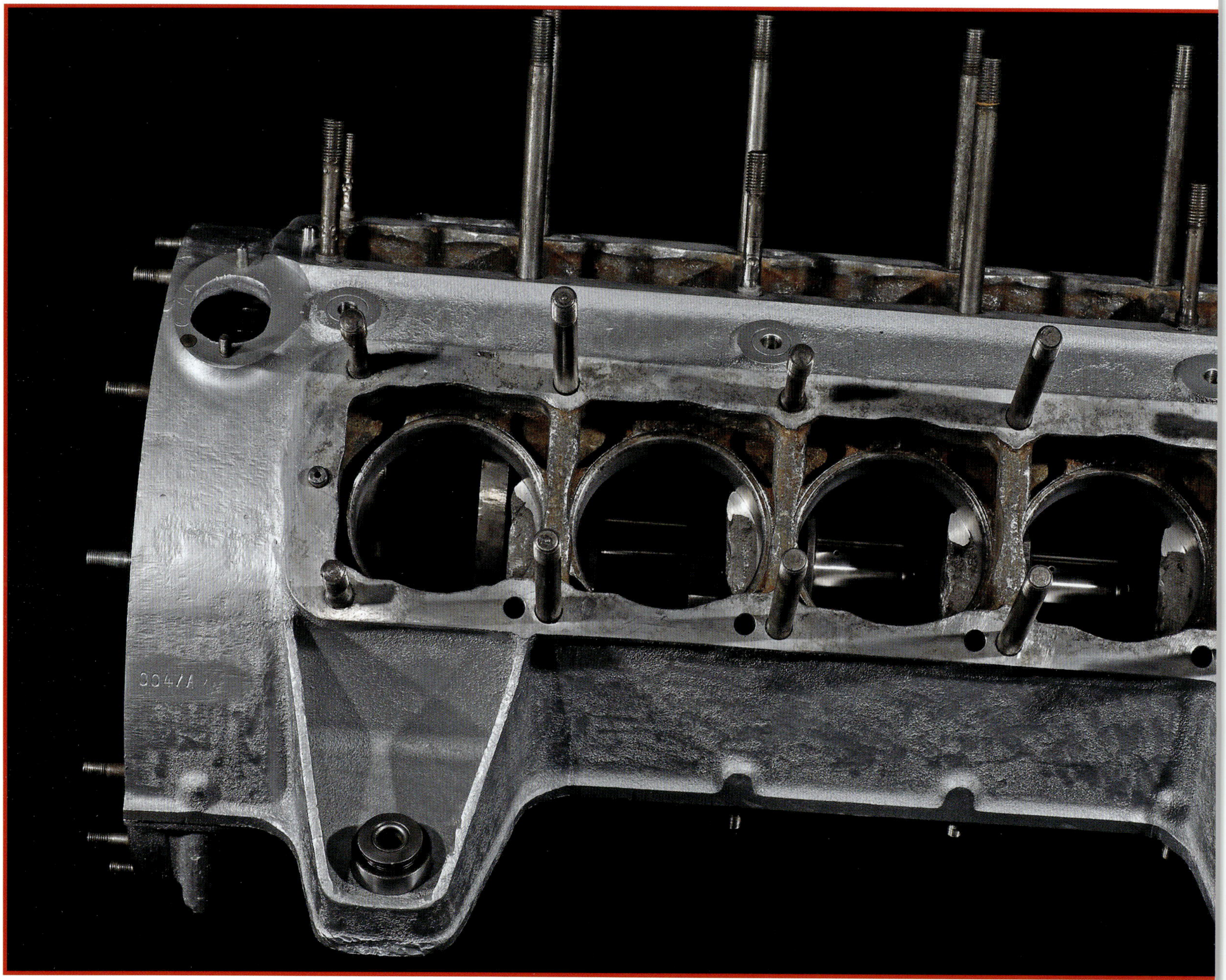

Fahrerklientel anziehen und der Marke mit dem Cavallino Rampante die dringend benötigten Einnahmen in die Kasse spülen.

Den ersten 340-Motor (340/01) bekam die staunende Weltöffentlichkeit im Oktober 1950 auf dem Pariser Salon zu sehen. Eingebaut war er in das Chassis 0030MT, das vorher ein 275 S war und von der Carrozzeria Touring nun mit einer neuen Außenhaut eingekleidet worden war.

Mit der neuen Maschine erhielt der Wagen nun auch die Bezeichnung 340 America. Bewähren sollte sich die neue Motorenbaureihe bei der Mille Miglia, die vom 28. bis 29. April 1951 stattfand. Der vom Werk eingesetzte Wagen, eine 340 Berlinetta von Vignale mit der Fahrgestellnummer 0082A, fuhr unter Gigi Villoresi und Pasquale Casani einen überzeugenden Sieg ein. Für die 1000 Meilen benötigten sie lediglich 12 Stunden, 50 Minuten und 18 Sekunden. Der mächtige 60°-V12 wurde zwar als 340 bezeichnet, trug aber den internen Code 250. Er hatte genau 4101,66 cm^3 Hubraum, resultierend aus 80 mm Hub und 68 mm Bohrung und leistete 220 PS (164 kW) bei 6000 min^{-1}. Das maximale Drehmoment von 260 Nm lag bei 4800 min^{-1} an. Damit schaffte der Wagen spielend 240 km/h, was in den 1950er Jahren eine äußerst beeindruckende Leistung war.

Das Modell 340 America wurde wieder in verschiedenen Karosserievarianten (Barchetta, Spider, Cabriolet und Coupé) angeboten, die von Touring, Vignale und Ghia gefertigt wurden.

Sie alle trugen die eindeutigen Merkmale eines Straßenwagens. Allerdings hatten alle Modelle gerade Fahrgestellnummern, die eigentlich den Rennwagen vorbehalten waren – eine der immer wieder auftretenden Ungereimtheiten, wenn man sich mit Ferrari beschäftigt.

Das mächtige Kurbelgehäuse ist aus Leichtmetallguss hergestellt und durch eingegossene Stege zwischen den Aufnahmen der Zylinderlaufbuchsen entstehen viereckige Kühlmittelmäntel. Diese Stege reichen nicht bis an den Zylinderkopf, was die Kühlmittelzirkulation innerhalb der Zylinderbank verbessert. Auch die Zylinderköpfe bestehen aus Leichtmetall und wie beim zeitgenössischen Colombo-V12 sind die Zündkerzen von der Innenseite des Zylinder-V eingeschraubt. Diese Lösung macht den Zündkerzenwechsel nicht gerade einfach, hinzu kommt die Brandgefahr im Falle eines überlaufenden Vergasers. Borgo lieferte seinerzeit die Aluminiumkolben, deren Bewegung über Stahlpleuel auf die Kurbelwelle übertragen wird. Wie bei allen nach 1957 gebauten Ferrari V12-Motoren (und wie bei den 250-Motoren der Serie D und DF) sind die Pleuelfüße horizontal geteilt und mit Weißmetalllagern versehen.

In jedem Zylinderkopf ist eine Nockenwelle vorhanden und eine Triplexkette am vorderen Kurbelwellenende treibt beide Wellen an. Der Steuerkettenspanner ist in das ebenfalls aus Leichtmetall bestehende Steuergehäuse integriert. Drei zwischen den Zylinderbänken angeordnete Fallstrom-Doppelvergaser von Weber, Typ 36 DCF, übernehmen die Gemischaufbereitung, für den Brennstoffnachschub sorgen zwei mechanische Kraftstoffpumpen. An der vorderen Stirnseite jedes Zylinderkopfs ist ein Verteiler montiert, der – von der Nockenwelle angetrieben – eine Zündspule schaltet. Jede Zylinderbank besitzt somit ein eigenes Zündsystem, hier als Batteriespulenzündung ausgeführt. Der Zündstrom wird von einer 12-Volt-Batterie geliefert, die von einem Gleichstromgenerator aufgeladen wird. Er befindet sich auch an der Motorvorderseite und wird über die Triplexkette angetrieben.

Die Zündfolge lautet 1-7-5-11-3-9-6-12-2-8-4-10.

← Eingegossene Stege im Kurbelgehäuse dienen zur Verstärkung der unteren Zylinderlaufbüchsenaufnahme und bilden viereckige Kühlmittelmäntel um die Laufbüchsen.

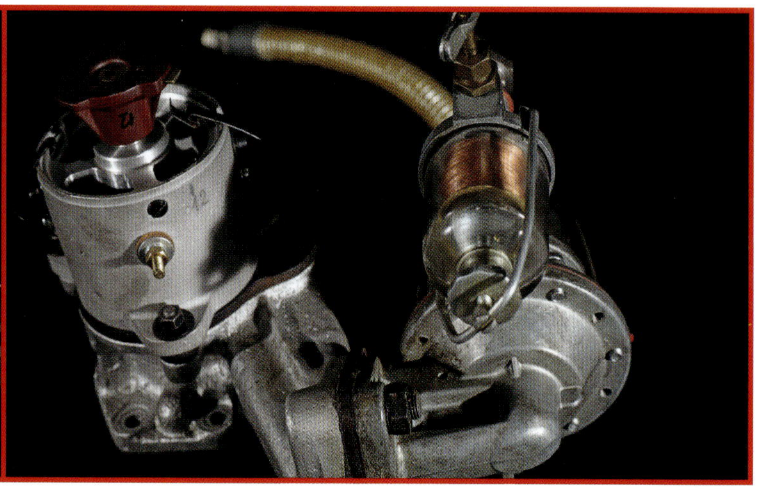

↖ Serienmäßig war der 340 America mit drei 36-DCF-Doppel-vergasern von Weber ausgerüstet, die beim Modell 195 als Option erhältlich waren.

↑ An jeder Zylinderbank sind auf der Stirnseite des Zylinderkopfs ein Verteiler und eine mechanische Kraftstoffpumpe angebracht, die von der Nockenwelle angetrieben werden.

→ Das große und schwere Schwungrad aus Grauguss dient als Träger der Einscheiben-Trockenkupplung.

↙ Seitenansicht eines auf dem Kopf stehenden Zylinderkopfs. Gut erkennbar sind die Zylinderlaufbüchsen aus Grauguss mit den hell glänzenden, weil bearbeiteten Enden. In die eingestochenen Nuten werden später die O-Ringe eingelegt, mit denen der Kühlmittelmantel zum Ölraum des Kurbelgehäuses abgedichtet wird.

Lampredis 340-Motor weist noch weitere Besonderheiten auf: So sind mehrere zusätzliche außenliegende Rohrleitungen für den Kühlmittel- und Ölkreislauf vorhanden, außerdem haben die Kipphebel nockenwellenseitig keine einfachen Gleitflächen, sondern Rollen. Damit reduzieren sich die Reibung und auch der Verschleiß.

Das Schmiersystem ist als Nasssumpfschmierung ausgelegt; die Zahnradölpumpe wird von der Kurbelwelle auch über Zahnräder angetrieben, saugt das Öl direkt aus der Ölwanne an und fördert es über die bereits erwähnten Ölleitungen zu den verschiedenen Schmierstellen. Die Kraftübertragung vom vorn längs eingebauten Motor zu den Hinterrädern erfolgt über eine Einscheiben-Trockenkupplung und ein unsynchronisiertes Fünfgang-Getriebe mit Leichtmetallgehäuse. Um die Produktionskosten gering zu halten, war das Getriebe weitgehend baugleich mit denen der Modelle 166, 195 und 212. Natürlich stecken im Gehäuse andere Übersetzungen und auch die Getriebehauptwelle ist größer dimensioniert.

Der obere Getriebedeckel, der auch als Schalthebelbock dient, ist identisch mit dem Gussteil des 212. Eine Antriebswelle mit Kardangelenken an jedem Ende stellt schließlich die Verbindung zwischen dem Getriebe und der hinteren Starrachse her.

1952 baute Ferrari vier spezielle 340-Exemplare für die Teilnahme an der Carrera Panamericana, die deshalb den Beinamen „Mexico“ erhielten. Für die Motoren dieser Wagen gab man eine Leistung von 280 PS an, die durch ein höheres Verdichtungsverhältnis, geänderte Steuerzeiten und Weber Doppelvergaser 40DCF/3 entstanden sein sollten. Eine Mehrscheiben-Trockenkupplung stellte die Verbindung zum Getriebe her, dessen Übersetzungsverhältnisse an die Hochgeschwindigkeitspassagen dieses Rennens angepasst waren. Die vier Wagen wurden nach Anweisungen gebaut, die Enzo Ferrari höchstpersönlich ausgegeben hatte. Mit den leistungsgesteigerten Motoren sollte nämlich der Erfolg der vorjährigen Ausgabe der Carrera Panamericana wiederholt werden, bei der zwei Ferrari 212 auf den ersten und zweiten Platz fuhren.

Der Modellname Mexico leitet sich von dem Land ab, in dem die Panamericana stattfand.

Vignale kleidete die vier Wagen ein, drei als Berlinetta und einen als Spider. Luigi Chinetti und Jean Lucas erreichten mit einer Berlinetta jedoch nur den dritten Platz hinter zwei vom Werk eingesetzten Mercedes 300 SL.

↑ Zahlreiche Rippen an der riesigen Ölwanne aus Aluminiumguss senken die Öltemperatur und erhöhen die Stabilität. Die runde Ausbuchtung dient zur platzsparenden Unterbringung des elektrischen Anlassers.

1953 legte Ferrari noch einmal nach und fertigte weitere zehn Exemplare des 340-Motors in einer letzten Ausbaustufe für eine Modellreihe mit dem Kürzel MM. Vier Wagen baute Vignale als Spider, zwei weitere entstanden bei der Carrozzeria Touring und vier erhielten eine Berlinetta-Karosserie bei Pininfarina. Giannino Marzotto und Marco Crosara gewannen 1953 mit einem der 340 MM Vignale Spider die Mille Miglia mit einer neuen Rekordzeit: Sie legten die 1512 km in 10 Stunden, 37 Minuten und 19 Sekunden zurück, was einer Durchschnittsgeschwindigkeit von über 142 km/h entsprach. Der 340 MM war der Schlusspunkt der 340-Baureihe und entstand, nachdem die Produktion des 340 America eingestellt worden war. Diese Wagen waren eindeutig als Rennwagen konzipiert, wie der Sieg von Gigi Villoresi beim Giro di Sicilia mit einem weiteren 340 MM belegt.

Für Kunden, die im Alltagsbetrieb gerne bessere Fahreigenschaften haben wollten, ohne aber gleich einen kapriziösen Rennmotor bändigen zu müssen, baute Ferrari eine Kleinserie von sechs Fahrzeugen mit der Bezeichnung 342 America.

Diese Serie umfasste drei Coupés und drei Cabriolets und obwohl auch sie wie die vorherigen Modelle alle Attribute eines Straßenmodells hatten, erhielten sie gerade Fahrgestellnummern wie die Rennwagen. Die neue höhere Nummer in der Modellbezeichnung ließ auch einen vergrößerten Hubraum erwarten, aber der unergründlichen Ferrari-Logik folgend war der Hubraum exakt mit dem der 340-Baureihe identisch. Denn der 342-Motor (Typenbezeichnung 100) war baugleich mit dem des 340 America und leistete ebenfalls 230 PS (172 kW) bei

FERRARI 340 AMERICA – TECHNICHE DATEN

Motorbezeichnung	250
Motorbauweise	Längs eingebauter V12-Motor, 60° Zylinderwinkel
Bohrung und Hub	80 x 68 mm
Gesamthubraum	4101,66 cm^3
Einzelhubraum	341, 80 cm^3
Verdichtungsverhältnis	8:1
Maximale Leistung	220 PS (162 kW) bei 6000 min^{-1}
Literleistung	54 PS/Liter (38 kW/Liter)
Ventilsteuerung	Eine obenliegende Nockenwelle pro Zylinderbank, zwei Ventile pro Zylinder
Gemischaufbereitung	Drei Weber 36 DCF Fallstrom-Doppelvergaser
Zündsystem	Batteriespulenzündung, zwei Verteiler, eine Zündkerze pro Zylinder
Schmiersystem	Nasssumpfschmierung
Kupplung	Einscheiben-Trockenkupplung
Maximales Drehmoment	260 Nm bei 4800 min^{-1}
Zündfolge	1-7-5-11-3-9-6-12-2-8-4-10

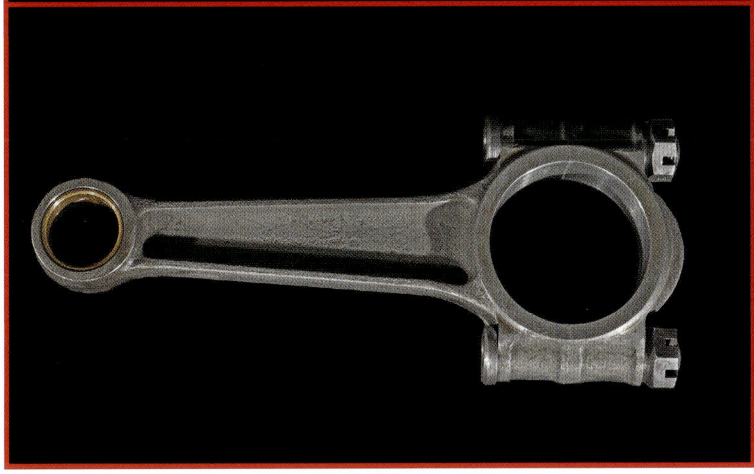

↑↑ Erstausrüster für die Kolben war seinerzeit der italienische Kolbenhersteller Borgo. Sie bestanden aus Aluminiumguss und hatten einen relativ weit überwölbten Kolbenboden.

↑ Über ein spezielles Gussteil greifen die Haarnadelventil-federn in das Ventilschaftende ein.

↑↑ Die Pleuel des Lampredi-Motors können am Pleuelfuß horizontal geteilt sein, weil durch die großen Zylinder-bohrungen der Ausbau nach oben möglich ist.

↑ Interessante Details finden sich an der Ventilsteuerung des 340-Motors: Die Kipphebel haben Rollen zur Reibungs-verminderung und werden über zusätzliche Federn in ihre Ausgangsposition zurückgezogen.

6000 min^{-1}. Die wohl wichtigste technische Änderung betraf das Getriebe, das nun vier synchronisierte Gänge hatte, was letztendlich zu verbesserten Fahreigenschaften führte.

Das letzte Exemplar dieser sechs Wagen – Fahrgestellnummer 0248 AL (America Lungo) – hatte bereits einen 4,5-Liter-Motor erhalten, wurde aber weiterhin als Modell 342 bezeichnet und so auch 1953 auf der Auto Show in New York ausgestellt. Erwähnenswert ist an dieser Stelle, dass dieser Motor die Ausgangsbasis für die Triebwerke der Modellserie 375 America darstellte. Deren Fertigung begann spät im Jahr 1953, unmittelbar nach Einstellung der 340-Produktion, als Nachfolgemodell mit einer neu gestalteten Karosserie.

Die 340-Modelle können als die ersten Sportwagen bezeichnet werden, die Ferrari speziell für die Vereinigten Staaten konzipiert hatte, obwohl ihre Produktion bereits endete, noch bevor Enzo Ferrari eine offizielle Vertretung in den USA gegründet hatte. Eigentümlicherweise wurde eine der ersten autorisierten Ferrari-Vertretungen in Übersee in Australien eröffnet und die Geschichte ihrer Entstehung ist so außergewöhnlich wie interessant. Bill Lowe, einem Autonarren, waren die nationalen und internationalen Erfolge der italienischen Marke nicht entgangen und er fragte daher bei Ferrari wegen des Kaufs eines 212 in Exportausführung an, um damit an Rennen in Australien teilzunehmen. Ferrari konnte jedoch Lowes Anfrage nicht nachkommen, weil es in Australien keinen Händler gab. Lowe überlegte nicht lange und schlug Ferrari kurzerhand vor, die offizielle Vertretung der Marke in Australien zu übernehmen. Und so wurde mit dem Segen von Ferrari die W. H. Lowe & Company in Melbourne 1952 der autorisierte Ferrari-Händler in „Down Under". In Amerika verkaufte der Rennfahrer Luigi Chinetti seit 1949 als „Neben-

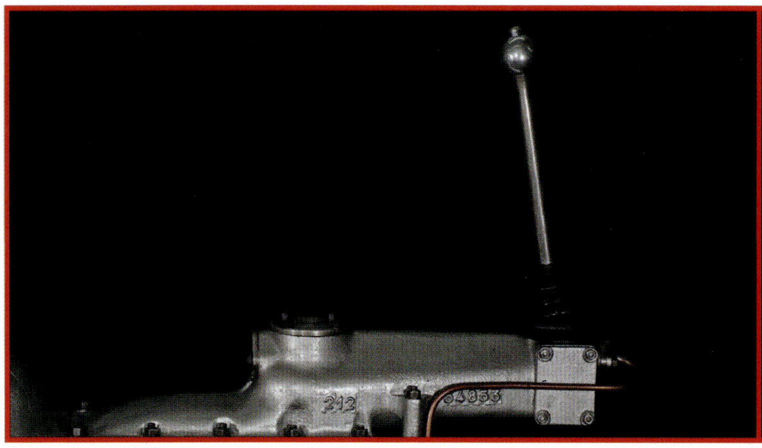

erwerb“ Ferrari-Autos, bis er 1953 Luigi Chinetti Motors gründete, die offizielle Ferrari-Dependance in den USA.

Chinetti trug wesentlich dazu bei, den Namen Ferrari in der Welt publik zu machen; zuerst als Rennfahrer mit dem Sieg beim 24-Stunden-Rennen von Le Mans 1949 und später als rühriger Ferrari-Händler in den USA. Obwohl später weitere Händler im Westen der USA hinzukamen, blieben die Namen Chinetti und Ferrari eng verbunden. Chinetti Motors schloss 1977 die Pforten und die US-Geschäfte einschließlich des Imports hat mittlerweile eine Ferrari-eigene Niederlassung übernommen. Dass Enzo Ferraris Traum von Amerika verwirklicht werden konnte, ist maßgeblich Lampredis Ingenieurskunst und Luigi Chinettis Geschäftssinn zu verdanken.

↖ Ein angegossener Ausleger am oberen Getriebedeckel rückt den Schalthebel in die Reichweite des Fahrers.

↑ Von oben besehen: die drei Weber Doppelvergaser.

→ Am Steuergehäuse kann der 60°-Zylinderwinkel des Lampredi-Motors gut erkannt werden. Im Zylinder-V sind die Generatoraufnahme und das zugehörige Halteband zu sehen.

↓ Sieben Hauptlager führen die mächtige Kurbelwelle aus Schmiedestahl. Zwischen den Hauptlagern sind die Kurbelwangen und die breiten Kurbelzapfen zu sehen, an denen die beiden Pleuel der gegenüberliegenden Zylinder angreifen.

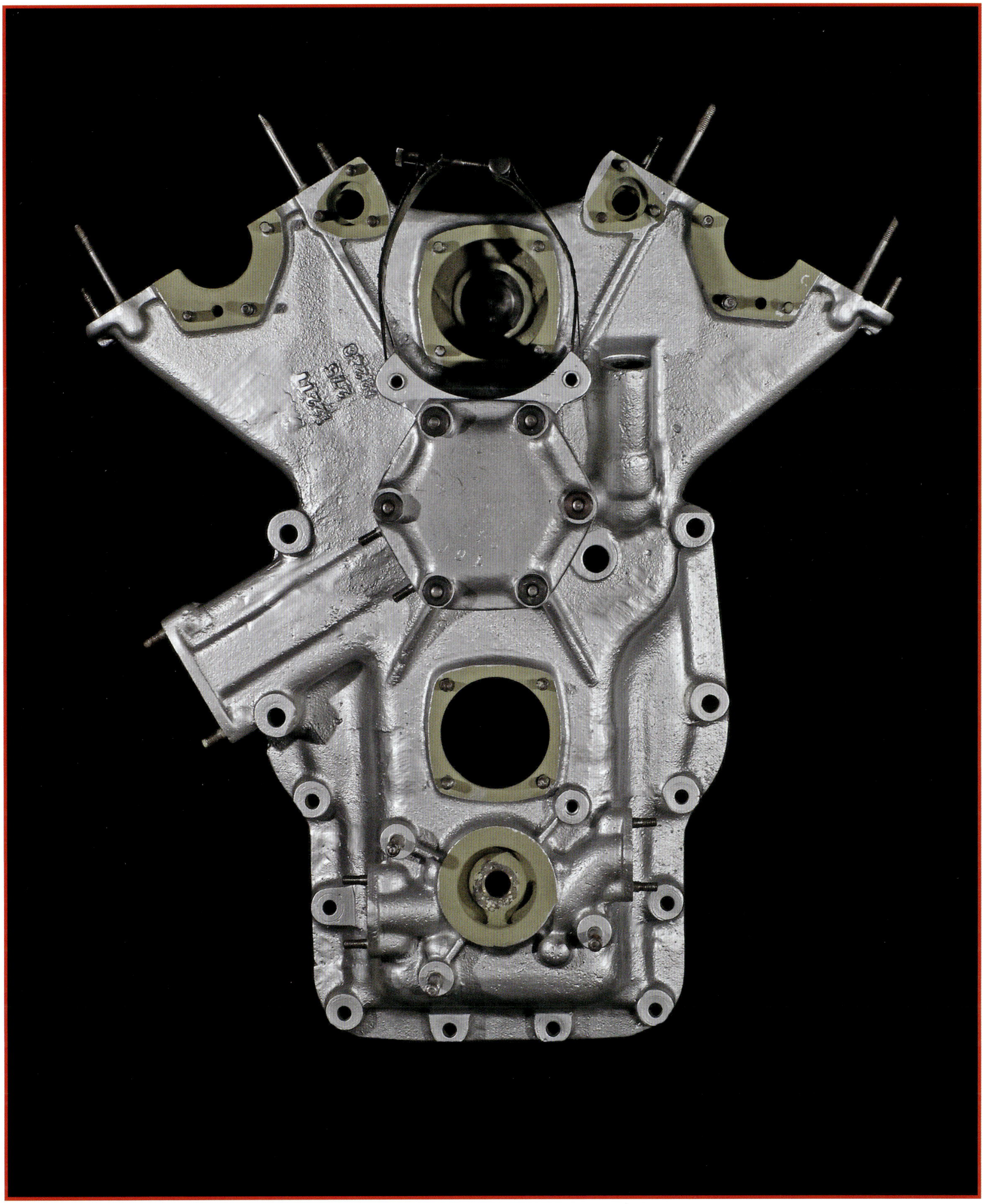

↑ Charakteristisch für dieses 340 America Ghia Coupé sind die Aussparungen im mittleren Bereich der Stoßstangen. Man beachte auch die außergewöhnliche Ruhestellung der Scheibenwischer.

↑ Keine seitenverkehrte Aufnahme: der rechts angebrachte Außenspiegel hat seine Begründung in der Rechtslenkerausführung dieses Coupés.

→ Eher zurückhaltend weist ein dezenter Ferrari-Schriftzug auf dem Kofferdeckel auf den berühmten Hersteller hin, während die Chromumrahmung des Nummernschilds die perfekte Hintergrundkulisse für das Ghia-Wappen bildet.

↘ Die Konturen der Heckpartie finden im Chromrahmen der Heckleuchte einen harmonischen Abschluss.

↘↘ Schon lange bevor der Windkanal maßgeblich das Fahrzeugdesign beeinflusste, hatten Ferrari-Wagen versenkte Türgriffe.

↘↘↘ Runde, mit Chromringen versehene Scheinwerfer und Zusatzleuchten gehörten über viele Jahre zum Erscheinungsbild eines Ferraris.

↓ Klassische Speichenräder vollenden den äußerst ästhetischen Auftritt dieses automobilen Kunstwerks.

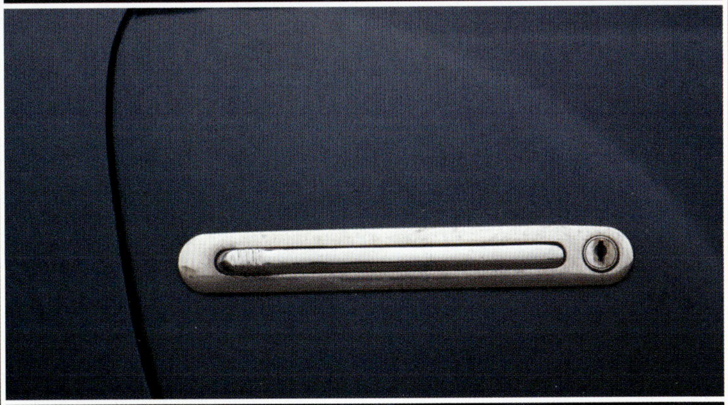

250 California

Eine klassische V12-Ikone (1957)

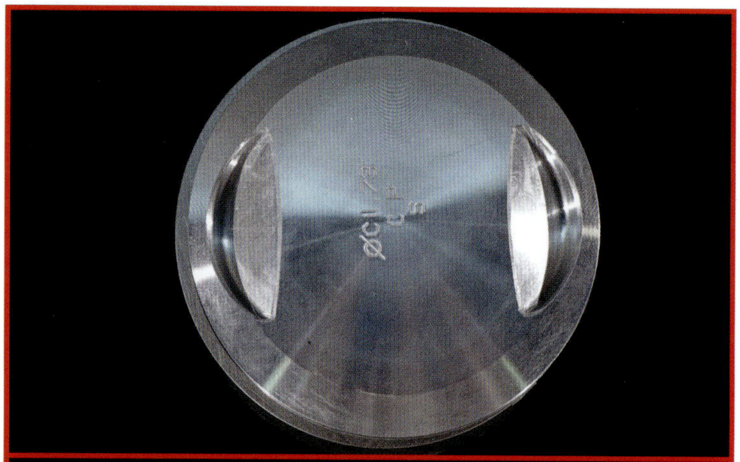

← **Um genug Freiraum für die Ventile zu schaffen, weisen die Kolbenböden ausgeprägte Ventiltaschen auf.**

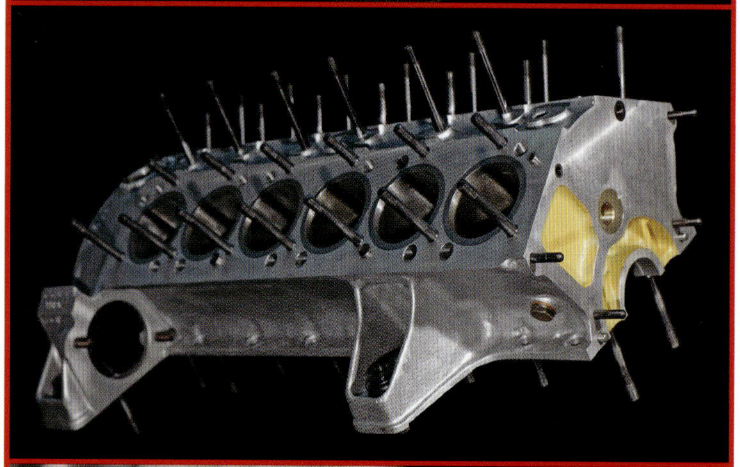

↙ **Der V12-Motorblock mit den eingebauten Laufbüchsen aus Grauguss. Sie müssen an der Zylinderkopfdichtfläche einen definierten Überstand zum Leichtmetall-Motorblock aufweisen, da ansonsten Undichtigkeiten entstehen können.**

Zweifellos zählt der 250 GT Spider California zu den schönsten jemals gebauten Cabriolets. Von Scaglietti (und nicht von Pininfarina, wie fälschlicherweise oft behauptet wird) für den amerikanischen Markt entworfen – daher die Modellbezeichnung – entwickelte er sich mit der Zeit zu einer automobilen Ikone. Als Antrieb dient ein 3,0-Liter-V12, noch in der ursprünglichen „kurzen" Colombo-Ausführung, der die gleichen technischen Daten aufweist wie der Motor der 250 Berlinetta Tour de France (TdF). Die Idee zu diesem Ferrari speziell für den amerikanischen Markt kam von John von Neumann, seines Zeichens Ferrari-Händler in Hollywood. Er schlug Luigi Chinetti, Ferraris amerikanischem Statthalter und Rennleiter des North American Racing Teams (NART) vor, einen offenen Wagen auf der Basis der legendären 250 TdF Berlinetta zu bauen. Enzo Ferrari, für den der US-Markt von essenzieller Bedeutung war, beugte sich mit Freuden den Forderungen Chinettis und die Geschichte dieses Wagens fand ihren Anfang. Der erste California-Prototyp erschien gegen Ende des Jahres 1957 und bis Februar 1963 entstanden 107 Exemplare. Unter deren Motorhauben fanden sich nicht weniger als sechs verschiedene Motorvarianten, nämlich die Typen 128 C, 128 D, 128 DF, 128 F, 168 und 168/61.

Der von Colombo entwickelte und von Aurelio Lampredi überarbeitete 128 C-Motor hat einen Hubraum von 2953 cm^3, eine obenliegende Nockenwelle pro Zylinderbank und innerhalb des Zylinderwinkels eingesetzte Zündkerzen. Traditionell als Frontmotor längs eingebaut stützt er sich über vier Gummi-/Metallelemente am Rahmen ab.

Diesen 128 C-Motor erhielten sowohl die ersten acht 250 GT California (bis Fahrgestellnummer 0939GT) als auch weitere 250-Modelle

↖ **Auf dem vorderen Kurbelwellenende befinden sich das Antriebszahnrad für die Ölpumpe und davor das Antriebsritzel für die Triplex-Steuerkette des Nockenwellenantriebs. Eine Keilverzahnung stellt eine formschlüssige Verbindung her, die über eine stirnseitige Schraube gesichert wird.**

← **Durch die hohl gebohrten Nockenwellen gelangt das Öl zu den erforderlichen Schmierstellen im Zylinderkopf. Am vorderen Nockenwellenende ist ein Flansch vorhanden, an dem die Steuerkettenräder mit fünf Schrauben befestigt werden.**

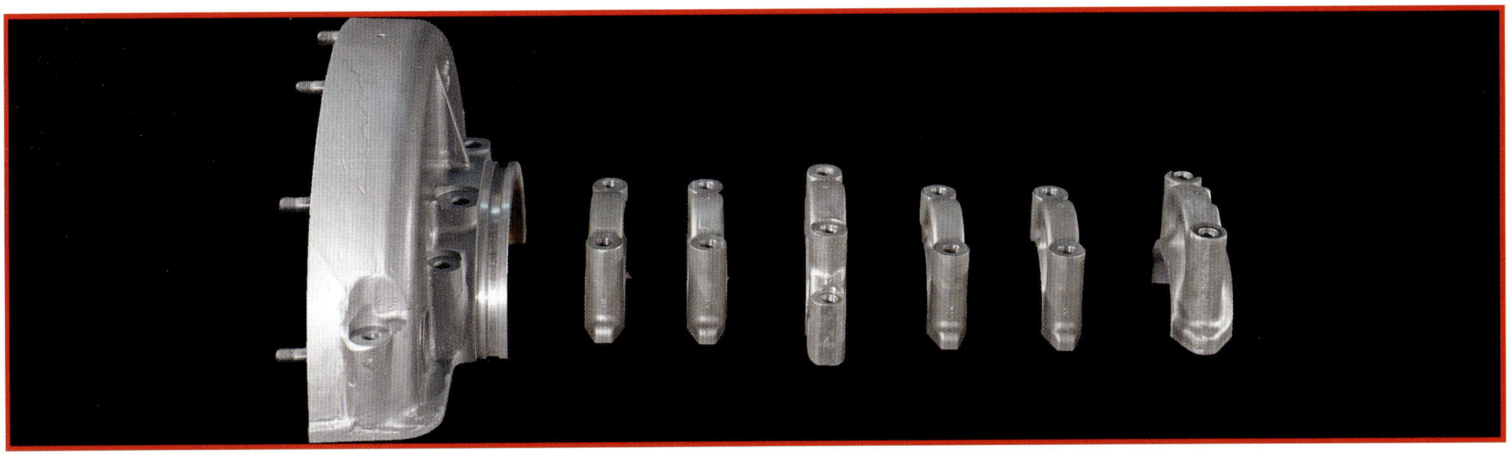

dieser Zeit, wie zum Beispiel die 250 GT TdF Berlinetta, das 250 GT Pininfarina Coupé/Cabriolet und die 250 Boano und Ellena Coupés.

Von allen Preziosen mit diesem Motor ist der Spider California das begehrteste Modell, unabhängig davon ob es sich um die Version mit langem Radstand (Long Wheel Base – LWB) oder kurzem Radstand (Short Wheel Base – SWB) handelt. Die Fahrwerke aller 107 California-Exemplare, egal ob mit kurzem oder langem Radstand, entstanden parallel zur zeitgenössischen TdF-Berlinetta und erhielten daher viele baugleiche Komponenten wie Bremsen, Aufhängungsteile usw.

↑ Die Hauptlagerdeckel sind über Stehbolzen und Muttern mit dem Motorblock verschraubt. Passhülsen gewährleisten den exakten Sitz und Markierungen auf den Deckeln geben den Einbauort und die Einbaurichtung an.

↓ Am umgedrehten Motorblock des 128 C-Motors sind die Stehbolzen der Hauptlagerdeckel zu sehen. Mit der gelben Farbe im Motorinnern sollen eventuelle Lunkerstellen im Gussmaterial abgedichtet und so das „Ölschwitzen" verhindert werden.

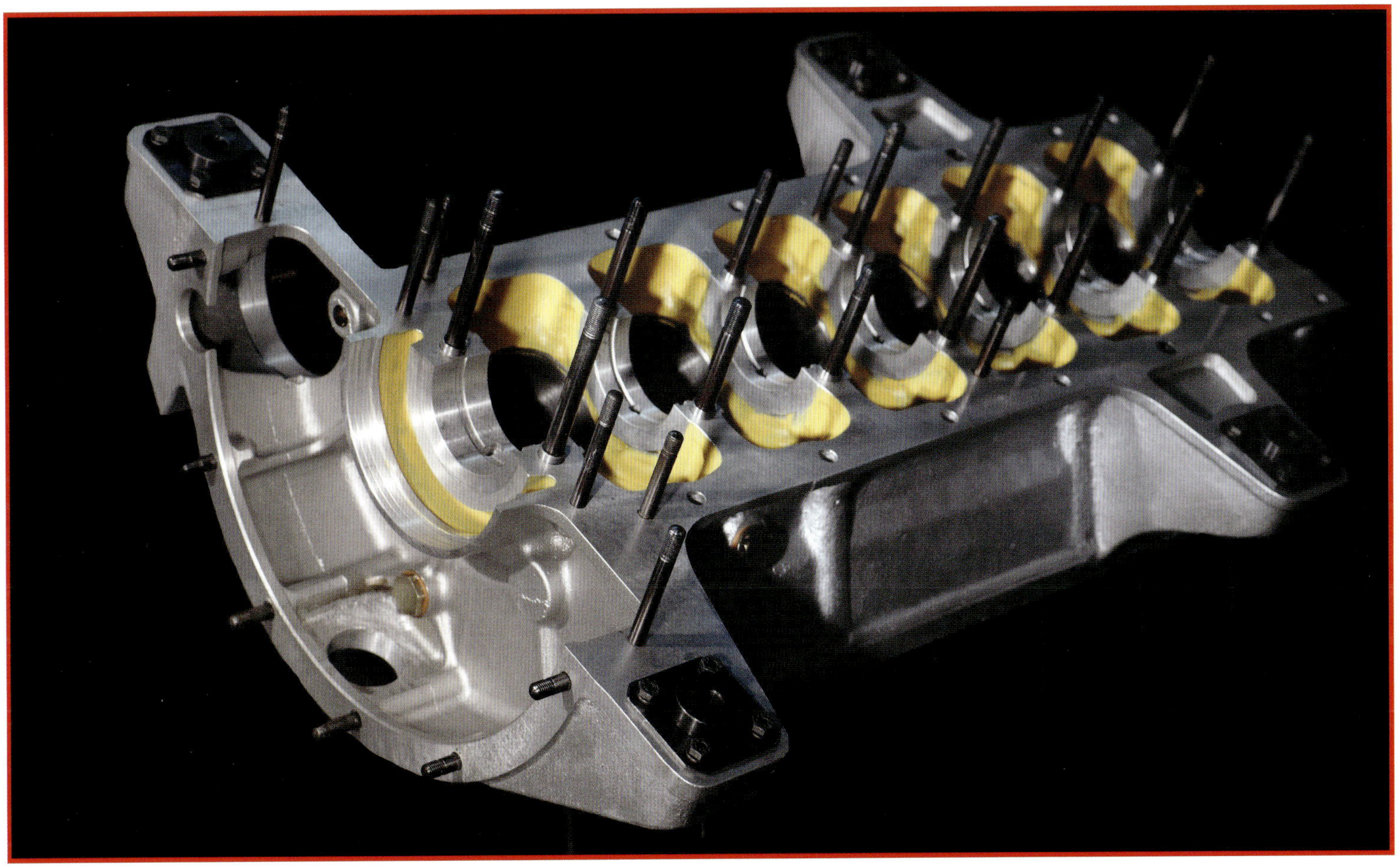

Bis auf ein einziges rechtsgelenktes Exemplar mit kurzem Radstand wurden alle California Spider als Linkslenker gebaut.

Während der sechsjährigen Produktionsdauer entstanden neun Fahrzeuge mit einer Aluminiumkarosserie; alle anderen Wagen hatten Karosserien aus Stahl, wobei auch hier die Türen, Motor- und Kofferraumhaube aus Aluminium gefertigt waren. Auf Wunsch gab es auch ein Hardtop aus dem gleichen Werkstoff. Die Begehrlichkeit nach diesem Modell schlägt sich natürlich auch im Marktpreis nieder, der je nach Ausführung und Vorbesitzer bei bis zu € 7 Millionen liegen kann (bei Drucklegung dieses Buches). Spätere LWB-Ausführungen erhielten die Motortypen 128 DF und 128 F, bei denen die Zündkerzen aus dem Zylinder-V heraus zur Auslassseite verlegt wurden. Bei diesen Motoren waren dann meist auch zwei Verteiler und größere Vergaser eingebaut.

Zusätzliche Leistungswünsche für den engagierten Sport- oder Rennfahrer konnten mit schärferen Nockenwellen, größeren Ventilen und angepasster Vergaserbestückung erfüllt werden.

Aus Leichtmetallguss bestehen unter anderem der Zylinderblock, die Zylinderköpfe, Kolben, Ventildeckel, Ölwanne, das Steuergehäuse und die Kupplungsglocke. In jedem der beiden Zylinderköpfe rotiert eine obenliegende Nockenwelle. Deren Antrieb übernimmt eine gemeinsame Triplexkette, der dazugehörige Steuerkettenspanner sitzt im Steuergehäuse. Die Ventilbetätigung erfolgt über Rollenkipphebel. Sieben Hauptlager nehmen die Kurbelwelle auf; die Haupt- und Pleuellagerschalen sind als Weißmetalllager ausgeführt, während die Kolbenbolzen in Bronzebüchsen gelagert sind.

Die Laufbüchsen bestehen aus Grauguss und der Zylindermittelachsenabstand von 90 mm verrät wie bereits erwähnt noch Colombos Handschrift. Aufgrund des zu erwartenden Einsatzes als Straßenwagen hielt man eine Nasssumpfschmierung für ausreichend. Sachs

Der hier vorgestellte Motor gehört zu einem California Spider mit langem Radstand; auf den Ansaugstutzen findet sich daher folgerichtig die Motortypenangabe 128.

lieferte die Einscheiben-Trockenkupplung, mit der die Kraft über ein Viergang-Getriebe und weiter über eine Kardanwelle zur hinteren Starrachse übertragen wird. Der hier vorgestellte 128 C-Motor hat nur einen Verteiler, dessen zugehörige Verteilerkappe mittlerweile ein kleines Vermögen kostet – wenn man überhaupt eine findet.

Zur Versorgung der drei Weber Doppel-Fallstromvergaser 36 DCL mit Kraftstoff sind eine elektrische und eine mechanische Benzinpumpe vorhanden. Zum leichteren Anlassen nach längerer Standzeit wird die elektrische Benzinpumpe eingeschaltet, die über einen Filter die Vergaser befüllt. Sobald der Motor angesprungen ist, übernimmt die mechanische Benzinpumpe (mit einem eigenen Filter) die Kraftstoffförderung und die elektrische Pumpe kann abgeschaltet werden.

Mit einem Verdichtungsverhältnis von 8,5 : 1 leistet der Motor nach Ferrari-Angaben 237 PS bei 7000 min^{-1} und erzeugt ein maximales Drehmoment von 245 Nm bei 5000 min^{-1}.

Die Zündfolge lautet 1-7-5-11-3-9-6-12-2-8-4-10.

Die 51 Exemplare des 250 California mit langem Radstand (2600 mm) entstanden in den Jahren 1958 bis 1960, wobei der Prototyp noch Ende 1957 fertig gestellt wurde. Sie alle erhielten Motoren des Typs 128, deren kontinuierlich fortschreitende Weiterentwicklung durch unterschiedliche Anhänge erkennbar war. Bei den ersten acht LWB-Modellen hatte der dort eingebaute Motor die Bezeichnung 128 C. Ihm folgte in den nächsten 36 Wagen der Motortyp 128 D und die letzten sieben LWB-Modelle bekamen einen Motor mit der Typenbezeichnung 128 F oder 168. Hinter diesen unterschiedlichen Buchstaben verstecken sich diverse Änderungen. So hatten die frühen 128-Motoren einen Nockenwellenhub von 9 mm und Weber-Vergaser in der Ausführung 36 DCL3; beim Typ 168 betrug der Nockenwellenhub 10 mm und mit 40-DCL6-Vergasern stieg die Leistung auf über 270 PS (201 kW). Alle LWB-Modelle entstanden auf Rahmen mit der Werksbezeichnung 508 C und 508 D, die ebenfalls die gleichzeitig produzierten TdF-Berlinetten erhielten. Auch bei den Chassis gab es eine kontinuierliche Weiterentwicklung: Während sich die frühen Modelle noch mit Trommelbremsen begnügen mussten, sorgten bei den letzten Wagen vier Scheibenbremsen für eine adäquate Verzögerung.

Am äußeren Aussehen änderte sich während der Produktionszeit nichts Wesentliches, wobei die ersten Wagen im Prinzip eine 250 GT TdF Berlinetta ohne Dach waren. Am Heck fanden sich die gleichen schmalen senkrechten Rückleuchten und auch die seitlichen Luftauslässe an den vorderen Kotflügeln hatten die gleichen Blenden aus Aluminium. Im Gegensatz zu den Berlinetta-Türen mit ihrem traditionellen Griff waren bei den Spidern allerdings filigrane Türöffner elegant in die Türhaut eingelassen. Später wurde die Heckpartie überarbeitet und erhielt einen Absatz an der unteren Abschlusskante des Kofferraumdeckels sowie überarbeitete Konturen an den hinteren Kotflügeln mit größeren Rückleuchten. Die Türgriffe waren nun mit denen des 250 GT PF Coupés identisch und die Aluminiumblenden der seitlichen vorderen Luftauslässe waren jetzt mit einem Prägemuster versehen, in das die drei Schlitzöffnungen eingearbeitet waren.

Die Karosserien der SWB-Modelle ähnelten sehr der letzten LWB-Ausführung, waren aber auf neuen Rahmen mit 2400 mm Radstand aufgesetzt. Diese hatten anfänglich die Werksbezeichnung 539, später 539/61 wie die gleichzeitig produzierte SWB-Berlinetta. Mit dem neuen Rahmen verringerte sich auch die Bauhöhe um 30 mm, was die Wagen bulliger wirken ließ. Dennoch ist es schwierig, die beiden Versionen auseinander zu halten. Ein Unterscheidungsmerkmal einer späten LWB-Version gegenüber der SWB-Ausführung ist der Lufteinlass auf der Motorhaube, dessen untere Kante beim LWB bündig mit der Haubenfläche verläuft, während der SWB hier eine Vertiefung aufweist. Auch die seitlichen Luftauslässe in den vorderen Kotflügeln sind unterschiedlich; hier haben die SWB-Versionen nur zwei Schlitzöffnungen.

Frühe LWB-Ausführungen konnten mit Scheinwerferabdeckungen aus Plexiglas versehen werden, was auch bei den SWB-Modellen wieder möglich war. Ausgenommen war hier ausgerechnet das Ferrari-Heimatland: Aufgrund neuer gesetzlicher Vorschriften mussten hier die Scheinwerfer offen bleiben.

Der neue SWB-California wurde 1960 auf dem Genfer Salon der Öffentlichkeit präsentiert. Als Antrieb des Prototyps diente ein 128-F-Motor, der noch 9 mm Nockenwellenhub, aber bereits größere Weber Vergaser mit der Bezeichnung 40 DCL6 aufwies. Dabei handelte es sich um den letzten von sechs hergestellten 128-F-Motoren; die fünf anderen waren in LWB-Wagen eingebaut worden. In der SWB-Serienproduktion – der zweite California-SWB hatte die Fahrgestellnummer 1883GT – verwendete Ferrari Motoren des Typs 168. Der hatte zwar die gleiche Bezeichnung wie die Maschine einiger LWB-Exemplare, aber abweichende technische Angaben. Damit stieg die Leistung um etwa 20 PS (15 kW), was unter anderem durch überarbeitete Zylinderköpfe mit größeren Einlassventilen erzielt wurde. Testarossa-Bauteile hauchten der Wettbewerbsversion dieses Motors zusätzliche Leistung ein und mit leichteren Nockenwellen, Kolben und Pleueln standen stramme 280 PS (209 KW) an.

Die letzten 250 GT California Spider mit kurzem Radstand verließen die Fabrikhallen in Maranello im Februar 1963. Alle 107 produzierten California-Exemplare erhielten ungerade Fahrgestellnummern, mit denen traditionell die Straßenwagen von Ferrari versehen waren.

Eigentlich sollte dieses Modell in erster Linie ein schneller Wagen zum Reisen oder Flanieren sein und mit dem die Reichen und Schönen auf den Strandpromenaden in Hollywood und Nizza die Blicke auf sich ziehen konnten. Aber einige Besitzer scheuten sich nicht, damit auch Rennen zu fahren – und das durchaus erfolgreich. Einer dieser Wagen,

↑ Fein säuberlich aufgereiht präsentiert sich das Ensemble des 12-Mann-Orchesters. Der italienische Hersteller Borgo lieferte seinerzeit als Erstausrüster die Kolben; die Pleuelfüße weisen noch die schräge Teilung wie an den ersten Colombo-Motoren auf.

↓ Die Nasssumpfschmierung erfordert eine entsprechend groß ausgeführte Ölwanne. Sie ist aus Leichtmetallguss hergestellt und hier ebenfalls auf dem Kopf stehend abgebildet. Der untere Deckel kann für Wartungsarbeiten abgenommen werden.

→ Das hier auf dem Kopf stehend abgebildete Steuergehäuse hat die eingegossene Bezeichnung 128 C. Die obere Öffnung ermöglicht den Zugang zum vorderen Kurbelwellenende, in die mittlere linke Öffnung wird die Kühlmittelpumpe eingesetzt, rechts davon der Lagerbock des Kühlerventilators angeschraubt. Der Ventilatorantrieb erfolgt über einen Keilriemen vom Generator aus, der wiederum über die unten zu erkennenden Spannbänder am Steuergehäuse befestigt ist und von der Steuerkette angetrieben wird.

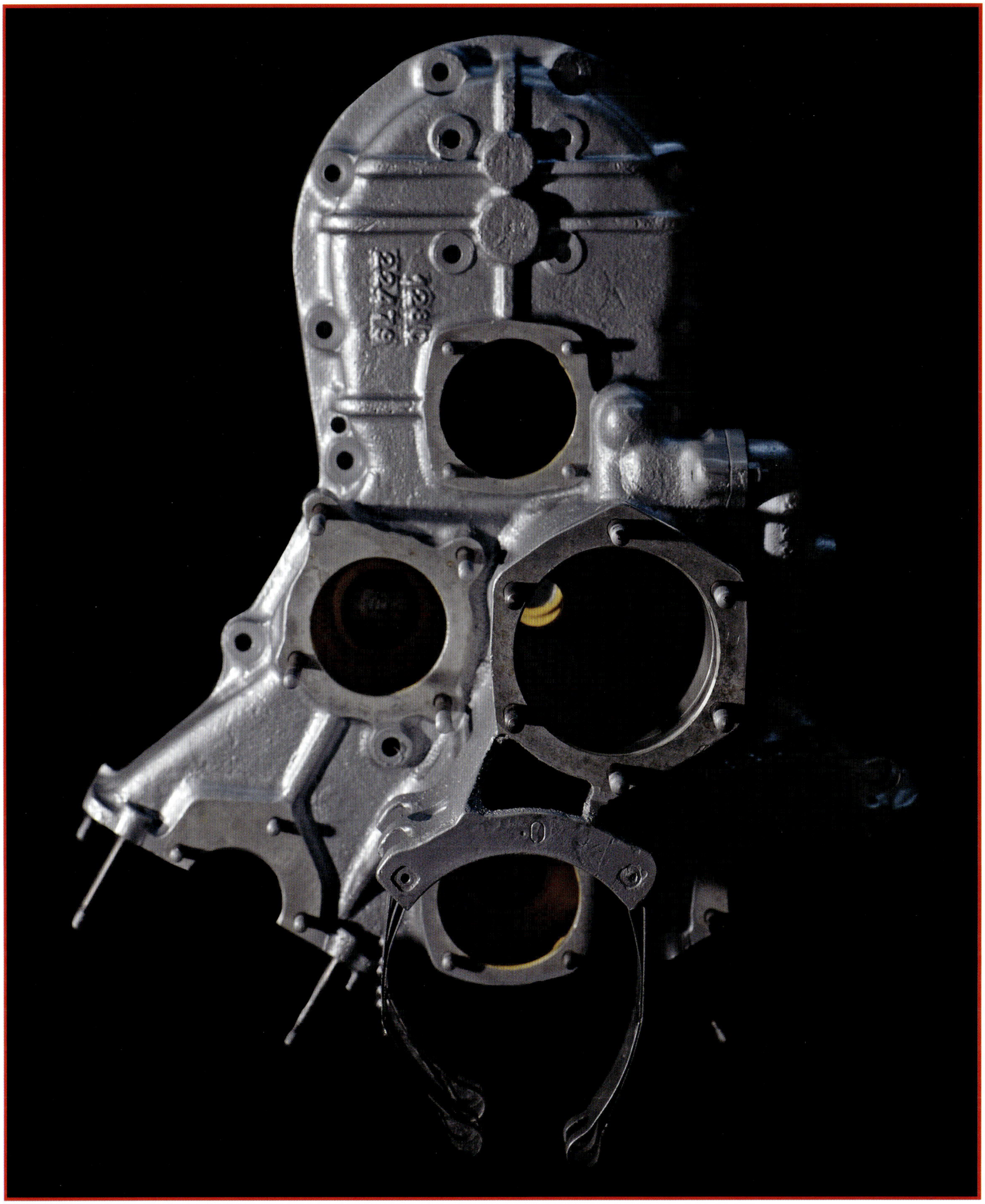

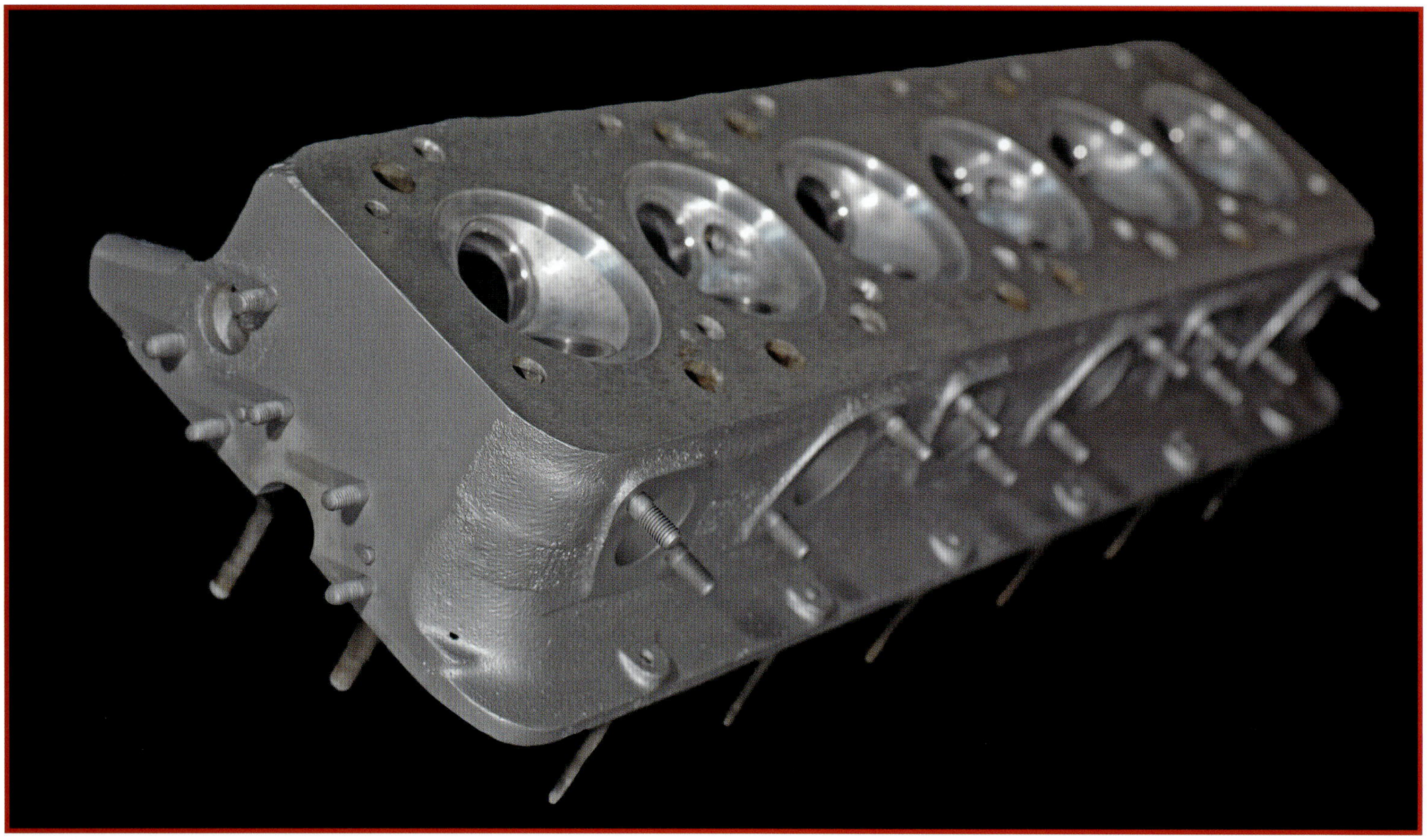

↑ **In neuem Glanz erstrahlt einer der beiden Zylinderköpfe nach der Überholung. Man erkennt die halbkugelförmigen Brennräume und die neu eingesetzten Ventilsitzringe, die für den Betrieb mit bleifreiem Kraftstoff ausgelegt sind.**

FERRARI 250 CALIFORNIA – TECHNISCHE DATEN

Motorbezeichnung	128 C
Motorbauweise	Längs eingebauter V12-Motor, 60° Zylinderwinkel
Bohrung und Hub	73 x 58,8 mm
Gesamthubraum	2953,21 cm^3
Einzelhubraum	246,10 cm^3
Verdichtungsverhältnis	8,5 : 1
Maximale Leistung	237 PS (176 kW) bei 7000 min^{-1}
Literleistung	80 PS/Liter (60 kW/Liter)
Ventilsteuerung	Eine obenliegende Nockenwelle pro Zylinderbank, zwei Ventile pro Zylinder
Gemischaufbereitung	Drei Weber 36 DCL Fallstrom-Doppelvergaser
Zündsystem	Batteriespulenzündung, ein Verteiler, eine Zündkerze pro Zylinder
Schmiersystem	Nasssumpfschmierung
Kupplung	Einscheiben-Trockenkupplung
Maximales Drehmoment	240 Nm bei 4800 min^{-1}
Zündfolge	1–7–5–11–3–9–6–12–2–8–4–10

Fahrgestellnummer 2015GT, bekam dafür einen besonderen Motor spendiert. Dieser Tipo 168 B hatte Zylinderköpfe mit höherer Verdichtung und größeren Ventilen, was die Leistung auf 285 PS (213 kW) ansteigen ließ. Damit belegte das Fahrertrio Newmann/Publicker/Andrey 1961 beim 12-Stunden-Rennen in Sebring den zweiten Platz in seiner Klasse. Weitere bedeutende Rennerfolge dieser Modellreihe waren – auch beim 12-Stunden-Rennen von Sebring – ein Klassensieg 1959 von Ginther/Hively mit Nummer 1459GT, gefolgt von einem weiteren Klassensieg und dem fünften Gesamtrang beim 24-Stunden-Rennen von Le Mans im gleichen Jahr mit Grossman/Tavano auf Nr. 1451GT. Im folgenden Jahr holten Reed/Conell mit Nr. 1603GT bei den 12 Stunden von Sebring den dritten Platz in ihrer Klasse und den fünften Platz in der Gesamtwertung. Darüber hinaus erzielte Bob Grossman mit Wagen 1451GT 1959 und 1960 bei nationalen Rennen in den USA etliche gute Ergebnisse.

Wie aber bereits erwähnt, war die Rennstrecke nicht die eigentliche Spielwiese des California Spider. Er war dazu geschaffen, sich beim Fah-

→ **Das Steuergehäuse von innen betrachtet. Auf die glänzende, weil maschinell bearbeitete Fläche im Innern wird später die Ölpumpe aufgesetzt. Der goldfarbene Ring in dieser Flanschfläche ist die Messingbuchse zur Lagerung der Ölpumpenantriebswelle.**

↑ Arrangiert sind hier folgende Motorbauteile (von oben nach unten): Ventile, Kipphebellagerböcke, Axiallagerschalen, Kolben, Pleuel sowie eine Pleuel- und eine Hauptlagerschale.

↗ Auffällig am neuen Kolben ist der relativ dickwandig ausgeführte Kolbenbolzen.

→ Drei Ansaugkanäle auf der Einlassseite des Zylinderkopfs: Sie verzweigen sich im Zylinderkopf jeweils noch auf zwei Zylinder. Wie der Motorblock ist auch der Zylinderkopf zur Abdichtung gegen Ölschwitzen innen lackiert.

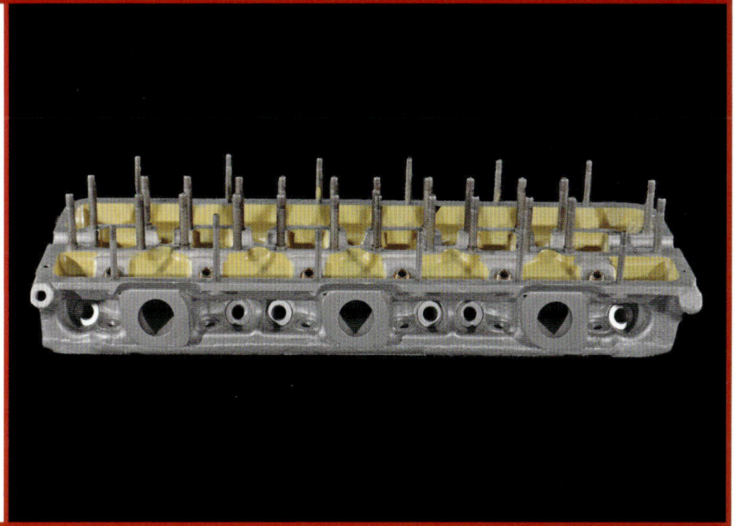

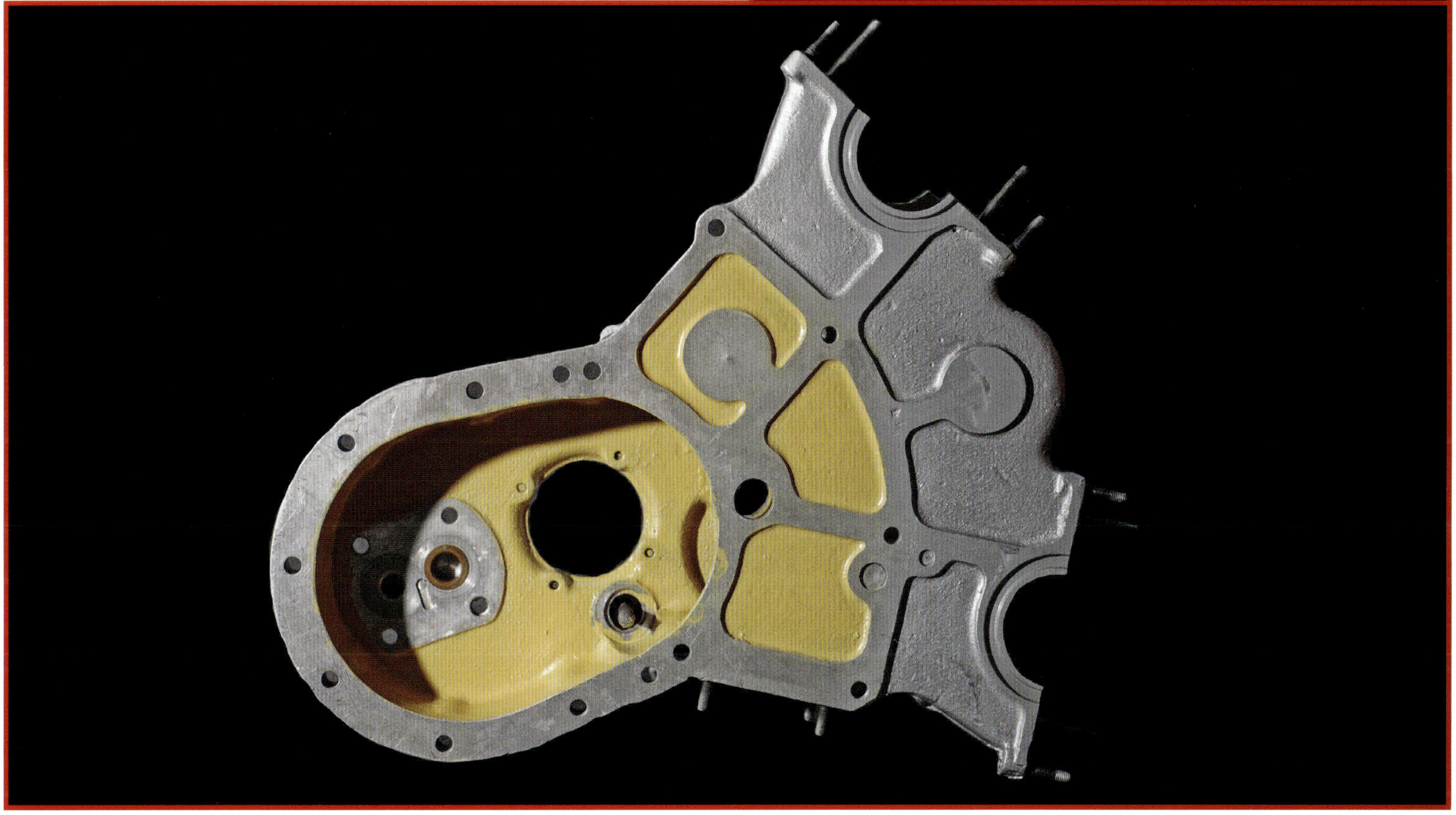

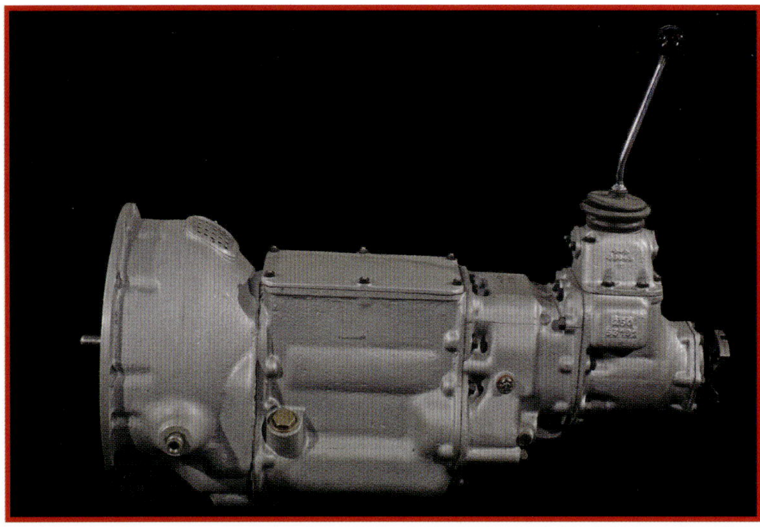

ren in Richtung Sonnenuntergang den Wind um die Nase wehen zu lassen und seine elegante Erscheinung – egal als LWB- oder SWB-Version – eroberte die Herzen der Bühnen- und Leinwandstars. Dazu gehörten unter anderem der amerikanische Schauspieler James Coburn, der französische Herzensbrecher Alain Delon, die Schriftstellerin Francoise Sagan, der Komiker Bob Hope, der Regisseur Roger Vadim und der französische Sänger Johnny Hallyday. Ein halbes Jahrhundert später übt das Auto immer noch auf jeden eine ungeheure Anziehungskraft aus.

↓ Die Kurbelwelle des V12 weist die gleichen Kröpfungswinkel wie die Kurbelwelle eines Reihen-Sechszylinders auf.

↖ Das Viergang-Getriebe war bereits voll synchronisiert. Bei den Straßenmodellen war das Getriebegehäuse glattflächig, einige Rennwagen hatten zwecks besserer Kühlung ein verripptes Gehäuse.

↑ Einbaufertig präsentiert sich die Einscheiben-Trockenkupplung von Fichtel & Sachs. Die Anpresskraft der Druckplatte auf die Kupplungsscheibe erfolgt noch über mehrere Schraubenfedern und nicht wie heute üblich über eine Membranfeder.

→ Die Schrägteilung der unteren Pleuelfüße erlaubt keine durchgehenden Schrauben zur Befestigung des Lagerdeckels. Daher werden die Pleuelschrauben direkt in das Material eingedreht, Passhülsen stellen die exakte Lage des Deckels sicher.

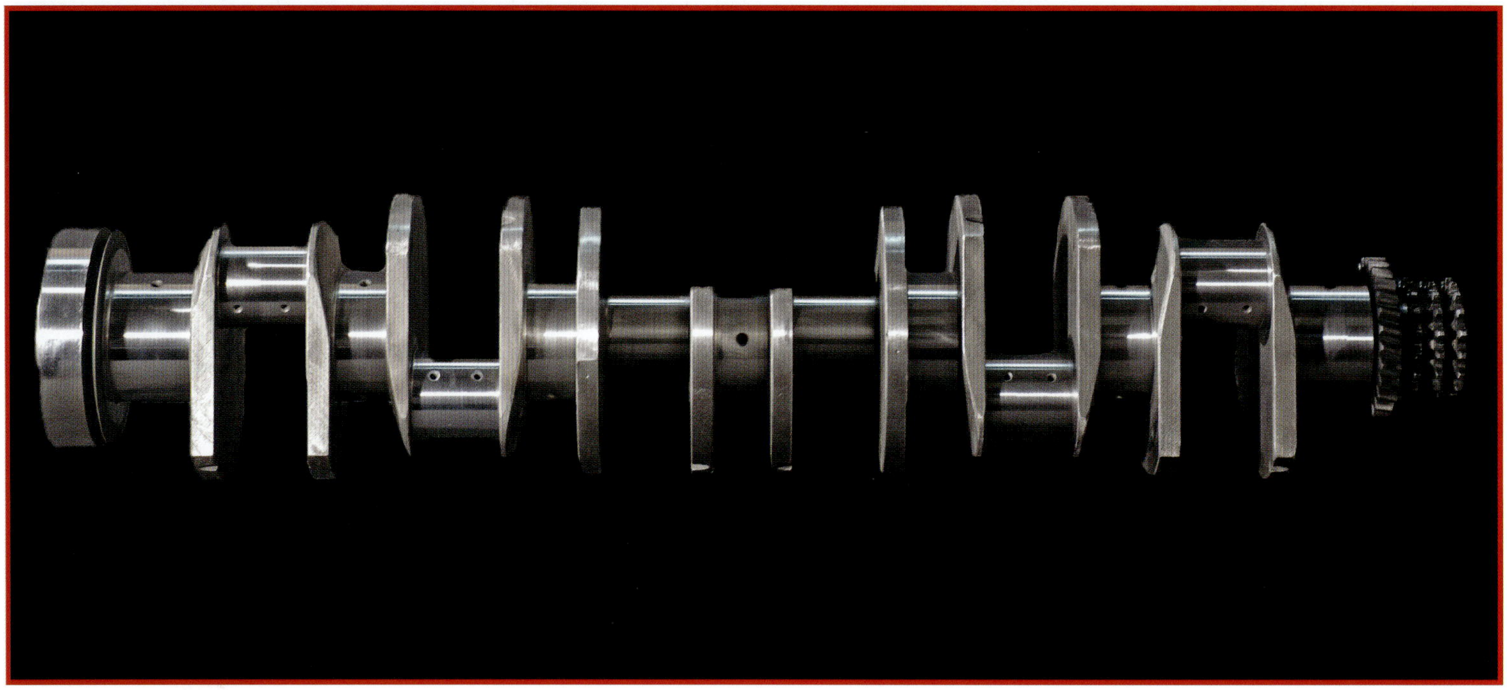

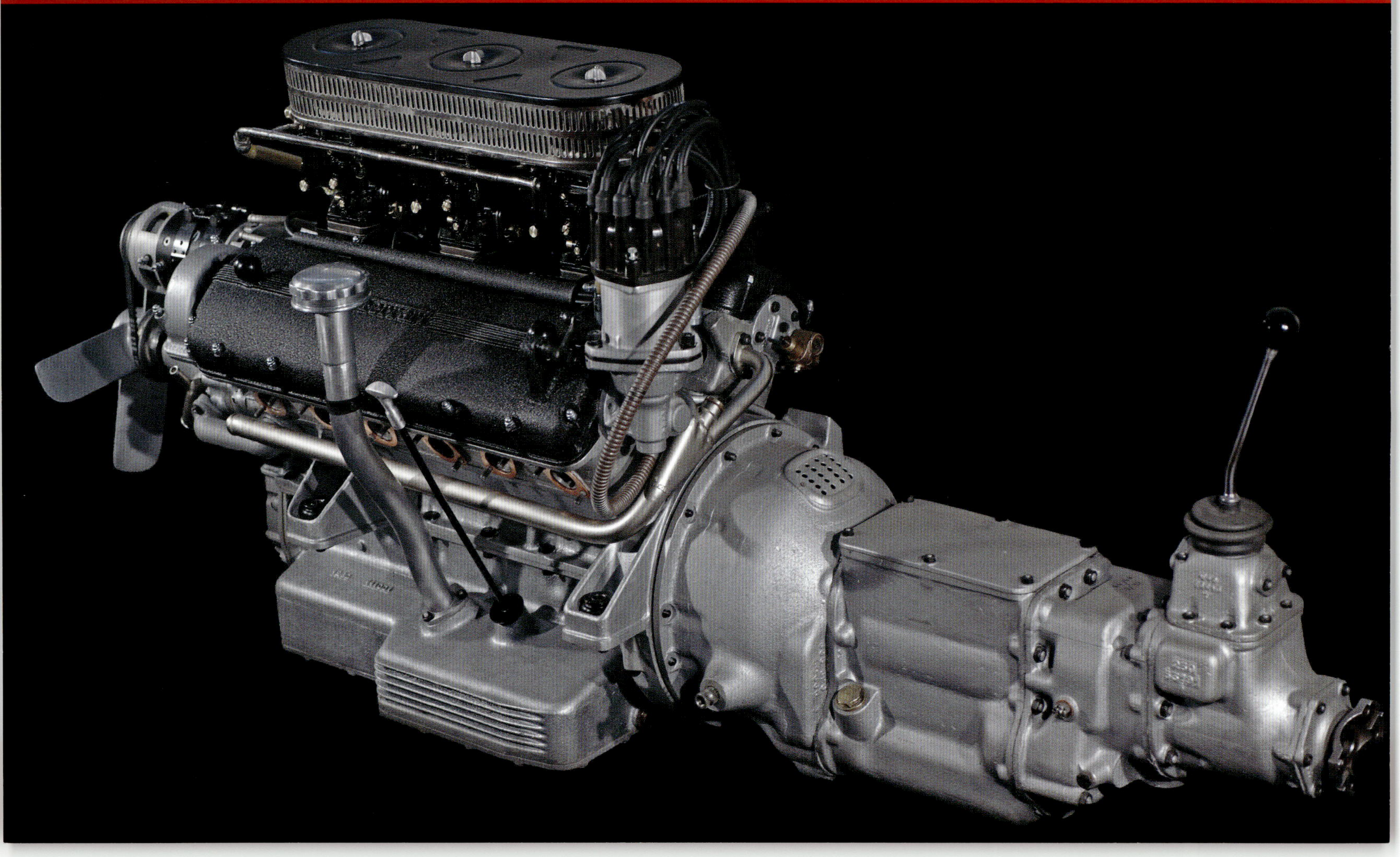

↑ Der 250 GT California Spider gehört zu den begehrtesten klassischen Ferrari-Modellen.

↗ „Details sind keine Details – sie sind das Design" – hier verdeutlicht durch die verchromten Rücklichtumrahmungen.

↓ Ohne Zweifel ist der 250 GT California Spider eines der schönsten Autos, die je gebaut worden sind. Er ist Scagliettis Meisterwerk und war in erster Linie für den amerikanischen Markt gedacht.

→ Eine Nahaufnahme der bildschön ausgeführten Heckpartie einer LWB-Version, deren Rückleuchten mit der TdF-Berlinetta (Tour de France) baugleich sind.

↘ In den Kühlergrill integrierte Marchal-Nebelscheinwerfer und Plexiglasabdeckungen an den Hauptscheinwerfern sehen nicht nur gut aus, sondern verbessern auch die Aerodynamik.

↘↘ Ein charakteristisches Merkmal des Spider und auch der TdF-Berlinetta sind die mit einer Aluminiumblende versehenen seitlichen Luftauslässe der vorderen Kotflügel.

↘↘↘ Wer möchte nicht hinter diesem Nardi-Lenkrad Platz nehmen, betört vom Geruch des Conolly-Leders und den Lebensäußerungen des Zwölfzylinders. Über dessen Befinden gibt gleich eine ganze Batterie von Instrumenten Auskunft.

Ferrari

250 LM

Der erste „straßentaugliche“ Ferrari mit Mittelmotor (1963)

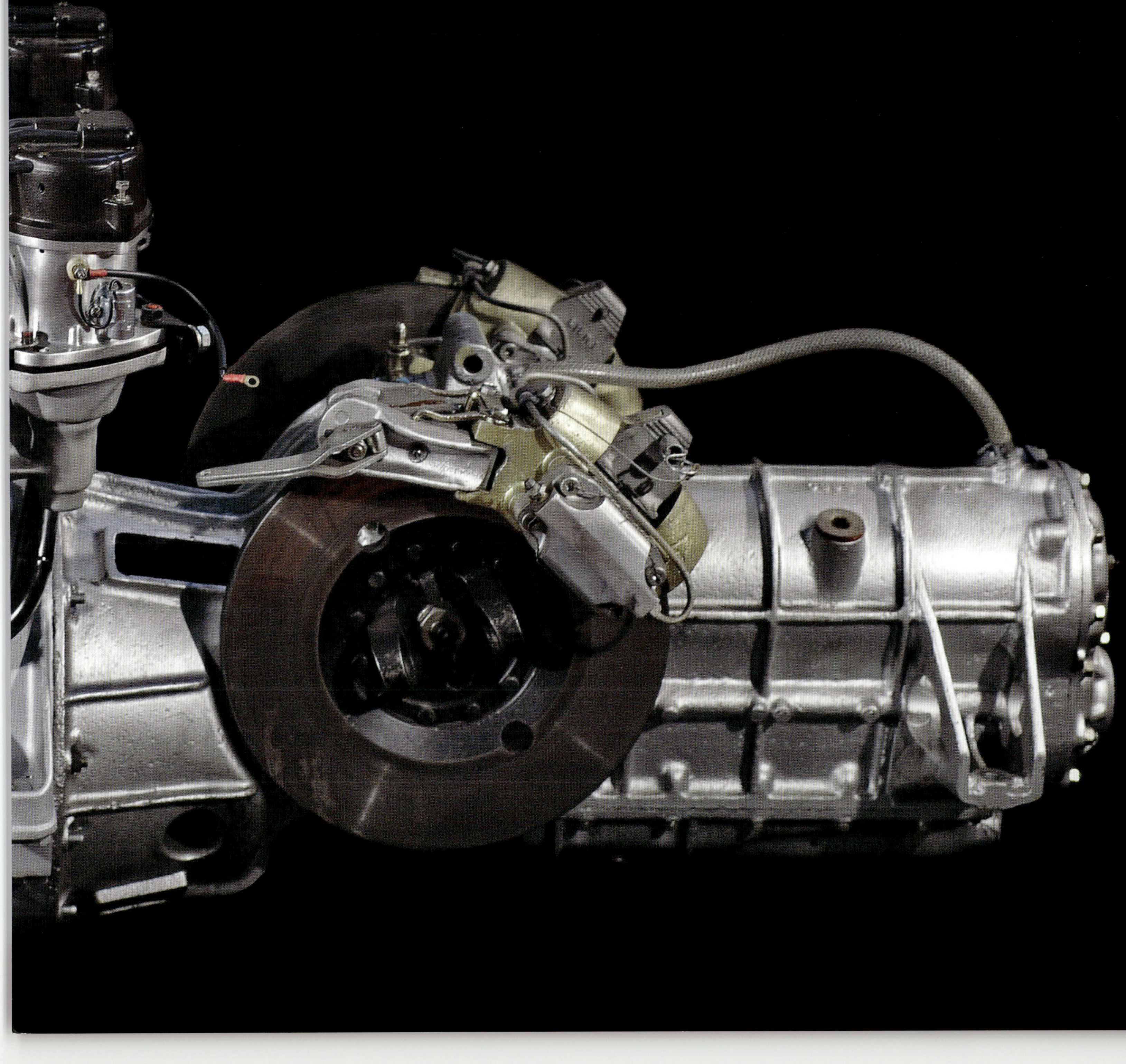

← Werkseitig war der in die Ventildeckel eingegossene Ferrari-Schriftzug ebenfalls mit schwarzem Schrumpflack überzogen. Hier wurde er nachträglich blank geschliffen, was dem Originalitätsfreund natürlich ein Dorn im Auge ist.

↙ Zur Auswuchtung der Kurbelwelle werden Schwermetallstopfen aus Vanadium in die Kurbelwangen eingepresst.

Auf dem Pariser Salon 1963 präsentierte die Fabrik aus Maranello den ersten Ferrari mit Mittelmotor, der auch auf öffentlichen Straßen gefahren werden durfte. Man beschrieb im traditionellen Ferrari-Jahrbuch den Wagen sinngemäß mit dem einfachen Satz: „Dieses Auto ist für Kunden gedacht, die schnell fahren wollen und es auch können." Das Revolutionäre an dieser „Berlinetta Stradale" war die ungewöhnliche Anordnung des V12-Motors, der hier erstmals in einem Straßenwagen von Ferrari direkt hinter dem Rücken des Fahrers eingebaut war. Zu Beginn des LM-Projekts hatte Enzo Ferrari eigentlich vor, einen straßentauglichen Ableger des Renn-Prototypen 250 P zu bauen; einen Gran Turismo, der für die Hobby-Rennfahrer in der Kundschaft gedacht war.

Ferrari betrachtete dieses neue Modell als eine weiterentwickelte Variante des 250 GTO und wollte es auch so homologiert haben. Tatsächlich kann man mit gutem Willen beim Vergleich der Karosserien eines 250 GTO und eines 250 LM von 1964 eine gewisse Ähnlichkeit erkennen, trotz des Frontmotors beim GTO und des Mittelmotors beim LM. Der FIA ging diese großzügige Sichtweise doch etwas zu weit, verweigerte daher die Homologation als GT-Wagen und der LM musste in der Prototypenklasse starten. Diese Entscheidung grenzte an Majestätsbeleidigung und erzürnte den Commendatore derart, dass er sogar mit dem Rückzug aus dem Motorsport drohte.

Dazu kam es am Ende dann doch nicht, aber immerhin gab er seine Teilnahmelizenz zurück. Als Konsequenz starteten die Formel-1-Wagen von Ferrari in den letzten beiden Rennen der Saison 1964 weiß lackiert und mit einem blauen Streifen versehen unter der Flagge des North American Racing Teams (NART) von Luigi Chinetti. Um

↖ Der halbkugelförmige Brennraum besitzt eine nur schwach ausgeprägte Quetschkante. Bei diesem Motor ist die Zündkerze von der Auslassseite eingeschraubt und damit besser zugänglich.

← Der Motorblock mit eingesetzten Zylinderlaufbuchsen. Am hinteren Motorende (rechts) ist die Öffnung des Schaulochs erkennbar, über das die Markierungen auf dem Schwungrad zur Steuerzeiten- und Zündeinstellung kontrolliert werden können.

Ferrari wieder zu besänftigen, erhielt der 250 LM vom ACI (Automobile Club d'Italia) im November 1964 doch noch eine nationale Homologation als GT-Wagen, so dass zumindest die zahlungskräftige Kundschaft 1965 mit ihrem „Straßenwagen“ an Rennen teilnehmen konnten.

Die FIA homologierte den Wagen 1965 gemäß dem Anhang J als Sportwagen der Gruppe 4 und damit als GT-Prototypen. Seine anfängliche Bezeichnung 250 Le Mans wurde beibehalten, obwohl nur das erste auf dem Pariser Salon gezeigte Exemplar einen 3,0-Liter-Motor hatte. Alle anderen Wagen hatten schon ab Werk 3,3 Liter Hubraum. Daher müsste eigentlich, gemäß damaligem Bezeichnungssystem nach dem Einzelhubraum, die Modellbezeichnung 275 Le Mans lauten.

Bei der Entwicklung des ersten Straßen-Ferrari mit Mittelmotor flossen natürlich die technische Expertise und die Innovationsfreude der Fabrik in Maranello ein.

Dieser neue und revolutionäre Wagen war auch der erste Ferrari, dessen äußere Konturen in einem Windkanal ihren Feinschliff erhielten. Hier erhielt Ferrari Unterstützung von einer Einrichtung der MIRA (Motor Industry Research Association), in der die aerodynamischen

↑ Die beiden Verteiler werden vom hinteren Nockenwellenende angetrieben. Um die Baulänge des Motors möglichst kurz zu halten, sind sie auf Winkeltrieben montiert und stehend eingebaut.

↓ Ein Blick in den umgedrehten Motorblock zeigt die 12 Zylinderbohrungen und die Hauptlageraufnahmen, die so genannte Lagergasse. Ihre Maßhaltigkeit muss bei der Motorrevision genau geprüft werden.

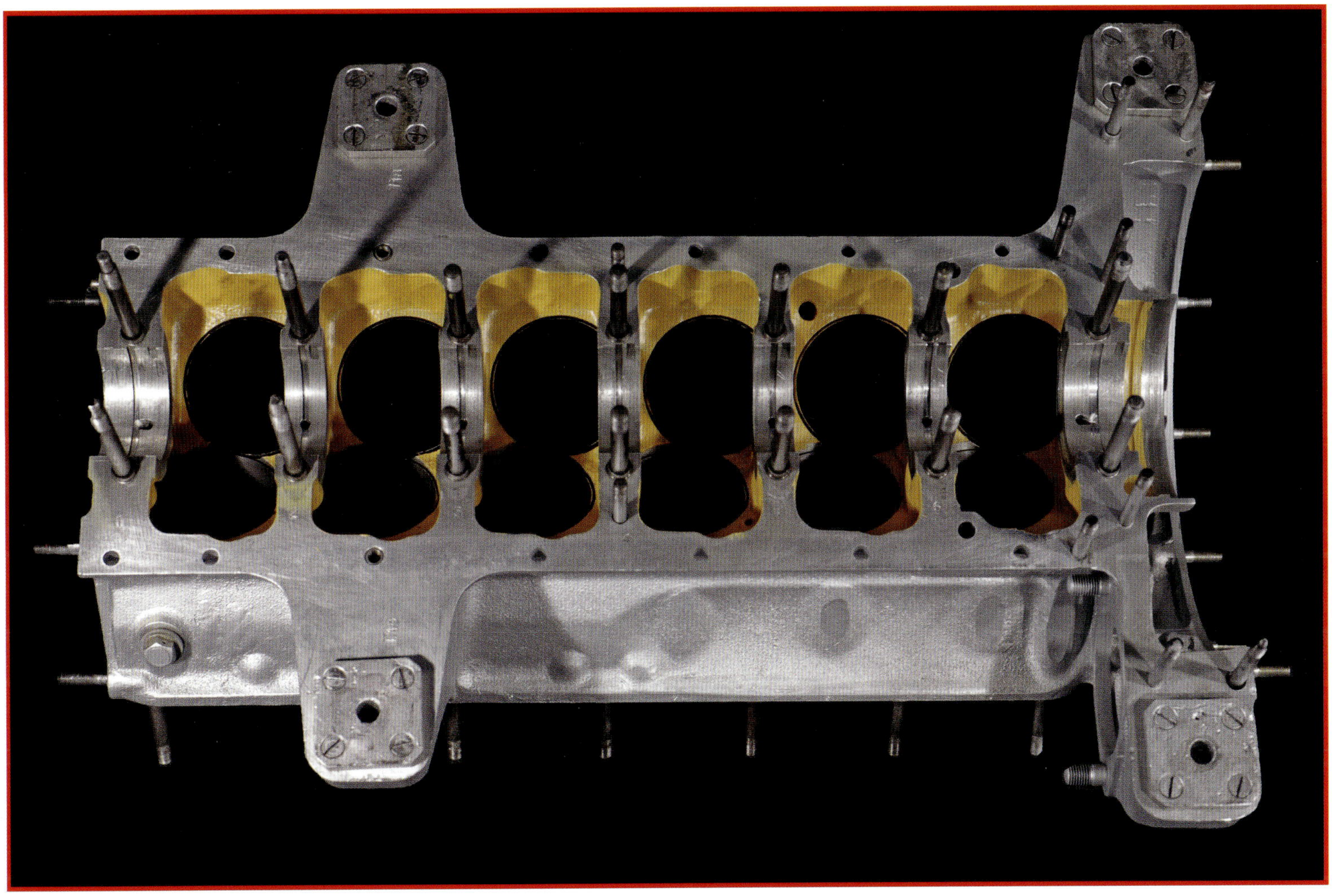

Eigenschaften anhand eines maßstabsgetreuen Modells aus Knetmasse studiert und verbessert wurden, um den Luftwiderstand zu optimieren. Der 250 LM war ein Gemeinschaftsprojekt der besten Ferrari-Ingenieure. Zu diesem illustren Kreis gehörten Forghieri, Rocchi, Maioli, Salvarani, Maffei und Marchetti; die Koordination übernahm Angelo Belli, der auch der Leiter des 250-LM-Projekts war. All diese brillanten Köpfe trugen zur Entstehung einer reizenden Berlinetta bei, die zu den leistungsstärksten zählt, die je gebaut wurden. Wie bereits erwähnt, hatte der Wagen 1963 auf dem Pariser Salon seinen ersten öffentlichen Auftritt. Versehen mit der Rahmennummer 5149 war er ein von Pininfarina gefertigtes Einzelstück mit einem 3,0-Liter-Motor. Daraus leiten sich ein Einzelhubraum von 250 cm^3 und die entsprechende Typenbezeichnung ab. 1964 erhöhte man den Hubraum dieses Prototyps auf 3,3 Liter – den gleichen Wert wiesen auch die folgenden 31

produzierten Exemplare auf. Der Wagen wies auch einige abweichende Details an der Karosserie auf, wie zum Beispiel die Anordnung der Lufteinlässe in den hinteren Seitenteilen. Nachdem er auf weiteren Ausstellungen gezeigt worden war, erhielt er ebenfalls den 3,3-Liter-Motor und wurde an Luigi Chinettis North American Racing Team (NART) veräußert.

Im März 1964 wurde der Wagen durch Feuer beim 12-Stunden-Rennen in Sebring schwer beschädigt und erhielt beim Wiederaufbau die spätere 250 LM-Karosserie. So war nur der erste 250 LM mit einem 3,0-Liter-Motor versehen – und das nur für kurze Zeit – und auch die ursprüngliche Form hatte nicht lange Bestand.

Die Mittelmotoranordnung des 250 LM stammte vom Sportprototypen 250 P und auch optisch hatte er mit diesem, trotz des zusätzlichen Dachs, eine große Ähnlichkeit. Die Bezeichnung LM (Le Mans) war eine Verneigung vor dem Erfolg des Prototipo 250, mit dem im Juni 1963, kurz vor der Vorstellung des 250 LM, Lorenzo Bandini und Luigi Scarfiotti das legendäre Rennen in Frankreich gewonnen hatten. Während Nr. 5149 und der Speciale mit der Rahmennummer 6025 (auf den später noch eingegangen wird) Pininfarina fertigte, entstanden alle anderen 250-LM-Karosserien in den Hallen des nicht minder bekannten Sergio Scaglietti in Modena. Geschickt brachten die Blechkünstler von Scaglietti die Aluminiumbleche in die vielbewunderte, von Pininfarina entworfene Form des 250 LM. Zu den Besonderheiten zählt die aufklappbare einteilige Heckabdeckung, die dazu drehbar am hinteren Dachende befestigt ist. Mächtige, in Fahrtrichtung weisende Öffnungen auf den Radabdeckungen leiten die zur Kühlung erforderliche Luft in den Motorraum. Ein kleines senkrecht stehendes Fensterchen erlaubt den Blick nach hinten über die flach verlaufende Motorabdeckung, die in einen Spoiler übergeht, der abrupt in einem Kamm-Heck endet. Wunibald Kamm war einer der führenden Wissenschaftler in der Kraftfahrzeugforschung und hat besonders auf dem Gebiet der Kfz-Aerodynamik Bedeutendes geleistet. Ihm zu Ehren erhielt diese Form des Hecks seinen Namen.

Man vermutet, Ferrari behielt die Bezeichnung „250“ anstelle des logischeren „275“ als Teil der Modellbezeichnung bei, weil der Homologationsantrag bereits mit diesen Daten gestellt worden war und Änderungen die Sache verkompliziert hätten. Von Enzo Ferraris persönlichem Assistenten, Dott. Franco Gozzi, hört man die Version, dass Ferrari bereits die Verkaufsunterlagen und Prospekte mit der Bezeichnung „250“ gedruckt gehabt hätte. Allerdings fand sich auf dem Deckblatt der Prospekte (von denen immerhin drei gedruckt wurden) die Modellbezeichnung „250 Le Mans“, während in den technischen Daten ein 3,3-Liter-Motor angegeben wurde. Als der Wagen schließlich 1965 von der FIA homologiert wurde, stand in den Unterlagen ein Hubraum von 3,3 Litern – so wie auch bei der 1964 erfolgten Abnahme durch den ACI. Wie schon angedeutet, entstand während der Produktionsphase dieser Berlinetta bei Pininfarina ein Speciale (Fahr-

← Zur Verringerung der ungefederten Massen sind die hinteren Scheibenbremsen nach innen verlegt und die Dunlop-Bremssättel am Getriebe befestigt.

gestellnummer 6025), der 1965 auf dem Genfer Salon gezeigt wurde. Dieser hatte elektrische Fensterheber, Lederausstattung und eine große Heckscheibe aus Plexiglas, die sich vom Dach aus um die ganze Fahrzeugbreite herumzog. Aufklappbare Dachsegmente über der Tür erleichterten den Einstieg und senkrechte, gummibewehrte Stoßleisten an der Front- und Heckpartie leisteten zumindest symbolischen Widerstand gegen die Bedrohungen des Straßenverkehrs. Später wurde der Wagen auf der New York Motor Show ausgestellt und Lui-

↑ Bei der Montage der Kolben auf die Pleuel muss die richtige Einbaulage beachtet werden. Zur Erzielung des korrekten Verdichtungsverhältnisses sind die Kolbenböden leicht gewölbt. Im Gegensatz zu den früheren Colombo-Motoren sind die Pleuelfüße horizontal geteilt.

↓ Im umgedrehten Zylinderkopf sind die zweiventiligen, halbkugelförmigen Brennräume zu erkennen. Die Aufnahme zeigt die Auslassseite mit den sechs Auslasskanälen.

gi Chinetti verkaufte ihn schließlich in die USA. Ein weiterer 250 LM, Rahmennummer 5995, ging 1964 an Conte Volpi di Misurata, dem Eigner der Scuderia Serenissima. Dieser setzte ihn zwei Jahre als Rennwagen ein, bis er 1967 in einen alltagstauglicheren Speciale umgebaut wurde. Dazu rüstete man auch eine Plexiglas-Heckscheibe, elektrische Fensterheber und sogar eine Klimaanlage nach. Verchromte Stoßstangenfragmente vorn und ein über die gesamte Wagenbreite reichender Stoßfänger hinten vervollständigten die Änderungen. Einige späte Exemplare der Serienproduktion erhielten Karosserien aus glasfaserverstärktem Kunststoff und Piero Drogos Carozzeria Sports Car in Modena entwickelte eine verlängerte Fahrzeugnase, die nicht nur die Aerodynamik verbesserte, sondern auch einen höheren Abtrieb an der Vorderachse erzeugte.

Der Einzelhubraum von 275 cm^3 ging auf eine von 73 mm auf 77 mm vergrößerte Bohrung zurück, während der Hub mit 58,8 mm mit dem 250-Motor übereinstimmte. Für den größeren Motor gab Ferrari eine Leistung von auf 320 PS (239 kW) bei 7500 min^{-1} an, für den 3,0-Liter-Motor 300 PS (224 kW) bei gleicher Drehzahl. Entsprechend stieg das Drehmoment von 294 Nm bei 5500 min^{-1} auf nunmehr 314 Nm, auch wieder bei identischer Drehzahl. Der einzige Wert, der niedriger ausfiel, war die spezifische Literleistung. Sie verringerte sich von 101 PS/l (75,3 kW/l) auf 97,3 PS/l (72,6 KW). Dieser Wagen war für Ferrari ein technologischer und auch ideologischer Quantensprung, denn Enzo Ferrari hatte einst den berühmten Satz geäußert, dass „die Pferde den Karren ziehen und nicht schieben sollten", was sich auf die Einbaulage der Antriebsquelle bezog. Das Leistungsvermögen des Motors erhielt durch den Einsatz von moderner Rennsporttechnik einen deutlichen Schub. So kam eine erleichterte Kurbelwelle aus Nitrierstahl zum Einsatz, die mit eingesetzten Gewichten aus Schwermetall ausgewuchtet wurde, um die Vibrationen in Grenzen zu halten. Sie wiegt 18,8 kg und wird über sieben Hauptlager abgestützt. Das erleichterte Schwungrad aus Stahl bringt nur 5,6 kg auf die Waage.

Der Motorblock, die Zylinderköpfe, Ventildeckel, Ansaugstutzen, Ölwanne sowie das Steuergehäuse und weitere Motorgussteile sind aus einer leichten Aluminium-Silizium-Legierung namens Silumin hergestellt, was ein Motorgewicht von lediglich 195 kg ermöglicht. In jedem der beiden Zylinderköpfe rotiert eine obenliegende Nockenwelle, die über eine gemeinsame Triplexkette angetrieben werden. Das dazugehörige Steuerkettengehäuse ist an der Vorderseite des Motors ange-

→ Die sieben Hauptlager der Kurbelwelle erhalten ihr Schmieröl über den Hauptölkanal im Motorblock. Zur Schmierung der Pleuellager tritt das Öl über die Bohrungen in den Hauptlagerzapfen in die Kurbelwelle ein und wird über Kanäle zu den jeweils benachbarten Kurbelzapfen geleitet, wo es über Bohrungen in die Pleuellager gelangt.

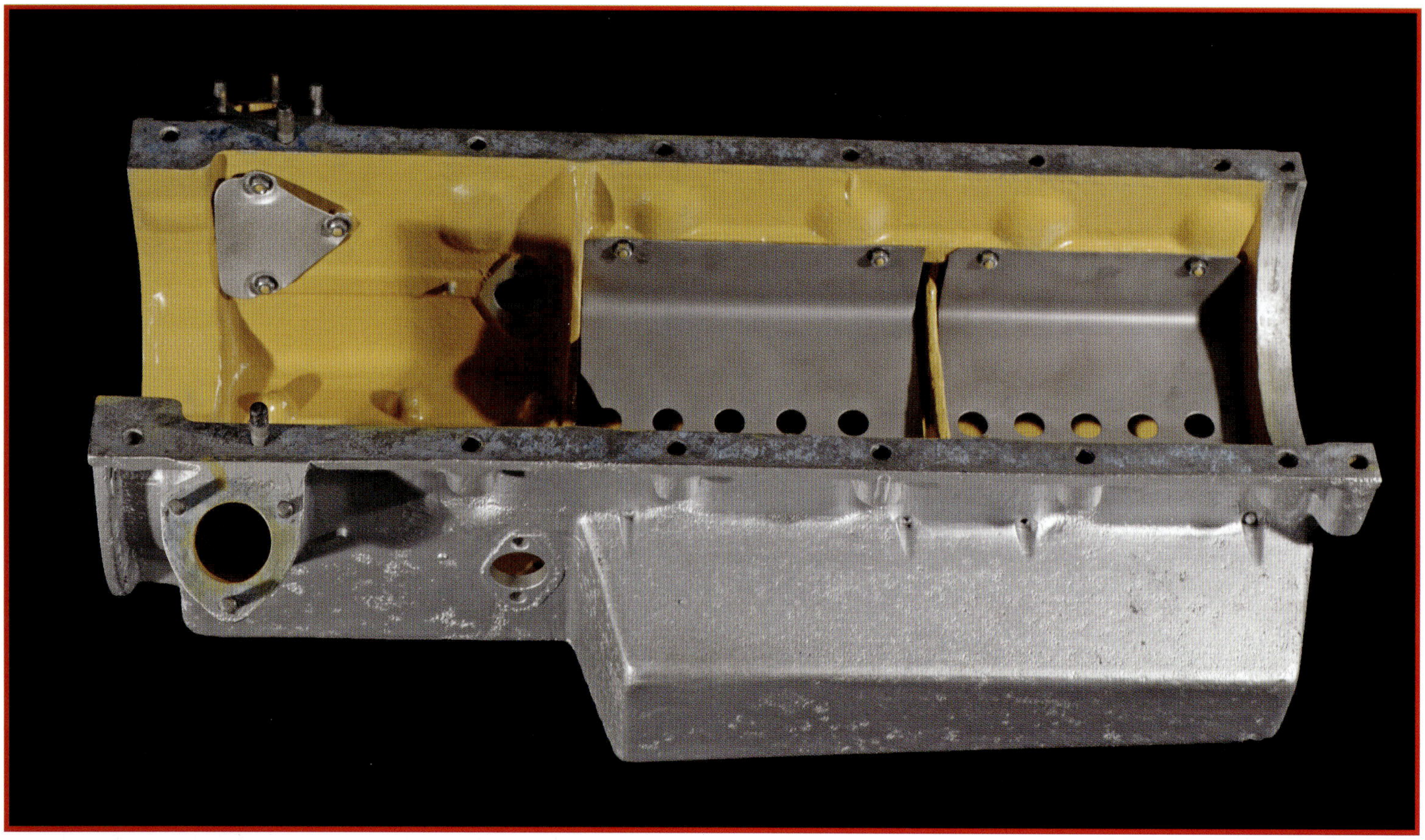

↑ **Schwallbleche im Innern der Ölwanne gewährleisten auch beim Bremsen, Beschleunigen und Kurvenfahren einen konstanten Ölpegel und ermöglichen so ein problemloses Absaugen des Öls zur Befüllung des vorn liegenden Öltanks.**

FERRARI 250 LM – TECHNISCHE DATEN

Motorbezeichnung	210/211
Motorbauweise	Längs eingebauter V12-Motor, 60° Zylinderwinkel
Bohrung und Hub	77 x 58,8 mm
Gesamthubraum	3285,72 cm³
Einzelhubraum	273,81 cm³
Verdichtungsverhältnis	9,7 : 1
Maximale Leistung	315 PS (235 kW) bei 7500 min⁻¹
Literleistung	96 PS/Liter (71 kW/Liter)
Ventilsteuerung	Eine obenliegende Nockenwelle pro Zylinderbank, zwei Ventile pro Zylinder
Gemischaufbereitung	Sechs Weber 38 DCN Fallstrom-Doppelvergaser
Zündsystem	Batteriespulenzündung, zwei Verteiler, zwei Zündspulen, eine Zündkerze pro Zylinder
Schmiersystem	Trockensumpfschmierung
Kupplung	Einscheiben-Trockenkupplung
Maximales Drehmoment	317 Nm bei 5000 min⁻¹
Zündfolge	1-7-5-11-3-9-6-12-2-8-4-10

bracht. In den halbkugelförmigen Brennräumen sind jeweils zwei Ventile vorhanden; die Einlassventilgröße beträgt 38 mm, die des Auslassventils 32,4 mm. Die Kolben haben einen Durchmesser von 77 mm, wiegen 272 Gramm und legen zwischen den beiden Totpunkten 58,8 mm Weg zurück. Sie wurden seinerzeit von Borgo geliefert und hatten wie die heutigen Neuanfertigungen zwei Verdichtungsringe und einen Ölabstreifring.

Die Zündfolge lautet 1-7-5-11-3-9-6-12-2-8-4-10, wobei Zylinder Nr. 1 vorne rechts und Zylinder Nr. 7 hinten links liegt (in Fahrtrichtung gesehen).

Wie es sich für einen „richtigen" V-Motor gehört, wirken die Pleuel von gegenüberliegenden Zylindern auf einen gemeinsamen Hubzapfen.

Die Stahlpleuel wiegen jeweils 480 g, haben horizontal geteilte Pleuelfüße und die Schäfte weisen ein „Doppel-T-Profil" auf.

Zur Gemischaufbereitung sind gleich sechs Weber 38-DCN-Fallstromvergaser vorhanden, von denen jeweils zwei auf einem gemeinsamen Ansaugstutzen montiert sind. Damit auch bei Volllast genug Kraftstoff gefördert wird, sind zwei parallel arbeitende elektrische Bendix-Benzinpumpen vorhanden. Sie fördern den Kraftstoff aus zwei 70-Liter-Aluminiumtanks, die links und rechts direkt hinter der Fahrerkabine angebracht und über ein Ausgleichsrohr verbunden sind. Das 12-Volt-Zündsystem stammt von Marelli und jede Zylinderbank hat einen eigenen Verteiler und die dazugehörige Zündspule. Aus Platz-

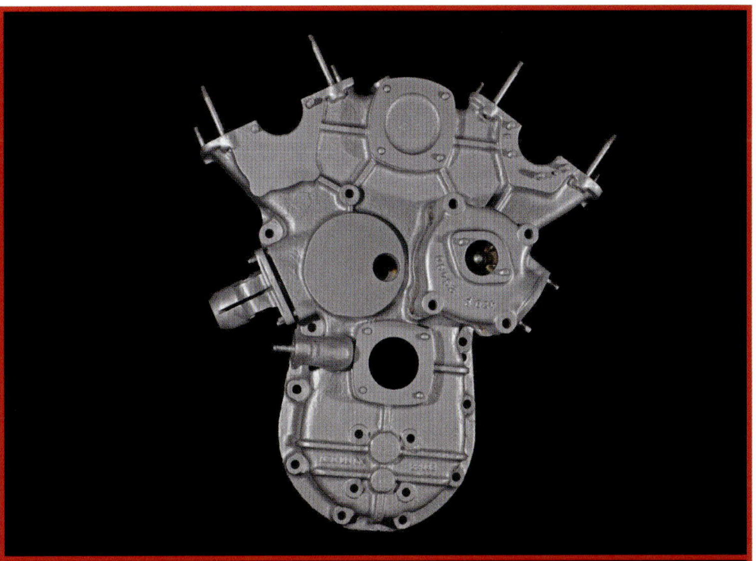

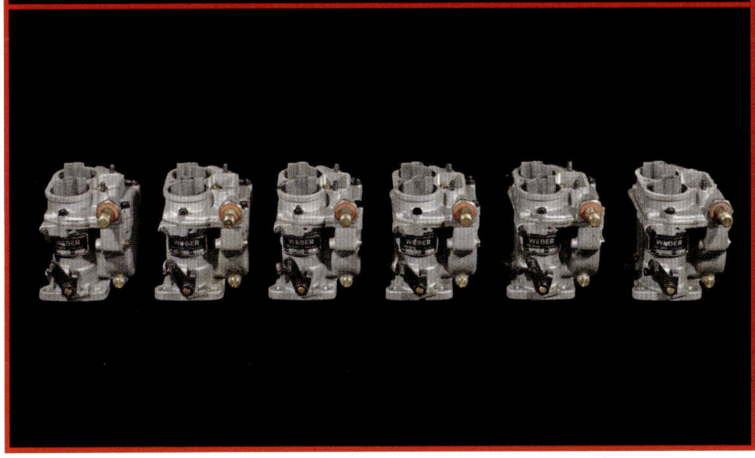

↑↑ Ansicht der umgedrehten Ölwanne. Die seitlichen Ausbuchtungen vergrößern bei gleicher Bauhöhe das Ölvolumen.

↑ Die Einstellung der sechs Weber 38 DCN Doppel-Fallstromvergaser ist eine Arbeit für den Spezialisten.

↑↑ In diesem Gehäuse aus Leichtmetallguss läuft die Steuerkette. Der schräg nach unten weisende „Zapfen“ links ist der Steuerkettenspanner, der bei der regelmäßigen Wartung nachgestellt werden muss.

↑ Die Lagerböcke der Rollenkipphebel bilden gleichzeitig auch den oberen Teil des Nockenwellenlagers.

gründen sind die Verteiler stehend angeordnet und werden über einen Winkeltrieb vom hinteren Nockenwellenende angetrieben. Zur Freude der Mechaniker sind die Zündkerzen von der Auslassseite zugänglich; die Erstausrüstung lieferte Marchal mit dem Typ HF33R.

Wie bei Wettbewerbsfahrzeugen üblich, ist eine Trockensumpfschmierung vorhanden, die auch bei scharfer Fahrweise mit hohen Kurvengeschwindigkeiten eine zuverlässige Schmierung sicherstellt. Der Öltank, Öl- und Wasserkühler sind im vorderen Stauraum untergebracht. Ein außergewöhnliches Merkmal des LM ist die Verwendung des Rahmens als Bestandteil des Leitungssystems, denn die Motorflüssigkeiten (Öl und Kühlmittel) fließen vom Motor kommend durch die Rahmenrohre zu den vorn angebrachten Kühlern.

Ein Nachteil dieser Lösung ist die Wärmeabstrahlung der Rahmenrohre in das nur unzureichend isolierte Cockpit, was für den Fahrkomfort nicht gerade förderlich ist.

Die enge Zusammenarbeit zwischen Ferraris Reparto Corse und Reparto Produzione – der Rennabteilung und der Fahrzeugproduktion – erleichterte wesentlich den Bau des straßentauglichen 250P-Ablegers. Während der Motor vor der Hinterachse eingebaut ist, ragt das Getriebe über die Hinterachse nach hinten, weil das Differenzial am vorderen Getriebeende angeordnet ist.

Das führt zu einer günstigeren Einbaulage der Motor-/Getriebeeinheit und trägt zu einer guten Schwerpunktlage bei. Zusätzlich sind die Dunlop-Scheibenbremsen am inneren Kreuzgelenk der Antriebswellen montiert, was auch die ungefederten Massen der Hinterräder deutlich

verringert. Luftkanäle leiten die erforderliche Kühlluft von den Einlassöffnungen auf der Heckabdeckung zu dieser thermisch hochbelasteten Zone. Das unsynchronisierte Fünfgang-Getriebe besitzt eine Zahnradölpumpe zur Schmierung und teilt sich mit dem selbstsperrenden Differenzial das Leichtmetallgehäuse. Je nach Einsatz konnte zwischen den folgenden vier verschiedenen Endübersetzungen gewählt werden: 4,842 : 1, 4,426 : 1, 4,038 : 1 und 3,548 : 1. Die Kraftübertragung vom Motor zum Getriebe erfolgt über eine Einscheiben-Trockenkupplung. Der bärenstarke 3,3-Liter-V12 hat mit dem geringen Gewicht des 250 LM (820 kg trocken) leichtes Spiel und beschleunigt in weniger als 5 Sekunden von 0 auf 100 km/h – damals und auch heute noch ein beeindruckender Wert.

↖ Klassische Bauart: Die Druckplatte der Einscheiben-Trockenkupplung wird von Schraubenfedern auf die Kupplungsscheibe und das Schwungrad gepresst; Erstausrüster war Fichtel und Sachs

↑ Nahaufnahme der Kühlmittelpumpe. Durch die Öffnung in der Mitte kann der Pumpenrotor erkannt werden.

↓ Auf jedem Ansaugstutzen (hier auf dem Kopf stehend abgebildet) sind jeweils zwei Vergaser aufgeschraubt. Zur Abdichtung sind zwischen Ansaugstutzen und Zylinderkopf O-Ringe eingelegt.

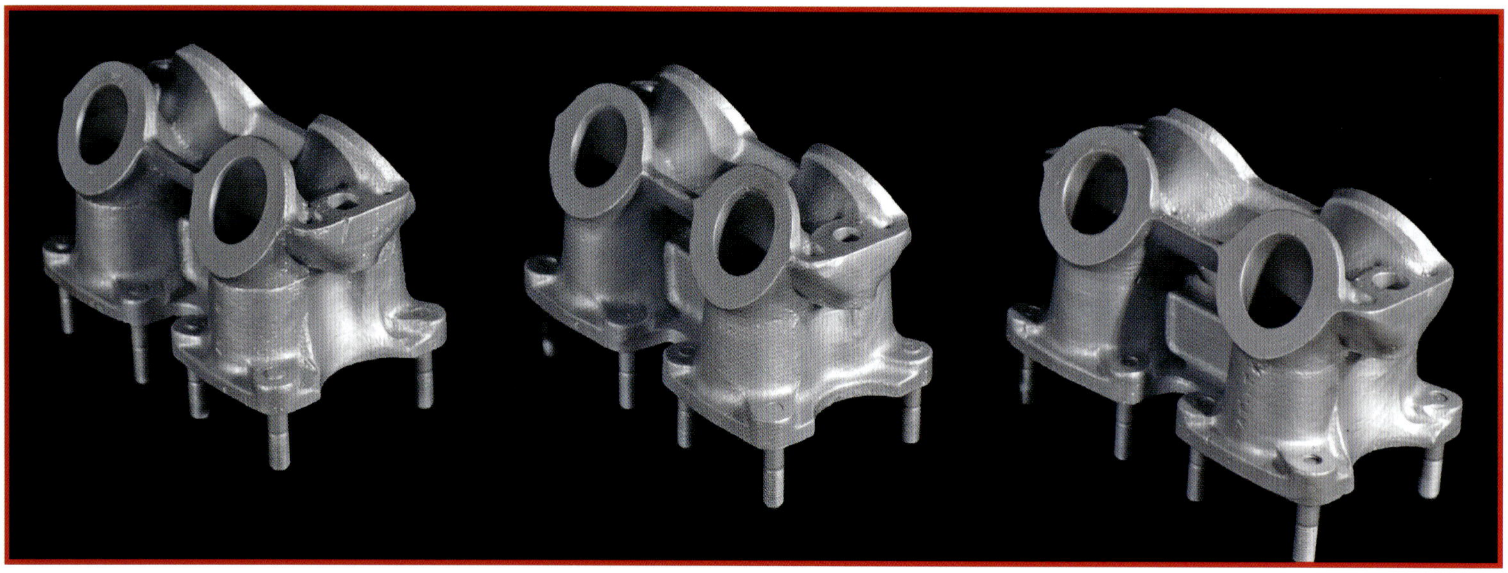

Einer der Rennfahrer, der mit diesen Wagen wohl die meisten Erfahrungen sammeln konnte, ist David Piper. Er fuhr in der Zeit etliche 250 LM und ihm gehörte auch fast von Anfang an das letzte produzierte Exemplar, Nr. 8165. Davor besaß er zwei 250 GTO, von denen er einen umfangreich modifizierte, um konkurrenzfähig zu bleiben. Gleiches geschah mit Nr. 8165, die für Pipers internationale Einsätze einige Änderungen über sich ergehen lassen musste und von ihm bis vor kurzem noch bei historischen Rennen eingesetzt wurde. Wie bereits erwähnt, verweigerte die FIA die Homologation des 250 LM als GT-Wagen, daher musste er in der Prototypenklasse über 3,0 Liter gegen wesentlich hubraumstärkere Sportwagen wie den Ford GT40 mit 4,7 Litern antreten.

Der Ford GT40 entstand als Trotzreaktion auf Enzo Ferraris Entscheidung, einen mit Henry Ford II bereits ausgehandelten Verkauf seines Unternehmens an Ford kurz vor der Vertragsunterzeichnung noch abzusagen. Ford wollte nämlich den Rennsport für Werbezwecke in eigener Sache ausschlachten und hätte Enzo Ferrari daher die alleinige Kontrolle über sein Steckenpferd – die Rennabteilung – entzogen, worauf dieser in letzter Minute die Unterschrift verweigerte. Diese Abfuhr veranlasste Henry Ford II das eigene Rennprogramm voranzutreiben. Man begann eine Zusammenarbeit mit Lola in Großbritannien und schließlich entstand der Ford GT40, der Ferrari auf den Rennstrecken der Welt schlagen sollte.

Obwohl im 250 Le Mans noch viel Erfolgspotenzial steckte, wurde der Wagen werkseitig nicht weiterentwickelt. Ferrari überließ das der Kundschaft, die damit auch zahlreiche Erfolge einfuhr. Zu den Fahrern zählten die Größen dieser Zeit wie Lorenzo Bandini, John Surtees, Jackie Stewart, Graham Hill, Denny Hulme, und Jochen Rindt, um nur einige zu nennen. Der erste wichtige Rennerfolg stellte sich im Juli 1964 beim 12-Stunden-Rennen in Reims ein, wo Graham Hill und Joakim Bonnier mit einem Wagen von Maranello Concessionaires siegten, während John Surtees und Lorenzo Bandini mit einem vom NART eingesetzten Exemplar Zweite wurden. Der wohl bedeutendste Sieg war 1965 beim 24-Stunden-Rennen von Le Mans, wo Jochen Rindt und Masten Gregory mit ihrem NART-Wagen den ersten Platz belegten, nachdem ein Reifenschaden kurz vor Rennende das von der Ecurie Francorchamps eingesetzte Schwestermodell mit Pierre Dumay und Gustave „Taff“ Gosselin auf den zweiten Platz zurückfallen ließ. Alle teilnehmenden sechs Ford GT40 fielen dagegen frühzeitig aus. Bis heute konnte kein Ferrari beim 24-Stunden-Rennen von Le Mans wieder einen Gesamtsieg einfahren.

➔ Kunstvoll drapiert sind hier Bauteile des Ventil- und Kurbeltriebs. Die doppelt ausgeführten Ventilfedern sind gegensinnig gewickelt, damit sie sich bei einem eventuellen Bruch nicht ineinander verhaken; das Einlassventil (rechts) erfordert wegen seines größeren Ventiltellers auch eine größere Ausfräsung (Ventiltasche) im Kolbenboden.

Ferrari

WEBER
Ferrari

↑ Zum Schnellfahren gebaut – die aerodynamische Form des 250 LM tüftelte Pininfarina mit Hilfe eines Windkanals aus.

↑ Die Heckansicht von Nr. 5995 zeigt die Änderungen für den Straßeneinsatz. Dazu gehört der Stoßfänger und die lange, schräg auslaufende Heckscheibe.

→ Seitenansicht der weit herumgezogenen und flach ansteigenden Frontscheibe. Der einzelne Rückspiegel wirkt etwas verloren.

↘ Große Öffnungen auf den hinteren Radabdeckungen ermöglichen den Kühllufteintritt in den Motorraum und zu den innenliegenden Scheibenbremsen.

↘↘ Über plexiglasverkleidete Öffnungen auf der vorderen Abdeckung kann frische Luft in das enge, von der Strahlungswärme aufgeheizte Cockpit eintreten.

↘↘↘ Ebenfalls aus Plexiglas hergestellt sind die Scheinwerferabdeckungen des 250 LM, die den Luftwiderstand der Frontpartie reduzieren.

↓ Dieser 250 LM, Fahrgestellnummer 5995, wurde auf Wunsch seines Besitzers Graf Volpi für den Einsatz im Straßenverkehr „entschärft". Dazu erhielt der Wagen eine große Plexiglasheckscheibe, elektrische Fensterheber, eine Klimaanlage und verchromte Stoßstangen.

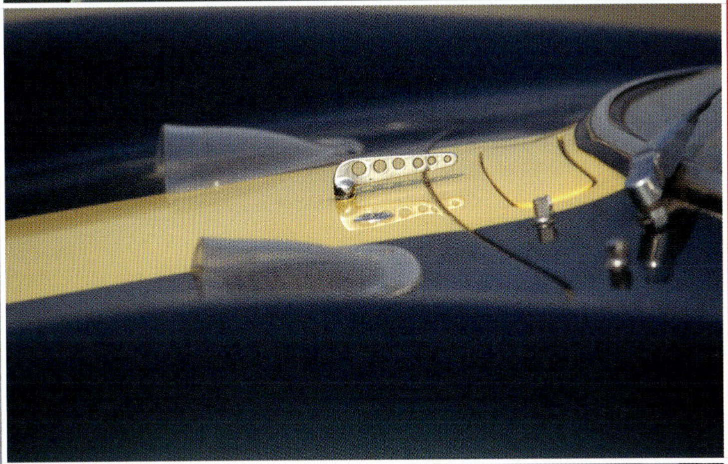

275 GTB

Einführung des Transaxle-Antriebs (1964)

← **Nahaufnahme zweier Brennräume: Aus Platzgründen sind die Zündkerzen entweder links oder rechts von den Ventilsitzen angeordnet.**

↙ **Unterhalb des Drehzahlmesserantriebs am rechten hinteren Motorende ist die Zahl 213 für den Motortyp erkennbar, darunter die individuelle Motornummer.**

Der Ferrari 275 GTB ersetzte mit einigen interessanten technischen Lösungen das Modell 250 GT Lusso. Erstmals war in einem straßentauglichen Ferrari-Modell ein Transaxle-Getriebe vorhanden; das Getriebe also zusammen mit dem Differenzial in der Hinterachse verbaut. Neu war auch die Einzelradaufhängung an der Hinterachse.

1964 wurde das erste Exemplar dieser Berlinetta (Rahmennummer 06449) auf dem Pariser Salon vorgestellt. Enzo Ferrari wollte mit diesem Modell wieder einmal beweisen, dass sein Unternehmen einen Grand Turismo-Wagen bauen kann, mit dem man nicht nur verreisen, sondern auch problemlos Rennen fahren kann.

Die Karosserieform des neuen 275 GTB stammte aus der Feder von Battista Pininfarina und erinnerte an den 250 GTO von 1962, wies aber etwas fülligere Rundungen auf. Die vertieft in die Kotflügel eingelassenen Scheinwerfer waren mit Hauben aus Plexiglas abgedeckt und eine langgestreckte Motorhaube ließ die Fahrgastzelle nach hinten rücken. Die Dachlinie setzte sich in der Heckscheibe fort und das kurze Heck endete abrupt in bester Kamm-Manier (siehe auch Kapitel 250 LM, Seite 63).

Weitere Anleihen vom GTO waren die seitlichen senkrechten Lüftungsschlitze in den Kotflügeln, die sich auch in kleinerer Ausführung in der C-Säule finden. Der 275 GTB war auch der erste Ferrari, der serienmäßig mit Leichtmetallgussrädern ausgeliefert wurde; die traditionellen Drahtspeichenräder von Borrani konnten weiterhin optional geordert werden. Gebaut wurden die Karosserien des 275 GTB bei Scaglietti in Modena, während der offene 275 GTS bei Pininfarina in Turin entstand.

Das neue Modell erhielt auch einen neuen Motor, einen V12 mit 60°-Zylinderwinkel und der Bezeichnung 213. Dieser Motor war ein Ableger der vorherigen Typen 128 F, 168 und 168 U, die wiederum vom ersten V12 aus Maranello abstammten – dem Tipo 125, Gioa-

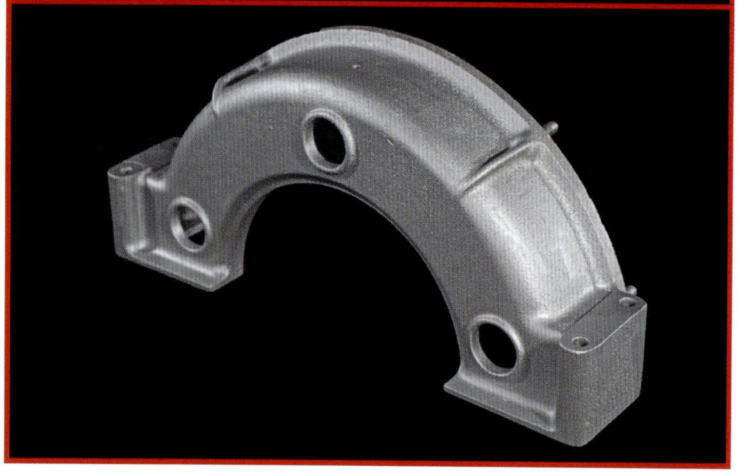

↖ **Die Zylinderköpfe mit den eingelegten Nockenwellen. Bei diesem Motorentyp führen die Ansaugkanäle im Zylinderkopf direkt zu den einzelnen Zylindern.**

← **Mit diesem Gehäuse wird der vordere untere Bereich des Schwungrads abgedeckt. Die drei Öffnungen dienen der Kühlluftzufuhr.**

chino Colombos Meisterwerk. Aber trotz eines auf 3285,72 cm^3 vergrößerten Hubraums hatte der neue 275 im Vergleich zu den Lampredi-Motoren weiterhin einen „kurzen" Motorblock.

Als Leistung gab Ferrari 280 PS (209 kW) bei 7600 min^{-1} an, das maximale Drehmoment von 294 Nm lag bei 5000 min^{-1} an. Tatsächlich stimmten Bohrung und Hub (und damit der Einzelhubraum eines Zylinders) exakt mit dem des Mittelmotor-Modells 250 LM überein. Dessen Typenbezeichnung war eigentlich falsch, folgt man dem damals angewendeten System, nach dem sich die Bezeichnung vom gerundeten Einzelhubraum ableitet (siehe Seite 12).

Wie im Kapitel über den 250 LM erwähnt, hatte dieser Wagen einen 3,3-Liter-Motor. Nur der erste Prototyp von Pininfarina besaß eine 3,0-Liter-Maschine, die allerdings nach einem Unfall mit einem Brandschaden ebenfalls gegen die größere Ausführung ausgetauscht wurde. Der 275 GTB-Motor entstand direkt nach dem LM-Motor und kann als direkter Ableger dieses Renntriebwerks gesehen werden. Der Motortyp 213 diente auch als Antrieb für den Spider 275 GTS, der gemeinsam mit dem 275 GTB auf dem Pariser Salon 1964 vorgestellt wurde und etwas weniger sportlich konzipiert war.

Ohne Zweifel war das erstmals bei einem Straßen-Ferrari eingebaute Transaxle-Getriebe das herausragende Merkmal des neuen 275 GTB. Diese fortschrittliche Technik hatte man von den hauseigenen Rennwa-

↑ Das Differenzialgetriebegehäuse mit dem aufgeschraubten Tellerrad des Hinterradantriebs. Zwei seitliche Kegelrollenlager, von denen eines sichtbar ist, dienen zur Lagerung. Sie müssen mit einer definierten Vorspannung (= „Schwergängigkeit") eingebaut werden, um einen langen und geräuschlosen Lauf zu gewährleisten.

↓ Die Kolben und Pleuel sind für den Zusammenbau vorbereitet. In den oberen Pleuelaugen der Stahlpleuel schimmern die neuen Lagerbuchsen aus Bronze, in denen die Kolbenbolzen gelagert sind.

gen übernommen und die im harten Renneinsatz gewonnenen Erfahrungen einfließen lassen. Durch die Verlegung des relativ schweren Getriebes zur Hinterachse und die dortige Vereinigung mit dem Differenzial zu einer Einheit ergibt sich eine bessere Massenverteilung, die das Fahrverhalten begünstigt. Das Gehäuse der Fünfgang-Einheit bestand aus Leichtmetallguss, für den Wettbewerbseinsatz gab es zudem ein noch leichteres Magnesiumgehäuse. Ferrari produzierte das Transaxle selbst im eigenen Haus, was die hohe Fertigungstiefe des kleinen Unternehmens verdeutlicht.

Die Verbindung zwischen Motor und Transaxle erfolgt durch eine lange Antriebswelle, die mit Motordrehzahl rotiert. Bei der ersten GTB-Serie lag der Motor an vier Stellen auf dem Rahmen auf, das Transaxlegehäuse war an drei Befestigungspunkten fixiert. Die Antriebswelle maß 16,5 mm im Durchmesser und hatte an jedem Ende eine Keilverzahnung, die in einer entsprechenden Aufnahme am Motor bzw. Getriebe steckte. Ein Mittellager diente zur zusätzlichen Abstützung am Rahmen. In der Konstruktion war zwar eine gewisse Elastizität vorgesehen, um eventuelle Fluchtungsfehler von Motor und Getriebeeinheit ausgleichen zu können, allerdings traten bei dieser ersten Lösung immer wieder Probleme mit der Ausrichtung und Auswuchtung auf, was zu Vibrationen und einem schnellen Verschleiß des Mittellagers führte.

Im Spätjahr 1965 wurde die Kraftübertragung vom Motor zum Getriebe überarbeitet und der Durchmesser der Antriebswelle auf 18,5 mm erhöht. Außerdem steckten die Keilverzahnungen der Enden nicht mehr in starren Flanschen, sondern in homokinetischen Gelenken, was eine wesentliche Verbesserung darstellte, aber noch nicht perfekt war. Im Frühjahr 1965 präsentierte Ferrari schließlich eine dritte und endgültige Lösung. Der Motor und die Transaxle-Einheit waren jeweils nur an zwei Stellen mit dem Rahmen verschraubt, aber zusätzlich über ein verdrehsteifes Rohr miteinander verbunden, in dem auch die Antriebswelle rotierte. So konnten Abweichungen in der Wellenflucht erst gar nicht auftreten. Die Kupplung des Motortyps 213 war wieder als Einscheiben-Trockenkupplung ausgeführt und wie bei herkömmlichen Getrieben mit der Schwungscheibe des Motors verschraubt. Anfänglich stammte sie von Fichtel & Sachs, ab dem Spätjahr 1965 verwendete Ferrari Kupplungen von Borg & Beck, weil diese ein besseres Einkuppeln ermöglichten.

Der Motor hatte zwar eine neue Typenbezeichnung erhalten, weist aber etliche bekannte Konstruktionsdetails auf. Bohrung und Hub liegen bei 77 mm bzw. 58,8 mm, woraus ein Einzelhubraum von 273,81 cm^3 resultiert.

Der Zylinderblock, die Zylinderköpfe, Ölwanne, Ventildeckel, das Steuergehäuse und auch das Getriebegehäuse sind aus Leichtmetall-

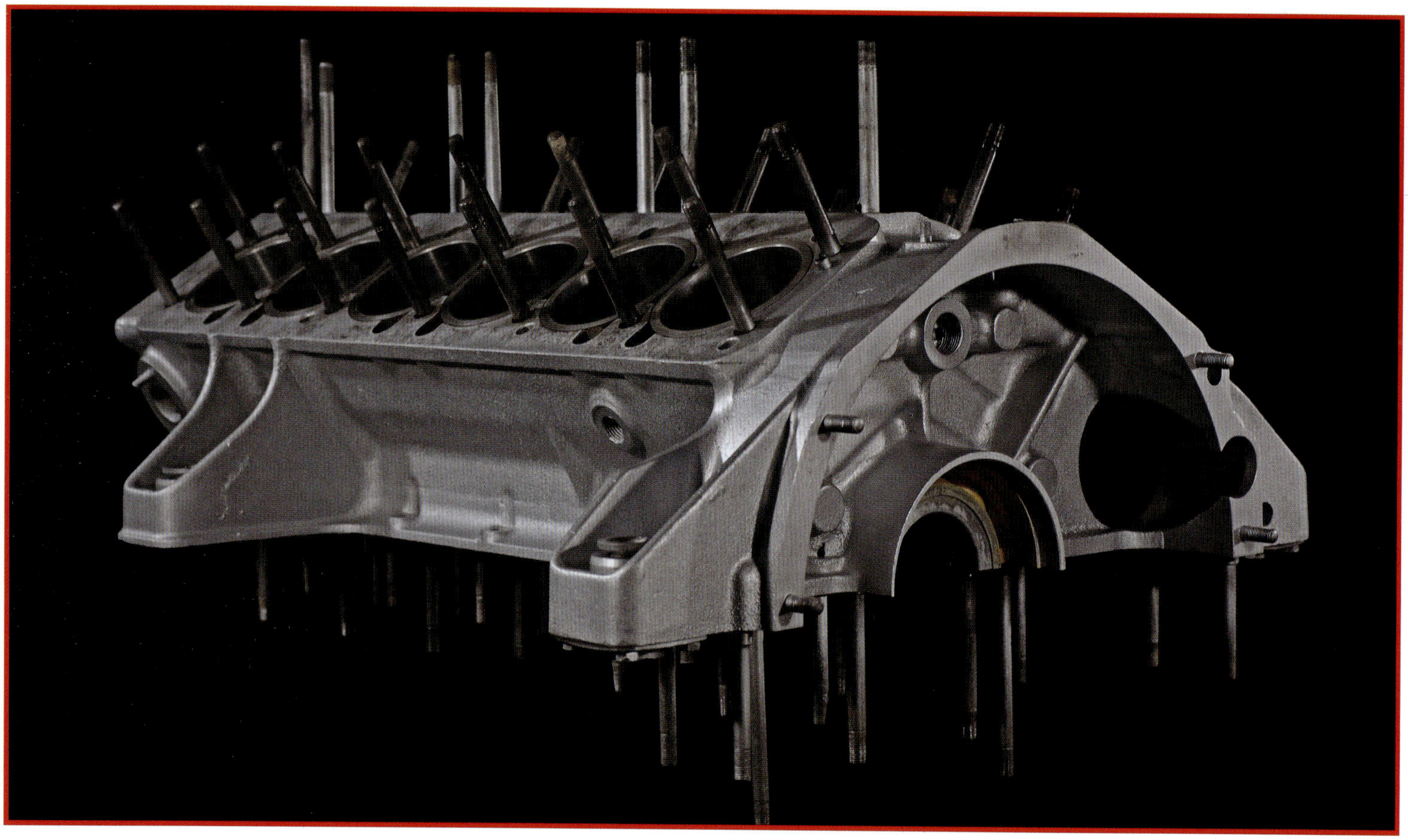

guss hergestellt. Die Leichtmetallkolben lieferte ursprünglich wieder Borgo; sieben Hauptlager stützen die aus Schmiedestahl hergestellte Kurbelwelle. Auch die Zündfolge ist wieder mit den Vorgängern identisch und lautet 1-7-5-11-3-9-6-12-2-8-4-10. Ebenfalls aus Stahl gefertigt sind die Pleuel, die auch einen horizontal geteilten Fuß aufweisen. Jede Zylinderbank verfügt über einen eigenen Verteiler samt zugehöriger Zündspule. Die Verteiler sind senkrecht stehend am hinteren Zylinderkopfende angebracht und sind mit dem jeweiligen hinteren Nockenwellenende über einen Winkeltrieb im Eingriff.

Eine Triplexkette treibt die obenliegende Nockenwelle in jedem der beiden Zylinderköpfe an. Die beiden Ventile in jedem Brennraum werden über Stahlkipphebel geöffnet und von Schraubenfedern zurück in ihren Sitz gezogen. Zur Ventilspieleinstellung sind am ventilseitigen Hebelende Einstellschrauben vorhanden. Wie bei den Vorgänger-250-Motoren sind die Zündkerzen von der Auslassseite eingeschraubt. Zur Gemischaufbereitung können entweder 40-DCZ/6- oder 40-DFI/1-Vergaser von Weber vorhanden sein. Die Kraftstoffzufuhr erfolgt über eine elektrische und eine mechanische Benzinpumpe mit dazwischengesetzten Filtern. Für die rennambitionierte Kundschaft stand eine Sechsfach-Vergaserbatterie mit Weber 40-DCN/3-Vergasern zur Verfügung, die für mehr Leistung und Drehmoment (und einen höheren Kraftstoffverbrauch) sorgt.

Eine weitere wichtige Neuerung an dieser Berlinetta war die Einzelradaufhängung an der Hinterachse. Auch diese Lösung hatte man von den Rennwagen übernommen. Eigentlich führte daran auch kein Weg vorbei, denn durch das nach hinten verlegte Getriebe hätte eine mitfedernde Starrachse enorme ungefederte Massen erzeugt.

Jedes Hinterrad wird über einen oberen und unteren Querlenker aus Pressstahl geführt, die aus geometrischen Gründen ungleich lang sind. Über ein zwischen dem oberen Querlenker und dem Chassis angebrachtes Federbein stützt sich die Aufhängung ab. Im Prinzip handelt es sich um die gleiche Ausführung wie an der Vorderachse, nur ist dort das Federbein am unteren Querlenker befestigt.

Zur Verringerung der Seitenneigung beim Kurvenfahren sind an Vorder- und Hinterachse Stabilisatoren vorhanden.

Der 275-Motor mit einer obenliegenden Nockenwelle pro Zylinderbank wurde nur zwei Jahre lang gebaut. In dieser Zeit nahm Ferrari auch keine größeren technischen Änderungen vor, sieht man von den bereits erwähnten Modifikationen bei der Motor-/Getriebeverbindung bzw. deren Aufhängung ab. Allerdings gab es während der Bauzeit einige kosmetische Änderungen an der Karosserie, die mit einem überarbeiteten Modell 1965 auf dem Pariser Salon vorgestellt wurden. Der auffälligste Unterschied war die Umgestaltung der Fahrzeugnase. Die jetzt verkleinerte Lufteinströmöffnung für den Kühler war weiter nach vorne unten herausgezogen und die Ecken der Stoßstangenfragmente verliefen nun etwas in diese Öffnung hinein, anstatt wie vorher an der unteren Ecke zu enden. Der Kühlergrill, der bisher fast bündig abschloss, war dagegen ein Stück weit nach innen versetzt. Nicht ganz so offensichtlich war die vergrößerte Heckscheibe. Um den dafür erforderlichen Platz zu schaffen, mussten die bisher innen liegenden Scharniere des Kofferdeckels nach außen weichen und wurden dafür elegant verchromt. Dadurch konnte der Kofferraum auch besser genutzt werden, da beim Beladen kein Schwenkbereich für die Scharniere freigehalten werden musste. Auch das Armaturenbrett wurde überarbeitet. Während es bei den ersten Modellen noch durchgängig war und vor dem Fahrer eine Ausbuchtung nach oben Platz für die Instrumente schaffte, war nach der Modellpflege an dieser Stelle ein zusätzliches Instrumentenbrett eingelassen. Zur einfacheren Unterscheidung werden die alte und neue Ausführung als „Shortnose" und „Longnose" bezeichnet, was allerdings keine offizielle Bezeichnung ist. Der tatsächliche Grund für die Überarbeitung der Frontpartie war, dass bei höheren Geschwindigkeiten der Vorderwagen der alten Version durch die Luftströmung Auftrieb erhielt und dazu tendierte, leicht zu werden.

Eine offizielle Angabe über die Anzahl der produzierten Motoren des Typs 213 ist aus Maranello nicht zu erhalten; es müssen aber mindestens 466 Triebwerke gewesen sein, von denen 235 die erste „Shortnose"-Version und 231 die folgende „Longnose"-Ausführung erhielten. Sicherlich wurden auch einige Ersatzmotoren gefertigt, deren Zahl allerdings unbekannt ist.

Der Fahrgestellnummernbereich der 275 GTB SOHC-Modelle beginnt bei Rahmennummer 06003 (der erste Prototyp; Ferraris Aufzeichnungen weisen Nummer 06021 als erstes Serienfahrzeug aus) und endet mit Nummer 09085 (der letzte produzierte 275 GTB/C; C = „Competizione"), wobei hier Links- und Rechtslenkerversionen enthalten sind. Nicht zuletzt wegen des bereits erwähnten Transaxle-Getriebes und der Einzelradaufhängung hinten erforderte der 275 GTB einen neuen Rahmen. Beibehalten wurde der bisherige Radstand von 2400 mm und auch die Grundkonstruktion aus längs verlaufendem ovalen Stahlrohr, verstärkenden Querverbindungen und zusätzlichen Streben zur Karosseriebefestigung. Im Heckbereich ist der Rahmen allerdings nicht mehr wie bei der 250-Baureihe nach oben, sondern nach innen gekröpft, um das Getriebe und die Hinterradaufhängung aufnehmen zu können.

Von den Vorteilen des Transaxle-Antriebs gegenüber der traditionellen Vorgängerlösung, nämlich der besseren Gewichtsverteilung und den daraus resultierenden besseren Fahreigenschaften, profitierte auch noch das folgende Modell 365 GTB4 – besser bekannt unter dem Namen Daytona.

← Aus Leichtmetallguss besteht der Motorblock des Typs 213, die bereits eingesetzten Zylinderlaufbüchsen aus Grauguss. Die große Öffnung ganz rechts im Gehäuse dient zur Aufnahme des Anlassermotors.

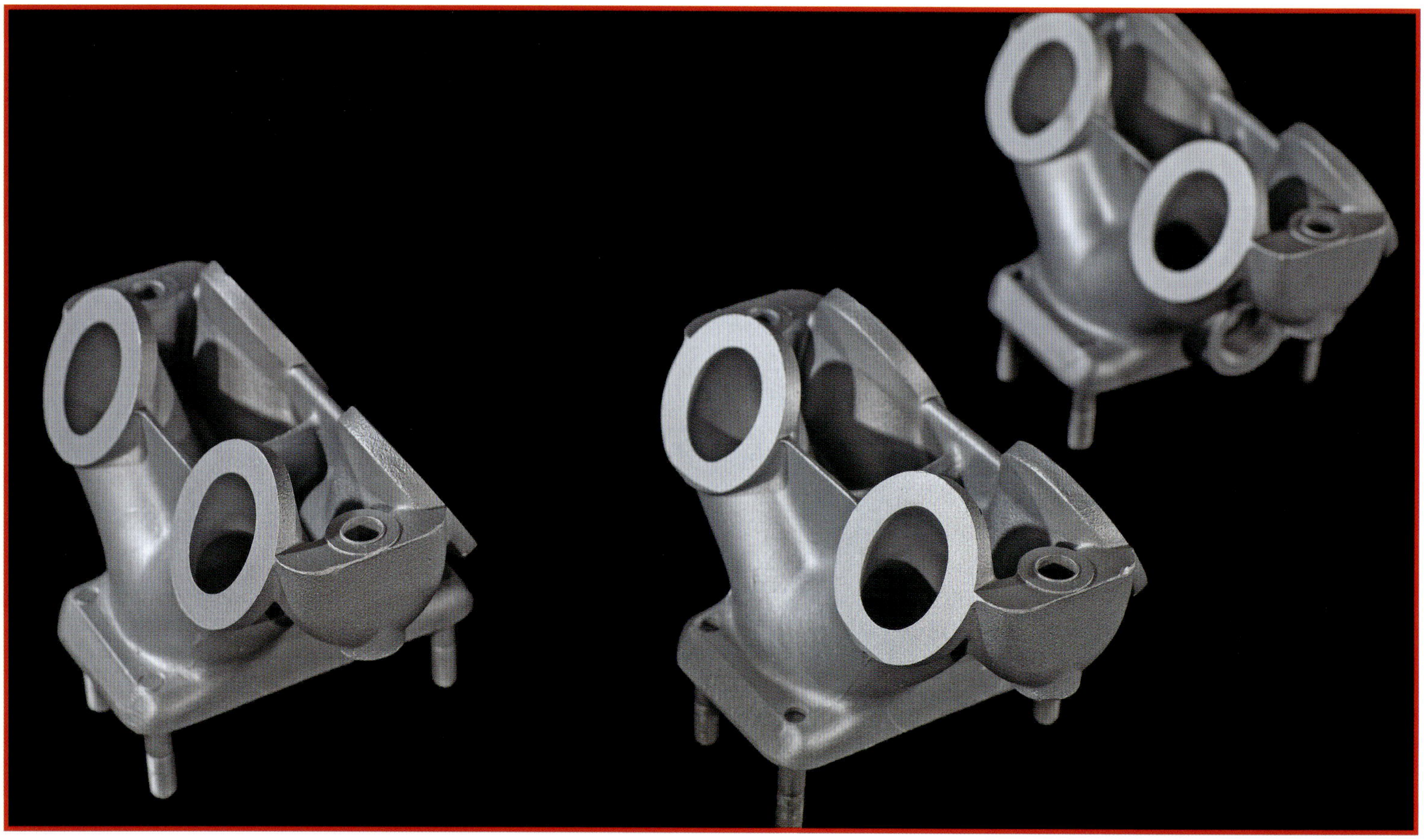

↑ In der Standardausführung waren drei Weber Doppelvergaser montiert und die Gemischverteilung zu den Zylindern erfolgte über drei entsprechend verzweigte – und hier umgedreht abgebildete – Ansaugstutzen.

FERRARI 275 GTB – TECHNISCHE DATEN

Motorbezeichnung	213
Motorbauweise	Längs eingebauter V12-Motor, 60° Zylinderwinkel
Bohrung und Hub	77 x 58,8 mm
Gesamthubraum	3285,72 cm^3
Einzelhubraum	273,81 cm^3
Verdichtungsverhältnis	9,2 : 1
Maximale Leistung	276 PS (206 kW) bei 7600 min^{-1}
Literleistung	84 PS/Liter (62 kW/Liter)
Ventilsteuerung	Eine obenliegende Nockenwelle pro Zylinderbank, zwei Ventile pro Zylinder
Gemischaufbereitung	Drei oder sechs Weber 40 DCN/3 Fallstrom-Doppelvergaser
Zündsystem	Batteriespulenzündung, zwei Verteiler, zwei Zündspulen, eine Zündkerze pro Zylinder
Schmiersystem	Nasssumpfschmierung
Kupplung	Einscheiben-Trockenkupplung
Maximales Drehmoment	294 Nm bei 5000 min^{-1}
Zündfolge	1–7–5–11–3–9–6–12–2–8–4–10

Zunächst wurde allerdings der SOHC-Motor 213 von einem DOHC-Triebwerk mit der Bezeichnung 226 abgelöst und das Modell daher als 275 GTB4 bezeichnet. Wie seine Vorgänger feierte es auf dem Pariser Salon seine Premiere. Das war im Oktober 1966; die Rahmennummer des Ausstellungsfahrzeugs lautete 09021. Optisch sah es der „Longnose"-Ausführung mit dem SOHC-Motor sehr ähnlich, das augenscheinlichste Unterscheidungsmerkmal war eine längs in der Motorhaubenmitte verlaufende Erhebung.

Der Motortyp 226 war der erste DOHC-Motor, der in einem straßentauglichen Ferrari zum Einsatz kam. Bei dieser Konstruktion rotieren die Nockenwellen direkt über den Ventilen und betätigen diese über Tassenstößel, während bei der SOHC-Version Kipphebel vorhanden sind. Auch hier schöpfte Ferrari wieder aus seinen Rennsporterfahrungen, gehörten doch seit Mitte der 50er Jahre DOHC-Motoren bei den Rennwagen aus Maranello zum Stand der Technik. Außerdem wies der neue Motor eine Trockensumpfschmierung auf und sechs Vergaser übernahmen schon serienmäßig die Gemischaufbereitung. Als maximale Leistung gab Ferrari nun 300 PS (224 kW) an. Trotz dieses Anstiegs hatte der DOHC-Motor eine gleichmäßigere Leistungsentfaltung, was die Fahrbarkeit verbesserte. Nicht zuletzt profitierte der stärkere Motor auch von der finalen Transaxle-Lösung mit der stabilen Rohrverbindung zwischen Motor und Getriebe, die noch bei den späten SOHC-Modellen eingeführt worden war.

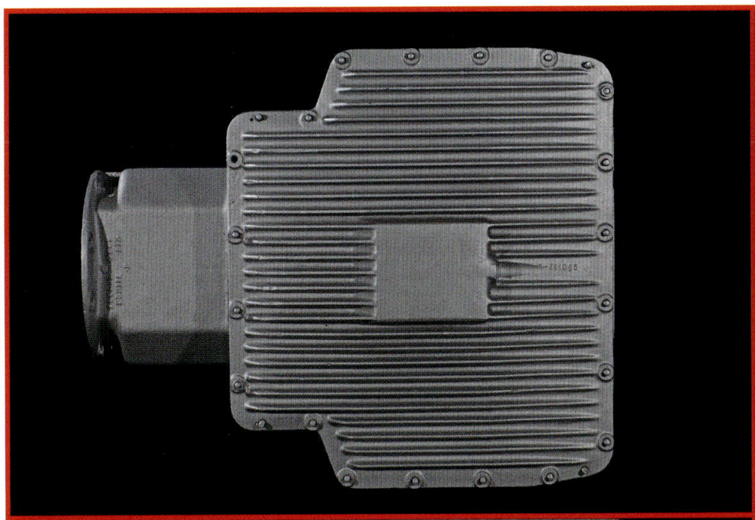

↑↑ Von unten betrachtet: die mächtige Ölwanne der Nasssumpfschmierung. Die seitlichen Ausbuchtungen erhöhen den Inhalt, ohne die Bodenfreiheit zu beeinträchtigen.

↑ In der Nabe der Kupplungsscheibe sind zur Dämpfung von Drehschwingungen Federn mit unterschiedlicher Kennlinie kreisförmig angeordnet.

↑↑ Einer der zwölf Kolben, in dessen Kolbenringzone zusätzliche Nuten und Rillen eingestochen sind. Sie begünstigen das Ausdehnungsverhalten des Kolbens, der in diesem Bereich hohe Temperaturen erreichen kann.

↑ Die Kupplungsdruckplatte mit farblich passenden Schraubenfedern. Über drei Hebel, von denen zwei sichtbar sind, wird die Druckplatte gegen die Kraft der Federn beim Auskuppeln von der Kupplungsscheibe abgehoben.

Der 275 GTB ging in Produktion, kurz nachdem die FIA den Antrag von Ferrari abgeschmettert hatte, den 250 LM als eine Weiterentwicklung des 250 GTO zu homologieren. Ende 1964 entschied sich Ferrari, eine Wettbewerbsversion des 275 GTB zu bauen. So entstanden bis Anfang 1965 drei Exemplare mit den Rahmennummern 06701, 06885 sowie 07217 und diese „Speciales“ werden häufig als 1965 GTO bezeichnet. Im April 1965 kam es erneut zu Meinungsverschiedenheiten zwischen Ferrari und der FIA. Dort wollte man den 275 GTB nicht homologieren, weil das zur Verfügung gestellte Musterfahrzeug ein deutlich geringeres Gewicht hatte als in den Verkaufsunterlagen angegeben. Ferrari bot an, das Gewicht des betreffenden Fahrzeugs auf den angegebenen Wert zu erhöhen, aber die FIA ging darauf nicht ein. Enzo Ferrari tobte und drohte damit, seine Wagen bei der GT-Meisterschaft 1965 nicht teilnehmen zu lassen. Das brachte die FIA wieder an den Verhandlungstisch zurück, man einigte sich und im Juni 1965 war der 275 GTB schließlich homologiert. Aufgrund dieses Hickhacks konnte in diesem Jahr nur eines der drei Autos überhaupt an Rennen teilnehmen. Das war Nr. 06885, mit dem Ferrari am 6. Mai bei der Targa Florio als Werksteam mit den Fahrern Giampero Biscaldi und Bruno Deserti in der Prototypenklasse startete.

Der Wagen konnte sich nicht platzieren und erschien am 23. Mai auf dem Nürburgring zum 1000-km-Rennen. Wieder als Werkseinsatz gemeldet, holten dieses Mal die Fahrer Giampero Biscaldi und Giancarlo Baghetti den zweiten Platz in ihrer Klasse und fuhren auf den 13. Ge-

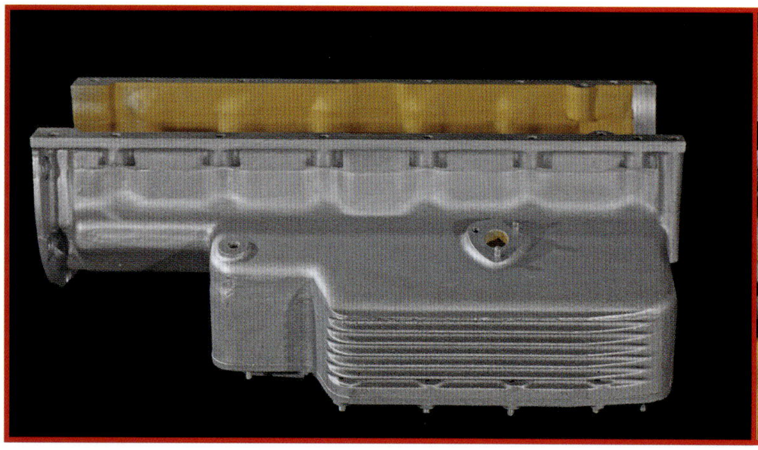

samtrang. Danach wurde das Auto an die belgische Ecurie Francorchamps verkauft und gelb lackiert. In dieser Farbgebung nahm der Wagen 1965 beim 24-Stunden-Rennen von Le Mans teil und mit Willy Mairesse und „Beurlys“ (Jean Baton) am Steuer konnte der Klassensieg und der dritte Platz in der Gesamtwertung erreicht werden.

Von der Wettbewerbsausführung des 275 GTB baute Ferrari zwei Serien. Die erste Serie umfasste zehn Wagen in „Shortnose“-Ausführung, von der „Longnose“-Version entstanden zwölf Exemplare. Alle Wagen hatten Aluminiumkarosserien, in der zweiten Serie waren die Stoßstangen aus Gewichtsgründen sogar direkt an der Karosserie und nicht am Rahmen befestigt.

Zur weiteren Gewichtseinsparung bestehen das Getriebegehäuse und auch einige Motorabdeckungen aus Magnesium. Alle Motoren erhielten wegen den zu erwartenden höheren Kurvengeschwindigkeiten eine Trockensumpfschmierung.

Die erste Serie wurde mit einer Sechsfach-Vergaseranlage ausgeliefert, während die zweite Serie wieder mit drei Vergasern auskommen

↖ In der Seitenansicht ist die seitliche Ausbuchtung der Ölwanne deutlich erkennbar. Die Öffnung auf der Oberseite mit den drei Stehbolzen dient zur Befestigung des Ölmessstabrohres.

↑ Zur Abdichtung von Lunkerstellen ist der Zylinderkopf von innen lackiert. Ausgespart wurden die runden Auflageflächen der Ventilfedern mit den mittig sitzenden Ventilführungen sowie die Lagerstellen der Nockenwelle und die Befestigungspunkte der Kipphebelböcke.

→ Das „Fotomodell“ dieses Kapitels ist mit drei Weber Doppelvergasern 40 DCZ/6 ausgerüstet. Der schiefe Sitz des Vergasers auf dem Ansaugstutzen ist auf das fehlende Isolierstück zurückzuführen, das bei der endgültigen Montage noch zwischen Vergaser und Ansaugstutzen eingelegt wird.

↓ Böse Zungen behaupten, dass Ferrari mit dem Schrumpflack die unzureichende Oberflächenqualität der Ventildeckel kaschieren wollte ...

FABBRICA ITALIANA CARBURATORI
WEBER
BOLOGNA (ITALIA)
TIPO

musste. Diese hatte am Vergasereinlass nach hinten weisende Ansaugtrichter, die manchmal mit einem Flammsieb abgedeckt waren. Damit soll verhindert werden, dass bei noch nicht vollständig beendeter Verbrennung die Flamme durch das bereits öffnende Einlassventil aus dem Vergaser schlägt und unter Umständen einen Brand verursacht.

Vermutlich ist der Rückschritt auf die Dreifach-Vergaseranlage auf einen Fehler in den Homologationsunterlagen zurückzuführen. Verkauft wurden diese Fahrzeuge an Teams oder Privatfahrer, die an GT-Rennen teilnehmen wollten. Zu dem Erfolg von 06885 in Le Mans 1965 kamen 1966 und 1967 weitere Klassensiege für die 275GTB/C-Modelle dazu. Das „C" kennzeichnete die Wettbewerbsmodelle der zweiten Serie.

Die hohe Anerkennung, die dieser gelungenen und leistungsstarken Berlinetta zuteil wurde, bestätigte die Richtung, die Ferrari bei der Entwicklung der Serienmodelle eingeschlagen hatte. Sie waren die unverfälschten Grand Turismo, die von der Rennstrecke direkt auf die Straße kamen. Designer Battista Pininfarina besaß höchstpersönlich einen 275 GTB „Speciale" aus der ersten Serie (Rahmennummer 06437). Der Wagen war in Aqua Verde Metallizzato (Seegrün-Metallic) lackiert und hatte diverse individuelle Extras – so legte er keinen Wert auf die Rückleuchte in der Fahrertür.

↓ Das Steuergehäuse mit dem Lagerbock des Kühlerventilators und der rechten Ölfilteraufnahme, in die auch das einstellbare Öldruckventil integriert ist. Der linke Ölfilter wird mittels eines Haltewinkels am Steuergehäuse befestigt.

↓↓ Der vordere Zylinderkopf ist einlassseitig, der hintere auslassseitig abgebildet. Die Abdichtung der Ansaugstutzen erfolgt über in die Nuten eingelegte O-Ringe, die Abdichtung der Auspuffkrümmer über zwischengelegte Flanschdichtungen.

↓ Seitenansicht der Kurbelwelle. Der Übergang eines Haupt- oder Pleuellagerzapfens in die Kurbelwange muss in einem definierten Radius erfolgen, da ansonsten durch Kerbwirkung die Kurbelwelle brechen kann.

↓↓ Auf der Oberseite des Steuergehäuses ist in der Mitte des Zylinder-V eine Metallplatte mit der Zylindernummerierung und der Zündfolge aufgenietet.

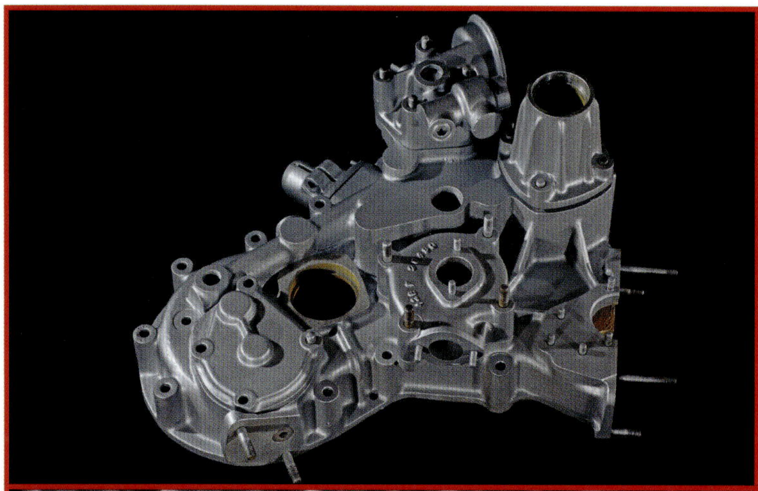

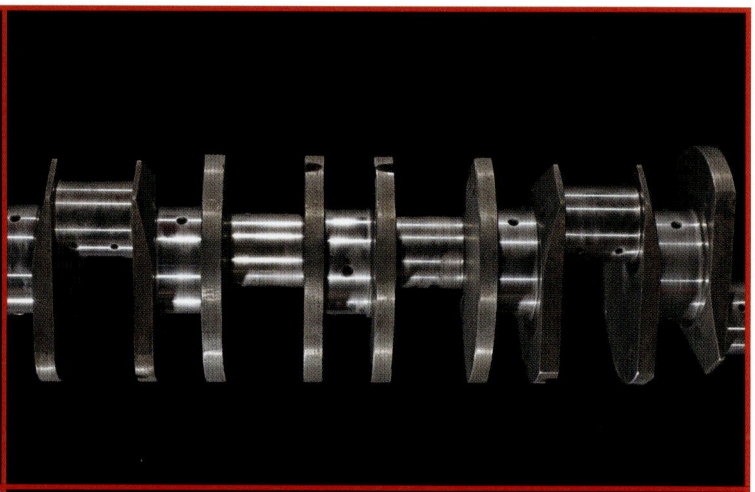

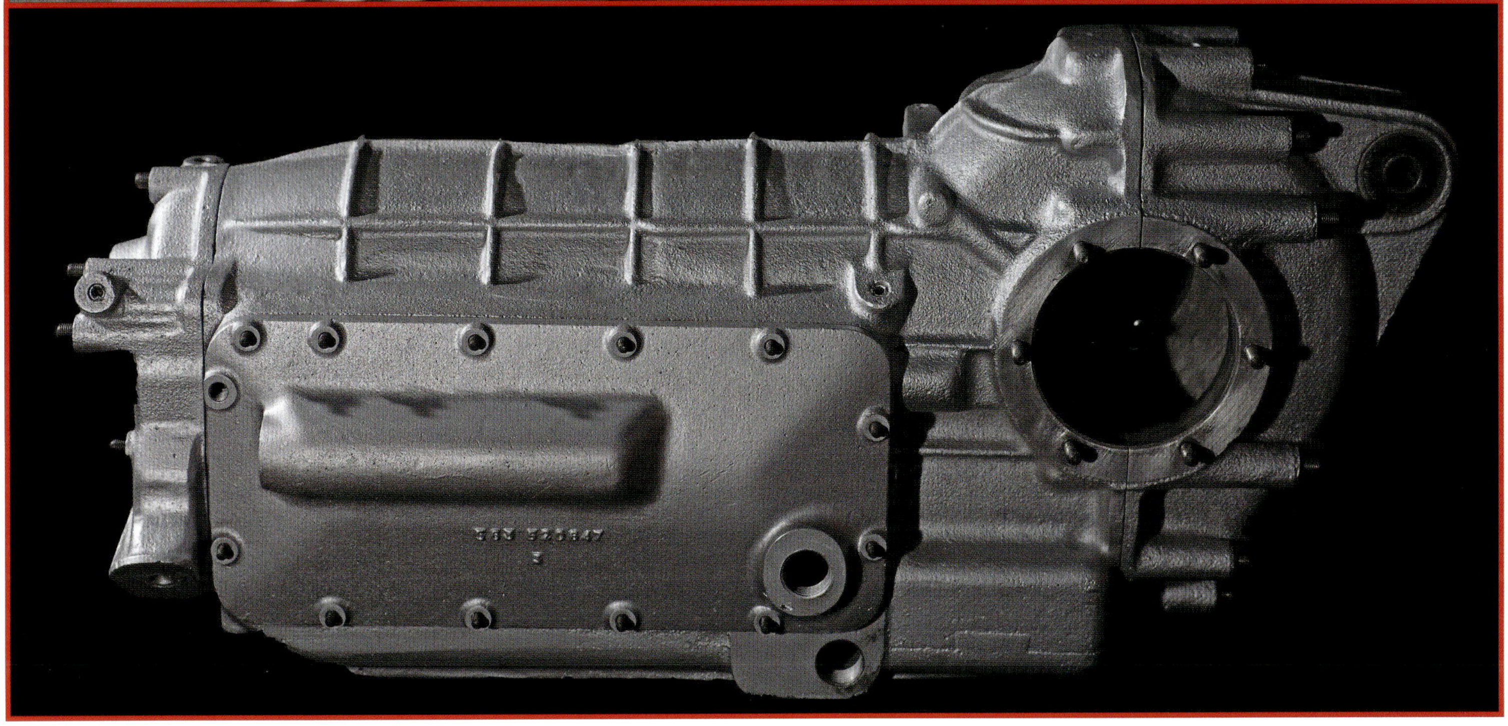

↑↑ Vorn ist die Getriebeeingangswelle, dahinter die Getriebeausgangswelle zu sehen. Für eine höhere Laufruhe sind die Gangräder schräg verzahnt, das Rückwärtsgangrad ganz links hat eine Geradverzahnung. Zur Aufnahme der Axialkräfte ist die Ausgangswelle mit Kegelrollenlagern versehen.

↑ Das Gehäuse des Transaxle-Getriebes ist aus Leichtmetallguss hergestellt. Beim Zusammenbau des Getriebes müssen gleichzeitig auch das Kegel- und Tellerrad des Endantriebs mittels Passscheiben richtig positioniert und das Zahnflankenspiel eingestellt werden – eine Herausforderung für jeden Mechaniker!

FRAM
FRAM Oil Filter P-2808
Ferrari

PH28041
FRAM Oil Filter P-2808

FRAM
EXTRA GUARD
Oil Filter
Filtre à huile
Filtro de Aceite
PH28041
FRAM
Oil Filter
P - 2808
FRAM
Oil Filter
P - 2808

↑ Die kleinere Kühleröffnung der Longnose-Version hat ein gefälligeres Aussehen als das „große Maul“ der Shortnose-Ausführung.

↑ Das Kamm-Heck mit seiner zarten Spoilerkante und den Einzelrücklichtern. Die außenliegenden verchromten Kofferraumscharniere sind ebenfalls ein Merkmal der Longnose-Version.

➔ Chromglänzend präsentieren sich das Springende Pferdchen und der Ferrari-Schriftzug auf der Kofferraumoberseite, während das ebenfalls verchromte Kofferraumschloss in die Rückseite eingelassen ist.

↘ Vier Funktionen stecken in der zierlichen Heckleuchte: Blinker, Brems- und Rücklicht sowie ein Rückstrahler. Dafür beanspruchen moderne Autos deutlich mehr Quadratzentimeter von der Heckpartie.

↘↘ Die Plexiglashauben über den Scheinwerfern, die zurückgesetzten Standlichter und die eingelassenen Blinkleuchten in Tropfenform unterstreichen die strömungsgünstige Karosserieform.

↘↘↘ Die abgerundeten hinteren Radhäuser und die Lüftungsschlitze in der C-Säule weisen unmissverständlich auf die sportlichen Gene dieses Traumwagens hin.

↓ In dieser Perspektive kommt die gekonnte Linienführung von Pininfarinas Meisterwerk sehr gut zur Geltung.

FRAM

330 GTS

Hubraum ist durch nichts zu ersetzen ... (1966)

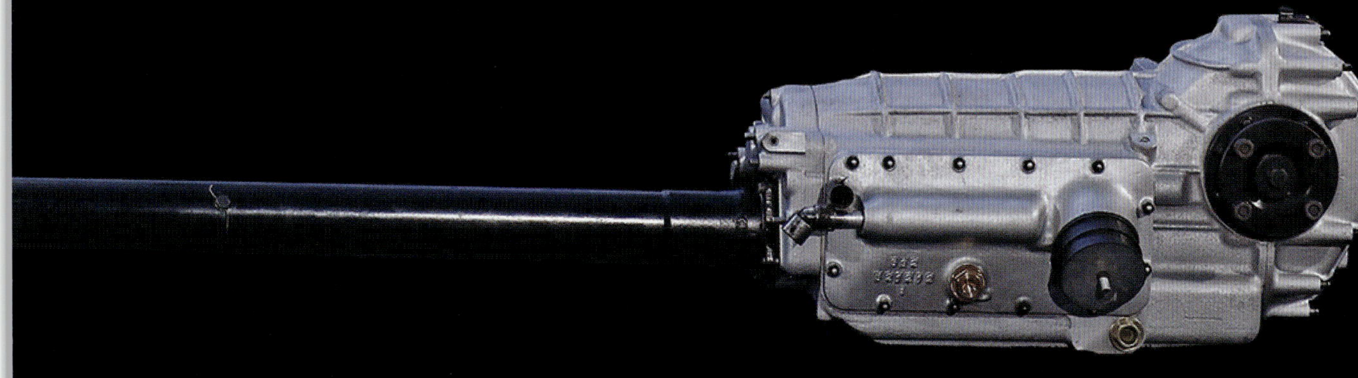

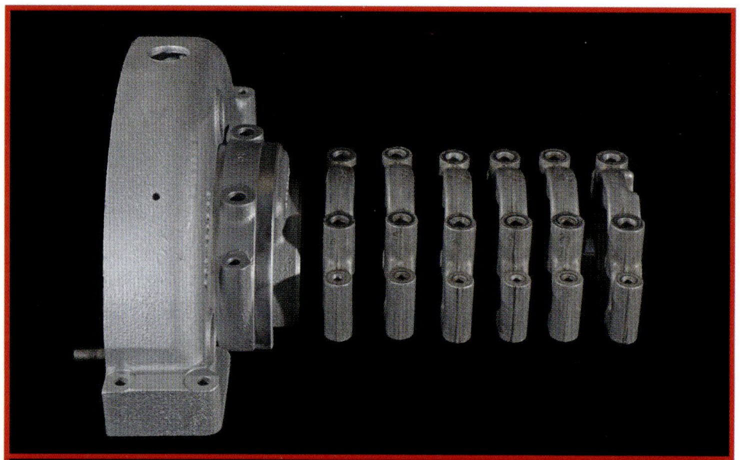

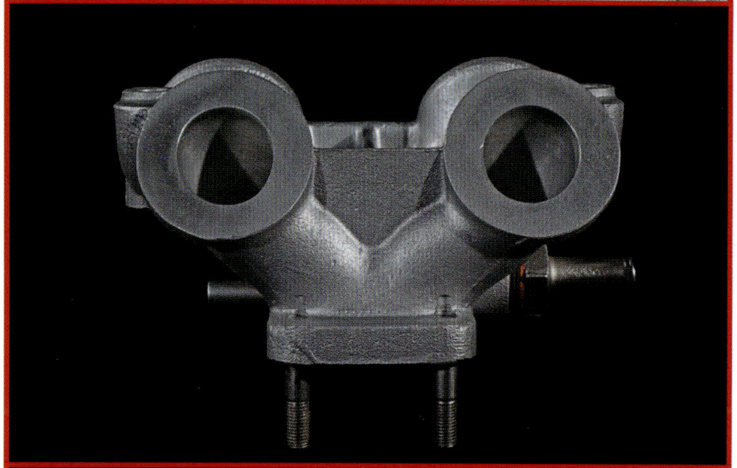

← Die sieben Hauptlagerdeckel; der am Motorende eingebaute Lagerdeckel dient gleichzeitig als untere Schwungradabdeckung (links).

↙ Trotz der vergrößerten Zylinderabstände ist wegen der größeren Zylinderbohrungen zwischen den Zylinderlaufbüchsen nur wenig Zwischenraum.

1959 erschien ein neuer 4,0-Liter-Motor mit verkürztem Kurbelgehäuse, nachdem Ferrari die Produktion des bisherigen großen Lampredi-Motors mit eingeschraubten Zylinderlaufbüchsen eingestellt hatte. Dieser neue Motor basierte auf der früheren V12-Konstruktion von Colombo, hatte aber von 90 mm auf 94 mm vergrößerte Zylinderabstände, um den Hubraum zu erweitern und so die Leistung steigern zu können. Denn bekanntlich ist Hubraum ja durch nichts zu ersetzen ...

Zuerst wurden damit die 47 Exemplare des Modells 400 SuperAmerica ausgerüstet, der Nachfolger des 410 SuperAmerica, den noch der Lampredi-Motor angetrieben hatte. Diese beiden Modellbezeichnungen sind ein weiteres Beispiel für den Abkürzungsdschungel bei Ferrari: Während die Zahl 410 tatsächlich den Einzelhubraum angibt – der Motor hatte knapp 5 Liter Hubraum – steht die Zahl 400 für den Gesamthubraum von 4,0 Litern. Damit konnte man geschickt den kleineren Hubraum des Nachfolgers kaschieren.

Die Typenbezeichnung des neuen Motors lautete 163 und er diente auch als Antrieb für die Prototypen-Rennwagen 330 TRI/LM, 330 LM Berlinetta und den 4-Liter GTO. Später wurde das Triebwerk unter der Beibehaltung seines Gesamthubraums von 3987,44 cm^3 zum Typ 209 weiterentwickelt. Davon entstanden in den 60er Jahren insgesamt etwa 1800 Einheiten. Mit einem Verdichtungsverhältnis von 8,8 : 1 leistete die Maschine etwa 300 PS (224 kW) bei 6600 min^{-1}, als maximales Drehmoment wurden 406 Nm bei 5000 min^{-1} angegeben. Daraus resultiert eine Literleistung von 75 PS/Liter (56 kW/Liter). Gegenüber den Motoren der 250-Baureihe wurde nicht nur die Zylinderbohrung auf 77 mm, sondern auch der Hub auf 71 mm erhöht, weshalb aus Platz- und Kühlungsgründen ein neuer Motorblock erforderlich war.

↖ Der Ansaugstutzen am hinteren Motorende (hier auf dem Kopf stehend abgebildet) hat zwei Rohrstutzen, an denen der Saugrohrdruck abgegriffen werden kann. Am rechten größeren Stutzen wird der Unterdruckschlauch des Bremskraftverstärkers angeschlossen.

← Einer der Kolben, dessen Boden nur leicht gewölbt ist. Die ungefähr in Einbaulage aufgestellten Ventile verdeutlichen, wie viel Platz noch zwischen den Ventiltellern vorhanden ist, wenn im Überschneidungs-OT beide Ventile leicht geöffnet sind.

→ **Eine Aufnahme der Kupplungsglocke. Die nach oben weisenden vier Stehbolzen zeigen im eingebauten Zustand nach hinten und dienen zur Befestigung des Verbindungsrohrs zwischen Motor und Getriebe.**

Das unproblematische und zuverlässige Triebwerk kam in etlichen Straßenmodellen von Ferrari zum Einsatz, beginnend bei dem noch auf dem 250 GTE basierenden 330 America, dann bei seinem Nachfolger, dem 330 GT 2+2, bis hin zu den sportlicheren GTC- und GTS-Modellen. Auf dieser Basis entstanden auch etliche Rennableger, die in verschiedenen Evolutionsstufen die Rennwagen 330 P, 330 P2, 330 P3 und 412 P befeuerten. 1967 kam der legendäre 330 P4, mit dem Lorenzo Bandini und Chris Amon das 24-Stunden-Rennen von Daytona gewannen.

Das erste Auto, das einen Tipo-163-Motor erhielt, war ein Ferrari 400 SuperAmerica PF Coupé Speciale (Rahmennummer 1517SA) – ein Einzelstück, das für Gianni Agnelli gebaut worden war. Bewundert werden konnte diese ausgefallene Kreation 1959 während des Salone dell'Automobile in Turin und 1960 auf dem Genfer Salon.

Der Wagen wirkte aber in der ersten Ausführung für einen Ferrari sehr schwerfällig und es heißt, dass weder sein Schöpfer Pininfarina und erst recht nicht Agnelli mit der Frontpartie zufrieden waren. Also ging das Auto zurück nach Turin, erhielt eine neue Kühleröffnung und musste noch weitere Detailänderungen über sich ergehen lassen.

Wie bereits erwähnt, entwickelte Ferrari parallel zu den 330-Straßenmodellen noch einige Wettbewerbsversionen dieses Motors, die sich erheblich von den Serienmotoren unterschieden. Von diesen Ma-

↓ **Während die Motorblöcke mit traditionell angeflanschtem Getriebe normalerweise an vier Punkten im Rahmen befestigt sind (siehe 250 LM), hat der Transaxle-Motorblock nur zwei mittige Lager links und rechts, die jeweils an vier seitlichen Stehbolzen befestigt werden.**

schinen wurden die legendären Sportprototypen mit dem Kürzel „P“ angetrieben – Autos, die einen wesentlichen Beitrag zur motorsportlichen Erfolgsgeschichte des Unternehmens aus Maranello leisteten. Der erste dieser Wagen – der 330 P Spider – entstand 1963. Die Außenhaut gestaltete die Carrozzeria Fantuzzi in Modena und der Motor hatte zumindest den gleichen Hubraum wie die Straßenmodelle. Allerdings war er beim 330 P längs hinter dem Fahrer eingebaut und unterschied sich in etlichen Punkten vom Motortyp 209. So hatte er eine Trockensumpfschmierung, eine hinter dem Getriebe angeordnete Zweischeiben-Trockenkupplung, sechs Weber-Vergaser und Rennnockenwellen mit schärferen Steuerzeiten. Als Leistung gab Ferrari 370 PS (276 kW) an, was einer Steigerung von 70 PS (52 kW) gegenüber der Straßenausführung entsprach.

Zwischen 1963 und 1967 entstanden weitere Ausbaustufen dieses Motors, die alle das Kürzel „P“ erhielten. Der letzte und bekannteste dieser 330-Prototypen war der P4 – der Wagen, mit dem Enzo Ferrari an Ford Rache nehmen wollte.

Franco Rocchi entwickelte diesen als Tipo 237 bezeichneten V12-Motor. Dazu konstruierte er neue und leichtere Zylinderköpfe mit zwei obenliegenden Nockenwellen und innovativen Drei-Ventil-Brennräumen (zwei Einlassventile, ein Auslassventil). Mit einer Lucas-Einspritzanlage, die erstmals 1966 beim P3 verwendet wurde, stieg die Leistung auf 450 PS (336 kW) bei 8000 min^{-1}. Das donnernde Auspuffgrollen des DOHC-Motors mit seinen 36 Ventilen erreichte Frequenzen, die den Vergleich mit einem Kampfjet aufkommen ließen! 1967 gelang dem P4 aus dieser 330-Prototypenbaureihe der ultimative Erfolg, indem Ford beim 24-Stunden-Rennen auf heimischen Boden in Daytona vernichtend geschlagen wurde. Zwei P4 belegten den ersten und zweiten Platz, Chris Amon und Lorenzo Bandini gewannen vor dem Duo Mike Parkes und Ludovico Scarfiotti. Ein vom NART eingesetzter 412 P mit Pedro Rodriguez und Jean Guiche am Steuer fuhr auf den dritten Platz – damit war das Podium eine reine Ferrari-Angelegenheit.

Darüber hinaus war aber auch der „zivile“ 4,0-Liter-Motor 209 bemerkenswert erfolgreich. Er diente als Antrieb für die 50 Exemplare des 330 America (eine 250 GTE-Karosserie mit 4,0-Liter-Motor), wurde in 1099 330-GT-2+2-Modelle eingebaut (Serie 1, Interim-Serie und Serie 2), dazu in 598 330 GTC sowie vier Speciale-Ausführungen und schließlich noch in 100 330GTS-Modelle.

Die 330 GTC/GTS-Modelle erhielten ein Transaxle-Getriebe, wie es 1964 erstmals beim 275 GTB eingebaut war. Beim 330 America und den 330-GT-2+2-Modellen war das Getriebe konventionell an den Motor angeflanscht und trieb über die Kardanwelle eine Starrachse an. Sowohl der 330 America als auch die erste Serie des 330 GT 2+2 von 1964 – sie wurde wegen ihrer Doppelscheinwerferfront mit dem Spitznamen „Chinese Eyes" bedacht – besaßen ein Viergang-Getriebe mit angeflanschtem Overdrive. Vor Einführung des 330 GT 2+2 der Serie 2 (mit Einzelscheinwerfern) entstand eine Interimsserie mit 125 Autos, die noch das alte Aussehen, aber schon etliche technische Änderungen der Nachfolgemodelle aufwies. So war bei diesen Wagen anstelle des Laycock-Overdrives ein Fünfgang-Getriebe eingebaut, die jetzt hydraulisch betätigte Kupplung liefert nun Borg & Beck anstelle Fichtel & Sachs. Ab 1965 ging schließlich die zweite Serie des 330 GT 2+2 in Produktion.

Ab Fahrgestellnummer 08729 im Jahr 1966 erhielt der 330 GT 2+2 den Motortyp 209/66 mit nur zwei statt vier seitlichen Motorhaltern. Dieser war eigentlich für die Transaxle-Bauweise vorgesehen, aber das Modell war weiterhin mit einem konventionellen Getriebe samt Starrachse versehen.

Der 330 GTC wurde erstmals im März 1966 auf dem Genfer Salon gezeigt, im Oktober des gleichen Jahres folgte die Präsentation des 330 GTS auf dem Pariser Autosalon. Beide Modelle wiesen die letzte Version des vom 275 GTB bekannten Transaxle-Getriebes auf, mit nur jeweils zwei Motor- und zwei Getriebeaufnahmen und dem steifen Verbindungsrohr zwischen den beiden Aggregaten.

Der hier vorgestellte Motor eines 330GTS hat einen Zylinderblock aus Leichtmetall und eine obenliegende Nockenwelle pro Zylinderbank. Ferrari arbeitete seinerzeit auch an einer DOHC-Version, die 1966 schließlich in das Modell 275 GTB/4 Berlinetta eingebaut wurde, während die weniger sportlich ausgelegten GTC- und GTS-Modelle weiterhin nur als SOHC-Ausführung erhältlich waren. Den Nockenwellenantrieb übernimmt hier wieder eine Triplexkette, die Ventilbetätigung erfolgt über Kipphebel. Mit leicht überhöhten, in der Erstausrüstung von Borgo gelieferten Kolben, wird in den halbkugelförmigen Brennräumen das erforderliche Verdichtungsverhältnis erreicht. Wie üblich haben die Kolben zwei Verdichtungsringe und einen Ölabstreifring. Das Schmiersystem ist als Nasssumpfschmierung ausgelegt; die Ölwanne, das Steuergehäuse und die Ventildeckel sind aus Leichtmetallguss hergestellt. Auch hier verfügt jede Zylinderbank über einen eigenen Verteiler samt Zündspule, die Zündkerzen werden von der Auslassseite eingeschraubt. Zur Kraftstoffförderung sind eine mechanische und eine elektrische Pumpe vorhanden, wobei letztere in erster Linie als Zusatzpumpe für bestimmte Betriebssituationen vorgesehen ist und vom Fahrer manuell zugeschaltet werden kann.

Über Filter mit integriertem Druckregler gelangt der Kraftstoff zu drei Weber Doppelvergasern mit der Bezeichnung 40 DCZ/6 oder 40 DFI/2. Die Zündfolge lautet 1-7-5-11-3-9-6-12-2-8-4-10.

Mit dem leistungsstarken Motor des Typs 209 gelang Ferrari ein perfekter Kompromiss aus Zuverlässigkeit, Fahrvergnügen und Wartungsfreundlichkeit. Damit kam Maranello den Kunden entgegen, die neben der puren Leistung auch eine gewisse Laufkultur schätzten. Das beachtliche Drehmoment, das der V12 abrufen konnte, war so gesehen auch ein Beitrag zur neuen Ausrichtung auf eine einfachere Handhabung und ein weniger kapriziöses Fahrverhalten, mit der das Werk eine höhere Kundenzufriedenheit und damit auch Kundenbindung erreichen wollte.

Die seltensten Wagen mit diesem kultivierten Triebwerk sind der 330 America und der 330 GTS – der einzige Spider, der überhaupt damit ausgerüstet wurde. Da der 330 GTS mittlerweile in das Visier der Sammler und Spekulanten geraten ist, werden auf Auktionen dafür über 2 Millionen Euro geboten.

← Die Ölwanne ähnelt stark dem Bauteil des 275 GTB, das im vorherigen Kapitel abgebildet ist. Die Kratzer auf der linken Seite bezeugen, dass auch ein Ferrari nicht immer sorgsam angefasst wird.

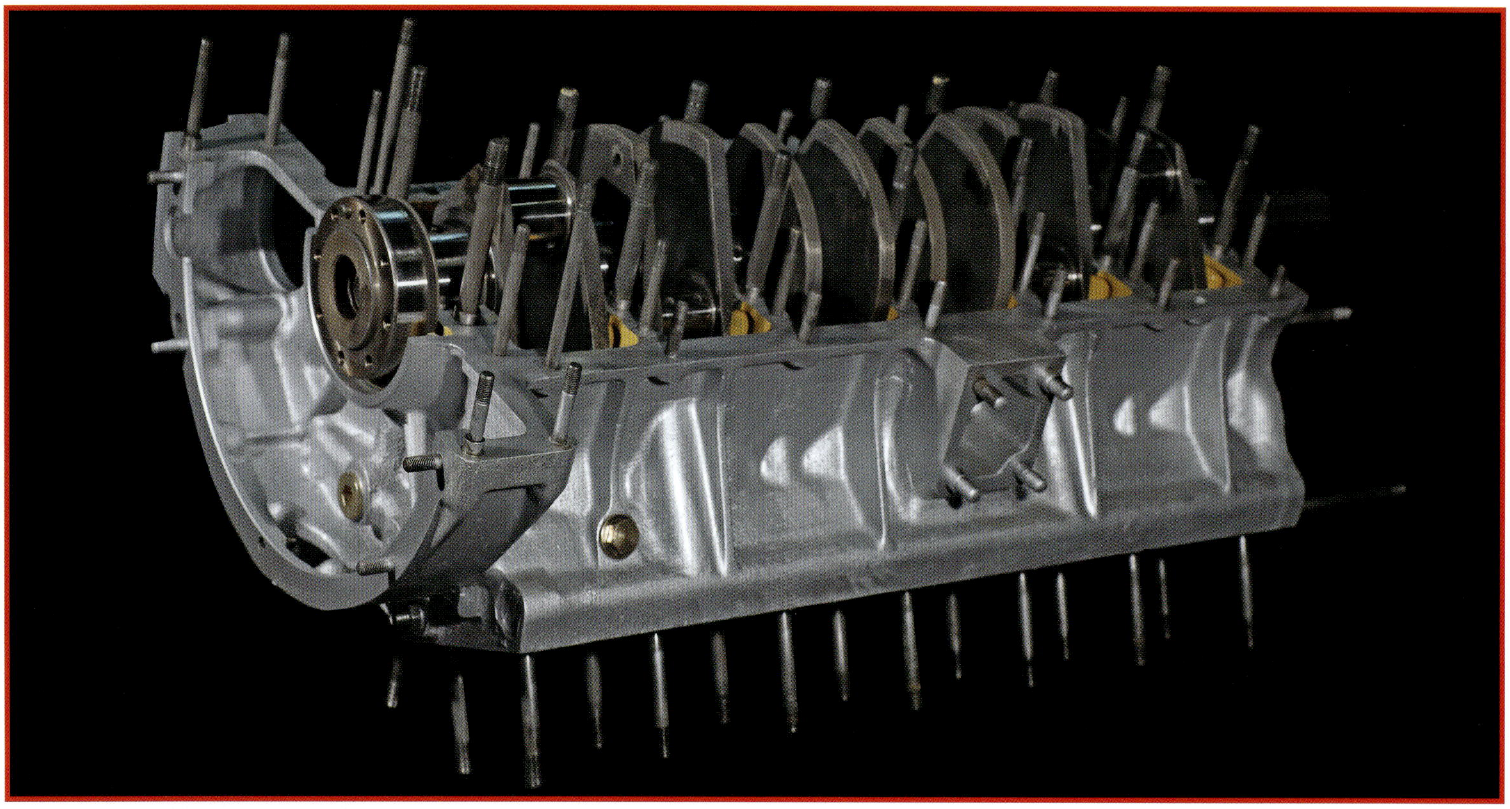

↑ **Der umgedrehte Motorblock mit eingelegter Kurbelwelle, aber noch ohne Hauptlagerdeckel. Das schwungradseitige Kurbelwellenende ist hier bereits mit einem Wellendichtring abgedichtet (der noch nicht eingebaut ist), bei den frühen 209-Motoren war nur eine Rückförderschnecke vorhanden.**

↓ **Die Einlassseite eines Zylinderkopfs. Die Gussrohlinge für die linke und rechte Zylinderbank waren identisch und wurden erst bei der maschinellen Bearbeitung einer Motorseite zugeordnet.**

In den 60er Jahren übernahm Sergio Pininfarina von seinem Vater die Leitung des Traditionsbetriebs. Natürlich wollte er seine eigenen Ideen in die DNA der mittlerweile zum Design-Unternehmen avancierten Firma einfließen lassen und sich einen Namen machen. Mit dem 330 GTS lieferte er seine erste Arbeit für Ferrari ab, sieht man einmal von dem ungewöhnlichen und verkannten Einzelstück 400 SuperAmerica Speciale aus dem Jahr 1959 ab. Mit Anleihen von der Frontpartie des 500 Superfast und dem Heck des 275 GTS entstand der 330 GTS – ein äußerst eleganter Spider, der für dieses Kapitel Modell stand.

↑ Zwei identische Ölfilter sind auf einem gemeinsamen Träger in der Mitte des Zylinder-V montiert. An den frühen 209-Motoren waren zwei unterschiedliche Ölfilter mit getrennten Einbauorten vorhanden.

→ Für das Foto steht die mächtige Kurbelwelle aus Schmiedestahl auf dem Schwungradflansch. Das kleine Zahnrad am gegenüberliegenden Ende treibt die Ölpumpe an.

↓ Bereit für den Zusammenbau präsentiert sich hier ein Zylinderkopf. Die Dichtfläche ist geplant, die Brennräume sind gereinigt und die neuen Ventile in die ebenfalls erneuerten Sitzringe eingepasst.

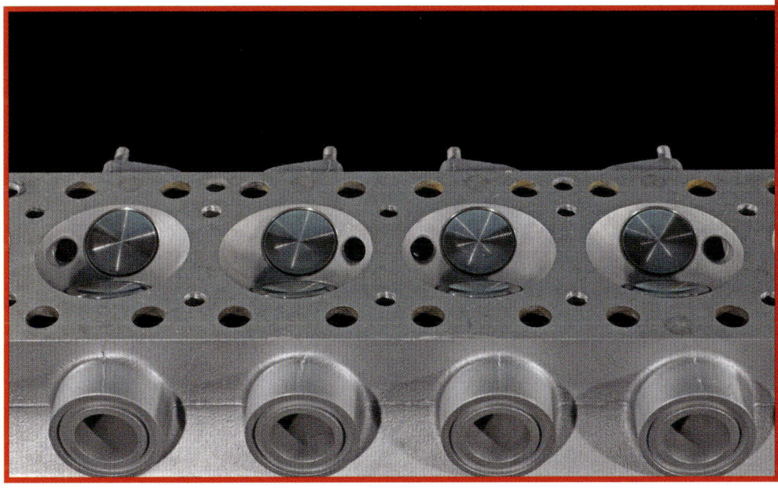

↑ **Der hintere Hauptlagerdeckel und die untere Schwungradabdeckung.**

Ferrari-Modelle geben selten ihre Identität preis, aber nachdem der 275 GTS einen „275“-Schriftzug auf dem Kofferraumdeckel aufgewiesen hatte, wurden auch die 330 GTC/GTS mit einem „330“-Emblem an der gleichen Stelle versehen. Durch seine hinreißend schöne Form ist der 330 GTS (der große Ähnlichkeit mit dem ebenfalls von Sergio Pininfarina gestalteten GTC aufweist) wohl eines der elegantesten Fer-

↑ **So kann man sich vorstellen, wie die Pleuel von gegenüberliegenden Zylindern auf einen gemeinsamen Hubzapfen greifen. Die Pleuel sind mit einer Zahl – der Zylindernummer – markiert, die sowohl auf dem Pleuel als auch auf dem dazugehörigen Lagerdeckel vorhanden ist und so die Teile einander zuordnet. Bei der Montage muss sie nach außen weisen, wie auf dem links abgebildeten Pleuel auch erkennbar ist.**

↓ **Das Aluminium-Steuergehäuse ist für den Einbau vorbereitet. Die Erhebung in der Mitte ist die bereits montierte Kühlmittelpumpe.**

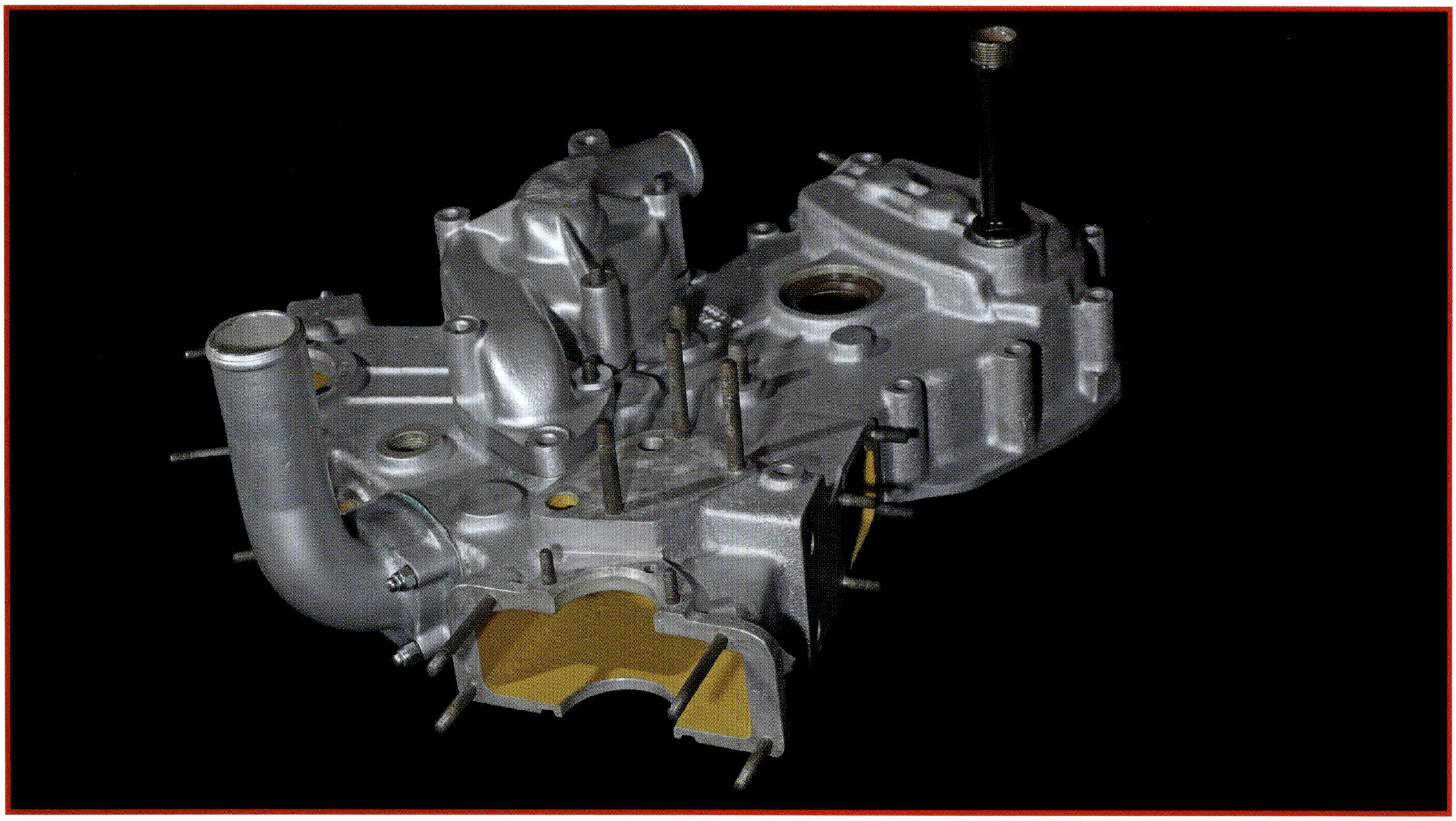

rari-Modelle, die je gebaut wurden. Sein Schöpfer besaß selbst einen blauen 330 GTC, mit dem er gemeinsam mit seinem Sohn Andrea öfters unterwegs war. Dieser Wagen, Fahrgestellnummer 8727, war eine Sonderanfertigung für den Chef und diente ihm nicht nur zum Vergnügen, sondern auch als Versuchsobjekt für die Weiterentwicklung des Stylings und der Aerodynamik.

Sergio Pininfarina nahm einige Änderungen an diesem Wagen vor, die dann später auch bei den Nachfolgemodellen 365 GTC und 365 GTs einflossen. So lösten zum Beispiel mit Gittern abgedeckte Luftauslässe in den hinteren Ecken der Motorhaube die dreiteiligen seitlichen Auslassöffnungen in den Kotflügeln ab.

Am Ende der 330-Produktion, etwa zeitgleich mit der Einführung des Dino mit V6-Motor, stockte Ferrari den Hubraum des 4,0-Liter-V12 auf. Bei gleichbleibendem Hub von 71 mm und einer auf 81 mm vergrößerten Bohrung stieg der Gesamthubraum nun auf 4390,35 cm^3. Der neue Motor entstand 1967 und erhielt die Bezeichnung 245. Er diente als Antrieb für den 365 GT 2+2, der aufgrund seiner Fahrzeuglänge von fast 5 Metern den Spitznamen „Queen Mary“ erhielt.

Der Wagen war mit diesem SOHC-V12 im Prinzip der Nachfolger

↑ Nahaufnahme des hinteren Ansaugstutzens von oben. Über Stehbolzen und Muttern werden die Stutzen in das Zylinder-V nach unten auf die Zylinderköpfe gezogen. Die hintere Befestigungsmutter liegt unterhalb des Unterdruckanschlusses für den Bremskraftverstärker, der daher zum Festziehen entfernt werden muss.

↑ **Der in diesem Kapitel vorgestellte Motor ist mit Weber-Vergasern des Typs 40DFI/2 ausgerüstet, von denen hier einer abgebildet ist.**

FERRARI 330 GT – TECHNISCHE DATEN

Motorbezeichnung	209
Motorbauweise	Längs eingebauter V12-Motor, 60° Zylinderwinkel
Bohrung und Hub	77 x 71 mm
Gesamthubraum	3967,44 cm^3
Einzelhubraum	330,62 cm^3
Verdichtungsverhältnis	8,8 : 1
Maximale Leistung	296 PS (221 kW) bei 7000 min^{-1}
Literleistung	75 PS/Liter (56 kW/Liter)
Ventilsteuerung	Eine obenliegende Nockenwelle pro Zylinderbank, zwei Ventile pro Zylinder
Gemischaufbereitung	Drei Weber 40 DCZ/6 oder 40 DFI/2 Fallstrom-Doppelvergaser
Zündsystem	Batteriespulenzündung, zwei Verteiler, zwei Zündspulen, eine Zündkerze pro Zylinder
Schmiersystem	Nasssumpfschmierung
Kupplung	Einscheiben-Trockenkupplung
Maximales Drehmoment	406 Nm bei 5000 min^{-1}
Zündfolge	1–7–5–11–3–9–6–12–2–8–4–10

der Modelle 500 Superfast und 330 GT 2+2.

1968 erschienen weitere neue Modelle mit 4,4-Liter-Motor. Der 365 GTC und der 365 GTS wiesen allerdings sowohl bei der Formgebung als auch bei der SOHC-Motorkonstruktion eine große Ähnlichkeit mit den bisherigen 330-Varianten auf.

Völlig neu dagegen war der 365 GTB/4, der mit seinem DOHC-Motor eine Weiterentwicklung des 275 GTB/4 darstellte. Der im 365GTB/4 eingebaute Motor hatte die Typenbezeichnung 251 und der Beiname des aerodynamisch gestalteten Wagens lautete „Daytona“. Damit würdigte Ferrari den bravourösen 1-2-3-Zieleinlauf, der 1967 in Daytona eingefahren wurde.

Vom 365 GTS entstanden nur 20 Exemplare, die auch die letzte SOHC-Motorversion, den Tipo 245/C erhielten. Damit endete die Ära der SOHC-Motoren bei Ferrari und vorübergehend auch die Zeit des V12-Transaxle-Antriebs. Die Wagen aus Maranello sollten zukünftig nicht nur durch ihr aufregendes Aussehen, sondern noch mehr auch durch ausgefeilte und wegweisende Technik unter dem schicken Blechkleid überzeugen. Dabei kamen allerdings die Modelle mit V12-Frontmotor etwas zu kurz. Zwar diente nun eine DOHC-Ausführung als Antrieb, das Getriebe war aber herkömmlich mit dem Motor verblockt. Erst der 1992 vorgestellte 465 GT hatte wieder einen vorn eingebauten V12 mit einem Transaxle-Getriebe.

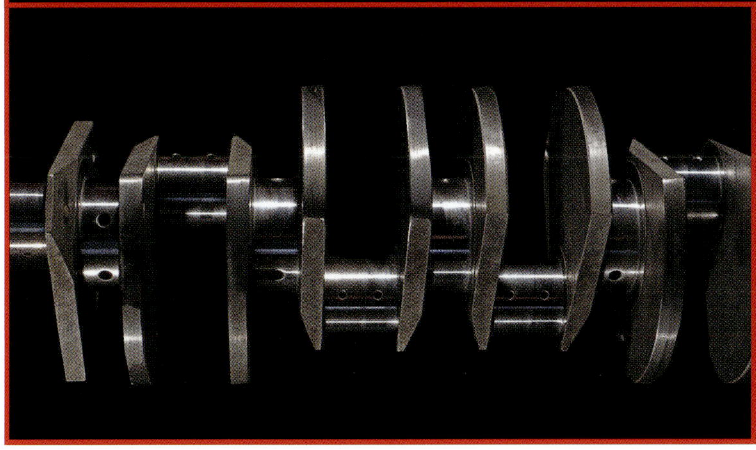

↑ Detailaufnahme der Kurbelwelle, die für sich ein Kunstwerk darstellt.

↘ Hoch belastet: Die Kupplungsscheibe der Einscheiben-Trocken-kupplung muss über 400 Nm übertragen.

↓ Im Gegensatz zu den frühen 330-GT-2+2-Modellen, die noch eine Kupplungsdruckplatte mit Schraubenfedern hatten, erhielt der 330 GTS schon eine Ausführung mit Membranfeder, die sich einfacher betätigen lässt.

↑↑ Die Kraftstoffversorgung der drei Weber-Vergaser 40 DFI/2 erfolgt über ein verchromtes Rohr. Über den im Bild linken Anschluss liefert die vom Motor angetriebene mechanische Pumpe den Kraftstoff, über den rechten Anschluss die elektrische Pumpe.

↑ Zu Demonstrationszwecken ist die Nockenwelle in den Zylinderkopf eingelegt. Zwischen den Stehbolzen können die hellglänzenden Nocken erkannt werden. Die ganz links zu sehende kreisförmige Scheibe auf der Nockenwelle dient zur axialen Führung der Welle.

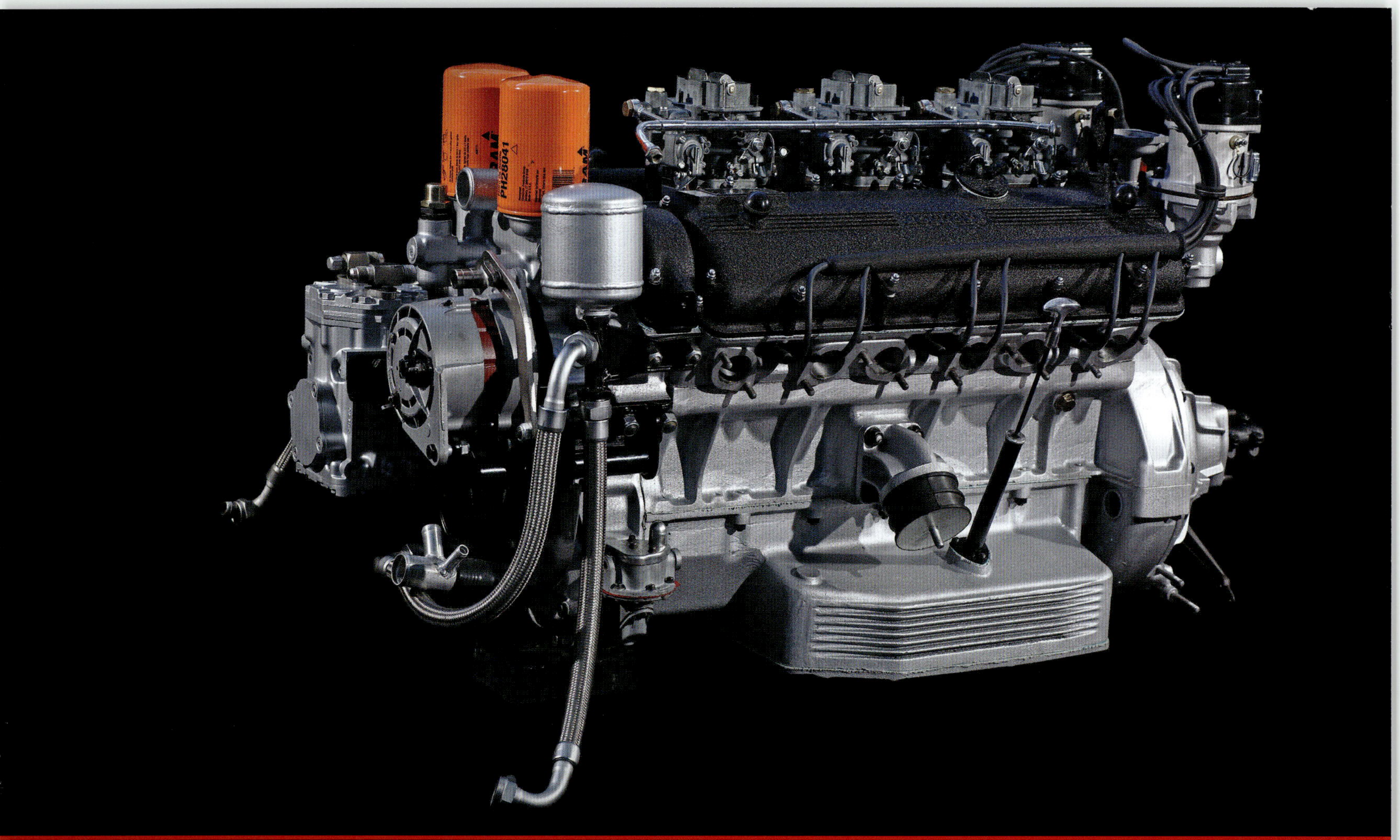
PH28041

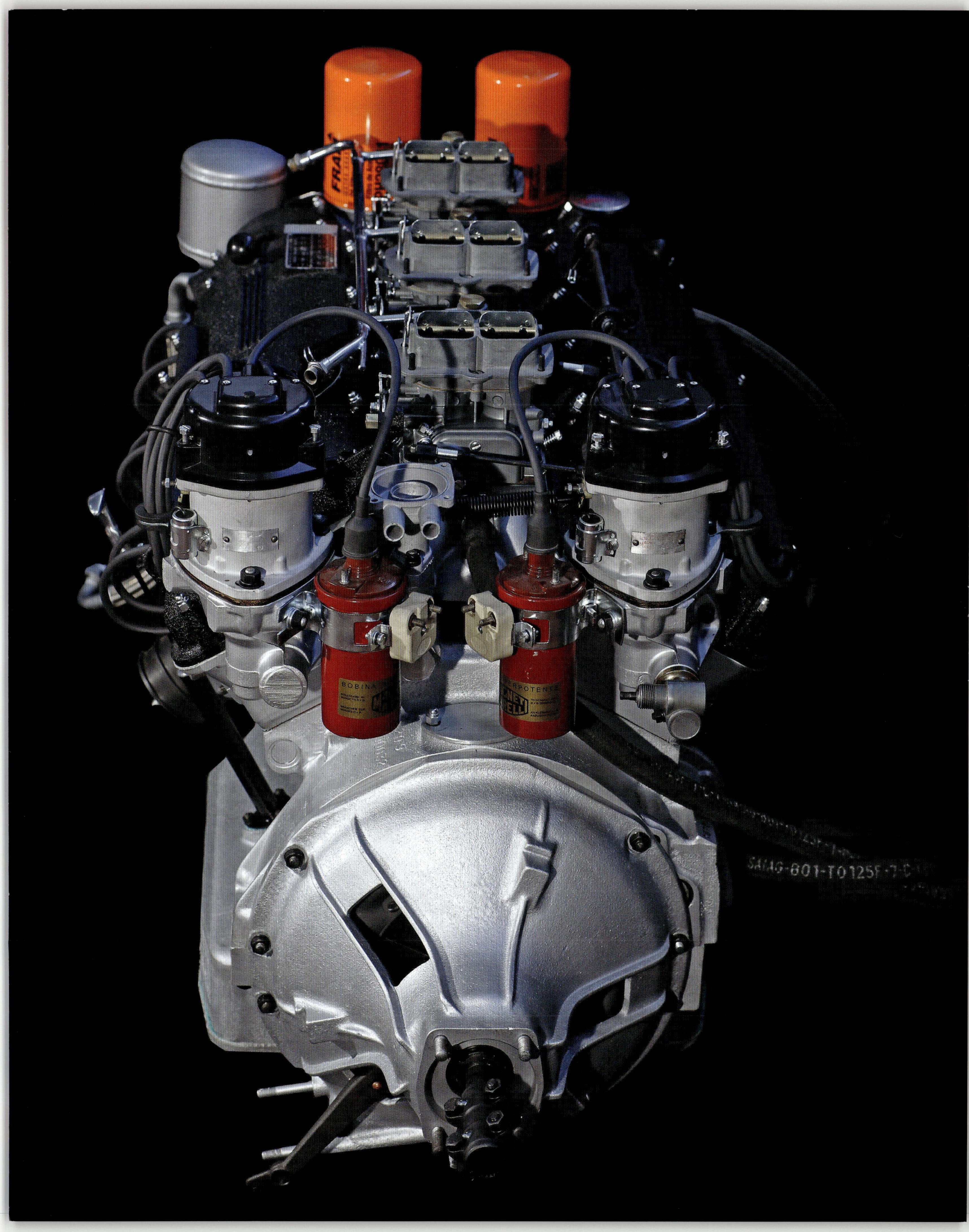
SAIAG-801-T0125F-7-C

↑ Die Frontpartie des 330 GTS entwickelte Pininfarina aus den Konturen des Vorgängermodells 275 GTS.

↑ Abgesehen vom 330-Schriftzug war das Heck des 330 GTS mit dem des 275 GTS identisch.

→ Die eleganten Rückleuchten der 330 GTS/GTC-Modelle waren identisch mit denen des 330 GT 2+2; die Rückstrahler allerdings bei letzteren eckig statt rund.

↘ Auch die seitlichen Luftauslässe, deren Form aus denen des 500 Superfast hervorging, fanden sich beim 330 GT 2+2 der zweiten Serie wieder.

↘↘ Ohne Abdeckung, dafür mit üppigen Chromringen versehen sind die zurückgesetzten Scheinwerfer. Strömungsgünstige Seitenblinker in Tropfenform betonen die windschnittige Karosserieform.

↘↘↘ Da die Löserichtungen der Zentralmuttern links und rechts unterschiedlich sind, gibt ein eingeprägter Pfeil die richtige Drehrichtung an.

↓ Der 330 GTS war zu seiner Zeit der Inbegriff des eleganten Offen-Fahrens – was auch heute noch uneingeschränkt zutrifft.

Dino 246

Die Partnerschaft mit Fiat (1972)

← Über eine Bohrung im oberen Bereich des Pleuelfußes (und der dazugehörigen Lagerschale) kann Spritzöl zur Kühlung des Kolbenbodens und Schmierung des Kolbenbolzens austreten.

↙ Werkseitig erhielt der Motor bereits geschmiedete Kolben, die wieder von Borgo geliefert wurden. Bei der Motorrevision wurden ebenfalls Schmiedekolben eingebaut, deren Kolbenschäfte zusätzlich im Bereich der Kolbenbolzennabe ausgespart sind (so genannte Slipperkolben).

Mit der Einführung des Modells Dino, das von einer straßentauglichen Version des gleichnamigen Rennmotors angetrieben wurde, fand ein Umbruch bei Ferrari statt – sowohl in technischer als auch in unternehmerischer Hinsicht. Erstmals sorgte kein traditioneller, im Vorderwagen eingebauter V12-Motor für den angemessenen Vortrieb, sondern ein V6, der zudem noch hinter dem Fahrer angeordnet war. Dazu kam, dass sich die Besitzverhältnisse des Unternehmens ändern sollten. Der 1967 vorgestellte Dino 206 entstand als erstes Modell im Rahmen einer Kooperation zwischen Ferrari und Fiat, mit der sich die 1969 erfolgte Übernahme von 50% der Ferrari-Anteile durch die Fabbrica Italiana Automobili Torino ankündigte. Mit dem Dino erschien auch wieder eine neue Modellbezeichnung, die jetzt den Hubraum des Motors in Litern mit der Zylinderzahl kombinierte, anstelle wie bisher bei den Straßenmodellen meist üblich den Einzelhubraum anzugeben. Ferrari hatte diese Bezeichnungsmethode allerdings schon längere Zeit für die Monoposto-Rennwagen verwendet. Sie kam erstmals 1957 beim Formel-2-Typ 156 und dann 1958 beim Formel-1-Wagen 246 zur Anwendung. Aus der letzteren Zahl leiten sich beispielsweise der Hubraum von 2,4 Litern und die 6 Zylinder des Motors ab. Ein technisches Novum des neuen Dinos waren die Art und Ausführung der Antriebseinheit. Der V6 war nicht nur quer und als Mittelmotor eingebaut, sondern thronte auf dem unter ihm angeordneten Getriebe. Diese Anordnung wurde von Ferrari auch bei den folgenden V8-Modellen über 20 Jahre lang beibehalten; mit der Einführung des Typs 348 im Jahr 1989 drehte man lediglich den Motor in Längsrichtung.

↖ Die Ölpumpe ist mit der Innenseite des vorderen Motordeckels verschraubt und wird über Zahnräder von der Kurbelwelle angetrieben. Der dreieckige Flansch dient zur Befestigung des Ölansaugsiebs, über das die Ölpumpe das Schmieröl direkt aus der Ölwanne ansaugt.

← Erstmals verwendete Ferrari in einem Serienmotor zur besseren Wärmeableitung natriumgefüllte Auslassventile. Allerdings erwiesen sie sich im Dauereinsatz als nicht ganz unproblematisch.

Der V6-Motor des Dino markiert einen entscheidenden Wendepunkt in der Firmengeschichte von Ferrari. Dieses außergewöhnliche Triebwerk mit 2,0 Litern Hubraum – der später auf 2,4 Liter aufgestockt wurde – war 1965 der Anlass für eine erste Zusammenarbeit zwischen Ferrari und Fiat, die 1969 zum Zusammenschluss der beiden Unternehmen führte. Der Grund für die Kooperation waren die ab 1967 gültigen Regeln der Formel-2-Weltmeisterschaft, nach denen die eingesetzten Motoren auf einem Serientriebwerk basieren mussten, von dem pro Jahr mindestens 500 Stück hergestellt wurden. Ferrari konnte damals alleine diese Menge unmöglich erreichen, aber in Zusammenarbeit mit Fiat baute man Autos, die zwar völlig unterschiedlich waren, aber den gleichen Motor hatten und damit diese Vorgabe erfüllten.

So erschienen 1966 mit traditionell vorn eingebautem Motor das Fiat Dino Coupé und der Spider, die wie ihr späteres Schwestermodell aus Maranello mit einem „Dino"-Schriftzug versehen waren. Damit kamen die Fiat Dino zwei Jahre vor dem von Ferrari gebauten Dino auf den Markt, der anfangs den Namen seines eigentlichen Herstellers nicht tragen durfte, sondern als eigenständige Marke geführt wurde.

↑ Kurze, kräftig dimensionierte Pleuel ermöglichen eine kompakte Bauweise.

↓ Der Grauguss-Motorblock der 2,4-Liter-Motoren ist im Vergleich zu den 2,0-Liter-Gehäusen aus Aluminium verwindungssteifer und kostengünstiger, aber auch deutlich schwerer.

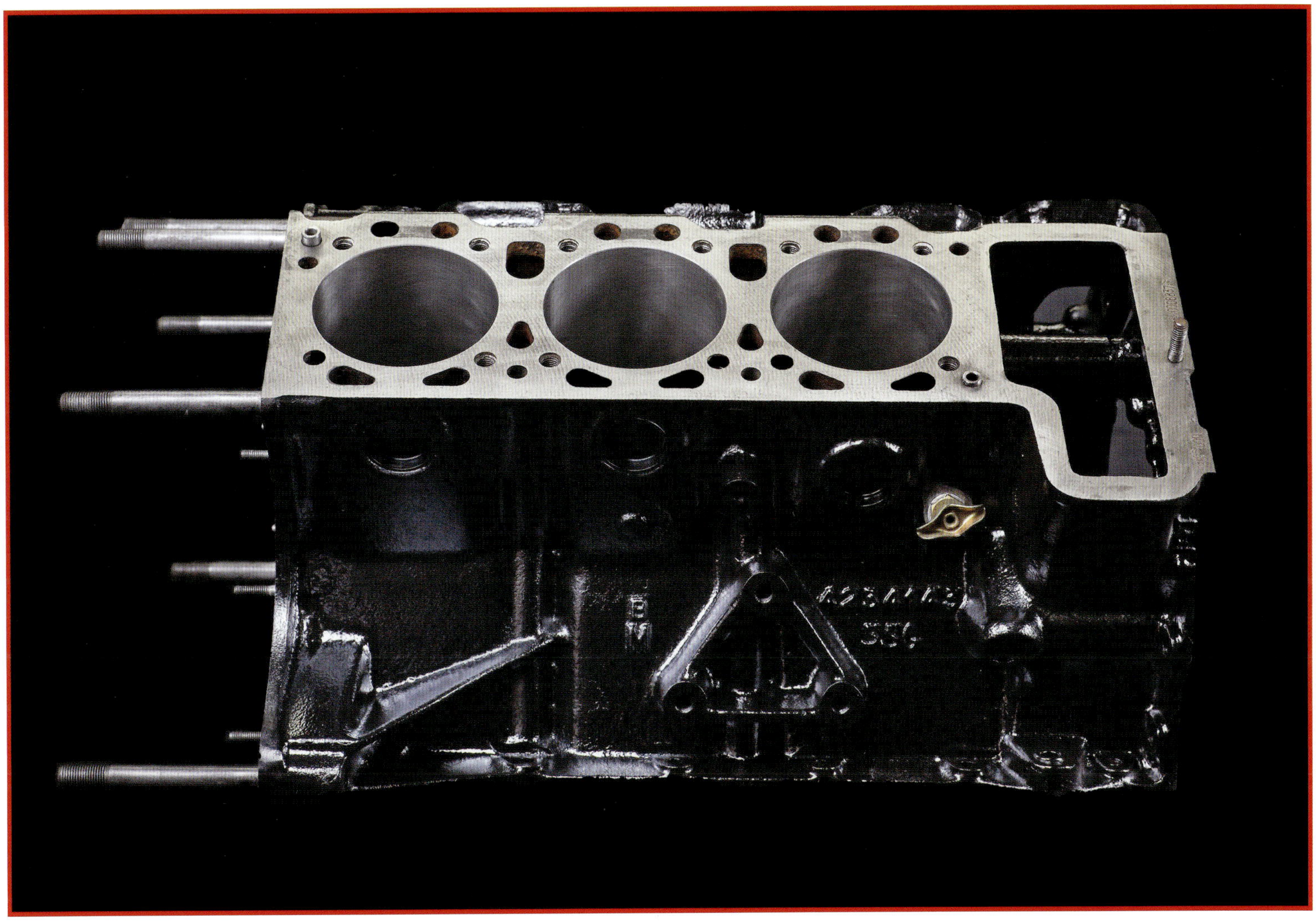

Ausgangsbasis dieses Projekts war der 65°-V6-Motor mit 1500 cm^3, den der legendäre Motorenpapst Vittorio Jano unter Mitwirkung von Enzo Ferraris geliebtem Sohn Alfredino (genannt Dino) entwickelt hatte. Auf Janos Zeichenbrett waren die einzigartigen Rennmotoren von Fiat und Alfa Romeo sowie der Formel-1-Motor D50 von Lancia entstanden. Durch den Rückzug von Lancia aus dem Rennsport und den Verkauf des Rennstalls an Ferrari fuhren die Wagen unter der Flagge des Cavallino Rampante und Juan Manuel Fangio holte 1956 damit den Titel in der Fahrer-Weltmeisterschaft. In seinen Memoiren erinnerte sich Enzo Ferrari: „Im langen schneereichen Winter fesselte eine virale Nierenentzündung Alfredino ans Bett und so verbrachten mein guter Freund Jano und ich endlose Stunden an seinem Lager, um mit ihm den Entwurf des neuen 1500-cm^3-Motors zu besprechen. Es waren verschiedene Lösungen vorgesehen, 4-Zylinder- oder 6-Zylinder-Reihenmotoren, V6- und V8-Motoren. Ich erinnere mich, mit welcher Beharrlichkeit er alles durcharbeitete und kommentierte, was ich ihm täglich von Maranello mitbrachte. Schließlich entschied er sich für den V6-Motor wegen dessen mechanischer Leistungsfähigkeit. Wir nahmen diese Entscheidung an."

So entstand der erste 65°-V6-Motor von Ferrari – der berühmte 156.

Im November 1956, fünf Monate nach dem Tod von Dino, gab das Triebwerk auf dem Prüfstand seine ersten Lebensäußerungen von sich. Seine Bewährungsprobe hatte der 1500-cm^3-Motor im April 1957 beim Grand Prix von Napoli in einem 156 F2, mit dem Luigi Musso den dritten Platz erreichte.

Mit der 2,4-Liter-Version des V6-Motors sicherte sich Mike Hawthorn 1958 die Fahrer-Weltmeisterschaft in der Formel 1.

Nachdem durch die Zusammenarbeit mit Fiat die erforderliche Stückzahl von Serienmotoren erreicht werden konnte, durfte der 166 F2 in der F2-Saison 1967 an den Start gehen, aber erst 1968 stellte sich für Ferrari der gewünschte Erfolg ein. Tino Brambilla holte zwei Siege; einen auf dem Hockenheimring, wo Derek Bell mit einem zweiten Wagen Dritter wurde und anschließend beim Grand Prix von Rom. Dieses Rennen bestand aus zwei Läufen, die beide Brambilla gewann, während sein Teamkollege Andrea de Adamich Zweiter in der Gesamtwertung wurde. So fand die europäische Saison ein positives Ende. Anschließend nahmen die Wagen in der Temporada-Serie in Argentinien teil, wo de Adamich die Meisterschaft für Ferrari gewinnen konnte. Anfang 1968 wurde der V6 in der 2,4-Liter-Ausführung in der Tasman-Serie in Australien und Neuseeland eingesetzt, in der Chris Amon Zweiter hinter dem Lotus von Jim Clark wurde. 1969 lief es dort für Amon besser und er gewann die Meisterschaft für Ferrari. Graeme Lawrence konnte 1970 mit dem gleichen Wagen, den Amon im Vorjahr fuhr, den Erfolg wiederholen.

Wie schon erwähnt, geht der Ursprung des Namens und der Marke Dino auf Enzo Ferraris allzu früh verstorbenen Sohn Alfredino zurück. Zu seinem Gedenken erhielt die Generation der 6-Zylinder-Rennwagen (166 P, 166 F2, 246 F1, 196 S, 206 P, 206 S und 246 Tasman) den Beinamen Dino.

Fast ausnahmslos trugen die V6-Renn- und Serienmotoren, die in den Ferrari und Fiat Dinos eingebaut waren, den eingegossenen Dino-Schriftzug auf den Ventildeckeln. Die Entwicklung einer straßentauglichen Version des 6-Zylinder-Motors übertrug man an das Fiat Reparto Studio Motori von Aurelio Lampredi, der ja bereits Anfang der 50er Jahre die „großen" V12-Motoren für Ferrari entwickelt hatte. Er war 1956 zu Fiat gewechselt und blieb dort bis 1982. Gemeinsam mit dem Ferrari-Ingenieur Franco Rocchi analysierte er die Erfordernisse, die der Straßeneinsatz an den V6-Motor stellte.

Sie entschieden sich unter anderem dafür, ein neues Kurbelgehäuse zu konstruieren, bei dem die Kurbelwelle mit einem Abstand von 85 mm vom unteren Motorende in das Motorinnere verlegt wurde, um die Verwindungssteifigkeit des Blocks zu erhöhen. Zudem ließ sich der Motor so einfacher auf dem Getriebegehäuse befestigen.

In der ursprünglichen 2,0-Liter-Version hatte der von Lampredi und Rocchi überarbeitete V6-Motor ein Aluminiumkurbelgehäuse. Mit der Hubraumaufstockung auf 2,4 Liter kam ein Gehäuse aus Grauguss zum Einsatz; diese Ausführung wird auch in diesem Kapitel vorgestellt. Sowohl der 2,0-Liter- als auch der 2,4-Liter-Motor dienten als Antrieb der Fiat-Dino-Modelle Spider und Coupé sowie des Ferrari Dino. Bis die endgültige Karosserieform des Dino feststand, bauten Ferrari und Pininfarina mehrere Vorserienfahrzeuge.

Den ersten und den zweiten Prototypen – den Dino Berlinetta Speciale und den Dino Berlinetta GT – präsentierte man 1965 auf dem Pariser Salon beziehungsweise 1966 auf dem Turiner Autosalon.

Die Wagen hatte der in den Diensten von Pininfarina stehende begnadete Aldo Brovarone gestaltet und bei beiden war der 2,0 Liter große V6-Mittelmotor noch längs eingebaut. Erst der folgende, im Mai 1967 entstandene und nicht offiziell gezeigte dritte Prototyp hatte einen querliegenden Mittelmotor.

Ein weiterer Prototyp stand im November 1967 wieder auf dem Turiner Autosalon und war dem späteren Serienmodell bereits sehr ähnlich. Die endgültige Karosserieform des Dino, die aus den Zeichnungen Aldo Brovarones allmählich hervorgegangen war, erhielt durch den mittlerweile bei Pininfarina eingetretenen Leonardo Fioravanti den letzten Schliff. Ihm wurde 1972 auch die Leitung des Forschungszentrums übertragen.

Die Serienproduktion des Ferrari Dino startete im Juni 1968 mit dem 206 GT, von dem allerdings nur 154 Exemplare gebaut wurden.

Um zu unterstreichen, dass es sich bei dem Dino um das Modell einer eigenständigen Marke handelte, erhielten die Wagen eine eigene gerade Fahrgestellnummer, während die Straßenmodelle von Ferrari damals traditionell mit ungeraden und nur die Wettbewerbsfahrzeuge mit geraden Nummern gekennzeichnet wurden. Das Chassis hatte einen Radstand von 2280 mm und erhielt bei der Carrozzeria Scaglietti in Modena eine Aluminiumkarosserie. Als Antrieb diente ein 2,0-Liter-Motor mit Leichtmetallkurbelgehäuse, der die Fiat-Bezeichnung 135 B trug und bei Ferrari als 236 B geführt wurde.

Die vieldiskutierte und (für Ferrari) revolutionäre Mittelmotoranordnung des Dino führte im Vergleich zum Frontmotor zu einer wesentlich günstigeren Massenanordnung und Radlastverteilung.

Da die Motor-/Getriebeeinheit unmittelbar vor den Antriebsrädern eingebaut war, entstanden vor allem um die Fahrzeughochachse nur

← Die Kupplungsglocke bildet mit dem Transfergetriebegehäuse eine Einheit. Aus der Gummimanschette ragt das Ende der Kupplungsausrückgabel heraus, der Winkelhebel ganz links gehört zum Ausrückmechanismus. Unter dem schräg liegenden länglichen Deckel befinden sich drei Zahnräder, mit denen die Kraft von der Kupplungswelle auf die Getriebehauptwelle übertragen wird. Deckel und Gehäuse wurden bei der Herstellung gemeinsam bearbeitet und sind daher einander mittels Zahlen zugeordnet, die an der Trennfläche eingeschlagen sind.

↑ Nahaufnahme der Nockenwellen. Die hellen Bereiche sind die Lagerstellen, aus denen über die längs verlaufende Nut Öl zur Schmierung der Nockenlaufbahnen austritt.

↑ Der Dino-Schriftzug ist in die Leichtmetall-Ventildeckel eingegossen.

↓ Die Brennraumseite des rechten bzw. hinteren Zylinderkopfs, von der Auslassseite aufgenommen. Zwischen dem linken und dem mittleren Auslasskanal weist der eingegossene Fiat-Schriftzug auf die Kooperation der beiden Hersteller hin.

→ Die geschmiedete Kurbelwelle ist vierfach gelagert. Durch den Zylinderwinkel von 65° haben gegenüberliegende Zylinder keinen gemeinsamen Pleuelzapfen, sondern sind zur Erzielung einer gleichmäßigen Zündfolge gegeneinander versetzt.

geringe Trägheitsmomente, was zu exzellenten Handlingeigenschaften verhalf.

Ab 1969 (dem Jahr, in dem Ferrari 50% seines Unternehmens an Fiat verkaufte) erhielt der Dino den 2,4-Liter-Motor mit 2419,2 cm^3 Hubraum und der Fiat-Bezeichnung 135 CS.

Der Einzelhubraum lag somit bei 403,2 cm^3, resultierend aus einer Bohrung von 92,5 mm und einem Hub von 60 mm. Der „kleine“, aber leistungsstarke 65°-V6-Motor leistete 195 PS (145 kW) bei 7500 min^{-1} und ein maximales Drehmoment von 225 Nm bei 5500 min^{-1}. Damit ergaben sich eine Literleistung von 81 PS/Liter (60 kW/Liter) und ein Leistungsgewicht von 5,5 kg/PS, was zweifellos einem Wagen aus Maranello absolut gerecht wurde. Mit einem Gewicht von lediglich 1210 kg beschleunigte der Wagen in nur sechs Sekunden auf 100 km/h und erreichte dank seiner aerodynamischen Form eine Höchstgeschwindigkeit von über 230 km/h.

Zwischen 1969 und 1974 wurde dieser Motor in 2487 Exemplare des 246 GT und in 1274 246 GTS-Modelle eingebaut. Trotz der relativ geringen Stückzahl gibt es beim 246 drei unterschiedliche Baureihen, die als L-, M- und E-Serie bezeichnet werden.

Der in diesem Kapitel vorgestellte Motor gehört zu einem 246 GTS der E-Serie mit der Fiat-Bezeichnung 135 CS. Die internen Ferrari-Bezeichnungen für die Motoren lauteten 236 L (L-Serie), 236 M (M-Serie) und 236 E (E-Serie).

Vom Dino 206 GT wurden die zahlreichen bereits bekannten Innovationen übernommen. Am außergewöhnlichsten ist vielleicht die Ausführung des 5-Gang-Getriebes, das sich unter dem Motor befindet und über eine seitlich angebrachte Zahnradkaskade angetrieben wird. Die Kraftübertragung vom Motor zum Getriebe erfolgt über eine auf dem Schwungrad angebrachte Einscheiben-Trockenkupplung, die sich sogar bei eingebautem Motor auswechseln lässt. Im hinteren Teil des Getriebegehäuses ist der Endantrieb mit einem Sperrdifferenzial von ZF untergebracht.

Das Getriebe selbst wurde von Ferrari konstruiert und gebaut und unterscheidet sich völlig von den Ausführungen, die in den Fiat Dino mit vorn eingebautem Motor verwendet wurden. Wie bereits erwähnt, wurden die Motorblöcke des 2,4-Liter-Motors aus Grauguss anstelle von Aluminiumguss hergestellt. Ein Grund dafür war, dass Zylinderlaufbüchsen mit einer größeren Bohrung die Steifigkeit des Kurbelgehäuses beeinträchtigt hätten. Hinzu kam, was wahrscheinlich noch viel wichtiger war, dass sich der Graugussblock wesentlich kostengünstiger produzieren ließ als das Aluminiumgehäuse mit den zusätzlich eingesetzten Zylinderlaufbüchsen. Bei der 2,0-Liter-Version hatte der Steuerkettenantrieb der Nockenwellen gelegentlich Probleme bereitet, was bei den 2,4-Liter-Motoren abgestellt worden war. Weiterhin aus der Leichtmetalllegierung Silumin bestanden unter anderem die Zylinderköpfe, das Getriebegehäuse und viele weitere Motorteile.

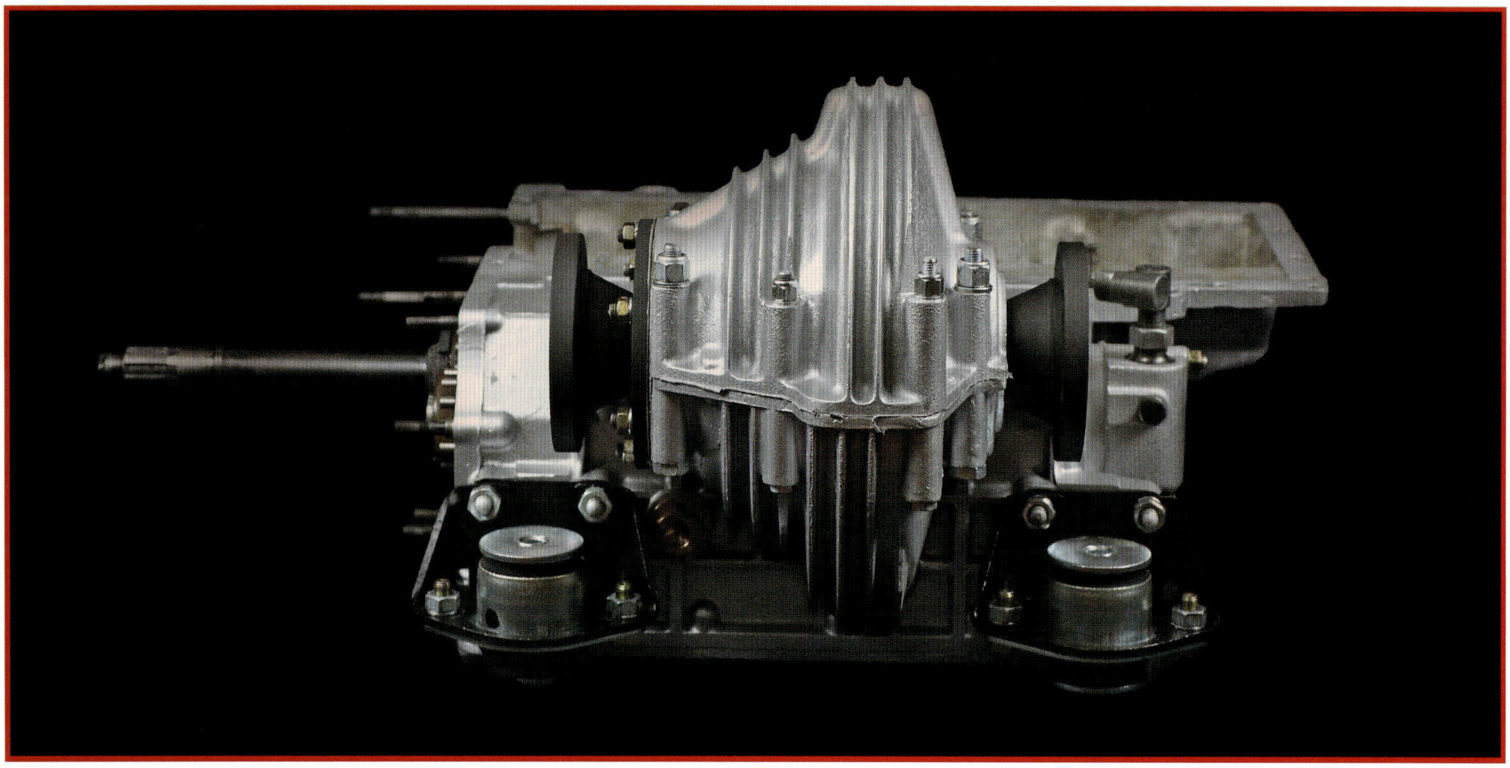

↑ Das außergewöhnliche Getriebe des Ferrari Dino. Im Vordergrund ist der Gehäuseaufsatz des Ausgleichsgetriebes mit den beiden Antriebswellenflanschen zu sehen, im Hintergrund die Öffnung der Motorölwanne, die ebenfalls in das Getriebegehäuse integriert ist. Dazwischen befindet sich das 5-Gang-Getriebe.

↓ Der vordere Motordeckel mit Kühlmittelpumpe und Thermostatgehäuse (oben links). Links neben der Öffnung für den Kurbelwellenzapfen wird die Ölfilteraufnahme angeschraubt.

FERRARI DINO 246 GTS – TECHNISCHE DATEN

Motorbezeichnung	135 CS
Motorbauweise	Quer eingebauter Mittelmotor, V6, 65° Zylinderwinkel
Bohrung und Hub	92,5 x 60 mm
Gesamthubraum	2419,2 cm^3
Einzelhubraum	403,2 cm^3
Verdichtungsverhältnis	9 : 1
Maximale Leistung	195 PS (143 kW) bei 7500 min^{-1}
Literleistung	81 PS/Liter (60 kW/Liter)
Ventilsteuerung	Zwei obenliegende Nockenwellen pro Zylinderbank, zwei Ventile pro Zylinder
Gemischaufbereitung	Drei Weber 40 DCNF/13 Fallstrom-Doppelvergaser
Zündsystem	Elektronische Dinoplex-Zündung (Hochspannungs-Kondensator-Entladungszündung), ein Verteiler, eine Zündspule, eine Zündkerze pro Zylinder
Schmiersystem	Nasssumpfschmierung
Kupplung	Einscheiben-Trockenkupplung
Maximales Drehmoment	225 Nm bei 5500 min^{-1}
Zündfolge	1 – 4 – 2 – 5 – 3 – 6

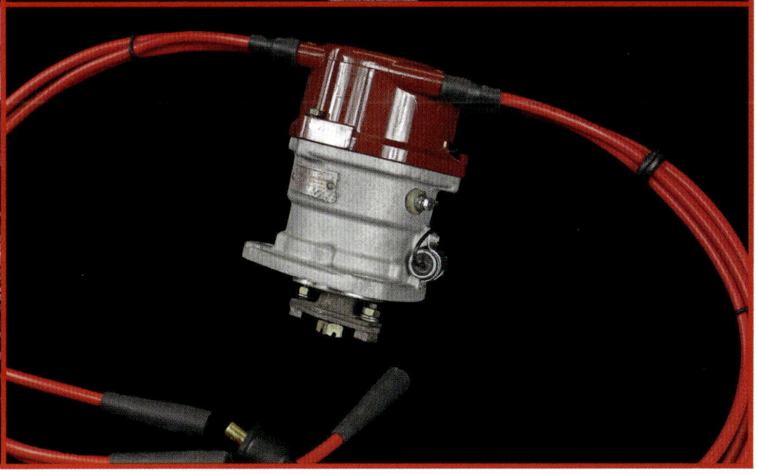

↑↑ Blick von oben in die beiden Eintrittsöffnungen eines der drei Weber Fallstrom-Doppelvergaser 40 DCNF/13.

↑ Detailaufnahme der beiden Getriebewellen: oben die Haupt- oder Eingangswelle, unten die Neben- oder Ausgangswelle. Das hier gezeigte Getriebe gehört allerdings nicht zu dem besprochenen Motor der E-Serie, sondern zu einer früheren Baureihe (erkennbar an der Lage der Schaltarretierung – die Bohrungen im Steg am linken Bildrand).

↑↑ Auch auf dem Ansaugstutzen ist der Fiat-Schriftzug eingegossen.

↑ Der Dino (sowohl von Fiat als auch von Ferrari) war das erste Auto, das serienmäßig mit einer elektronischen Dinoplex-Zündung von Magneti Marelli ausgerüstet wurde. Dabei handelt es sich um eine Hochspannungs-Kondensator-Entladungszündung, die allerdings weiterhin über Unterbrecherkontakte und eine mechanische Fliehkraft-Zündverstellung im Verteiler gesteuert wird.

Die kräftig dimensionierte Kurbelwelle aus Schmiedestahl dreht sich in vier großzügig ausgelegten Hauptlagern. Der außergewöhnliche Zylinderwinkel und der für eine gleichmäßige Zündfolge notwendige Hubzapfenversatz stellen besondere Ansprüche bei der Auswuchtung des Kurbeltriebs. Daher müssen bei einer Motorrevision das Schwungrad und der am vorderen Kurbelwellenende angebrachte Schwingungsdämpfer gemeinsam mit der Kurbelwelle ausgewuchtet werden.

Borgo lieferte die Kolben (Gewicht 440 Gramm), die aus Festigkeitsgründen nicht gegossen, sondern geschmiedet waren. Bei der Motorrevision werden ebenfalls Schmiedekolben eingebaut, deren Kolbenschäfte zusätzlich im Bereich der Kolbenbolzennabe ausgespart sind. Sie sind daher leichter und erzeugen eine geringere Reibung. Die heutigen Ferrari-Motoren haben in der Regel diese Kolbenbauart.

Das kurbelwellenseitige Antriebszahnrad des Nockenwellenantriebs treibt auch gleichzeitig die Ölpumpe der Nasssumpfschmierung an. Ein aufgeschraubter Wechselfilter übernimmt die Reinigung des Schmieröls, für einen ausgeglichenen Temperaturhaushalt sorgt ein vom Kühlmittel durchströmter Wärmetauscher. Über einen Keilriemen wird die Kühlmittelpumpe angetrieben, die das Kühlmittel nicht nur im Motor umwälzt, sondern es zur Kühlung über meterlange, im mittleren Rahmenrohr verlaufende Leitungen zum vorn eingebauten Kühler und wieder zurück fördert. Sollte der normale Luftdurchsatz durch den Kühler

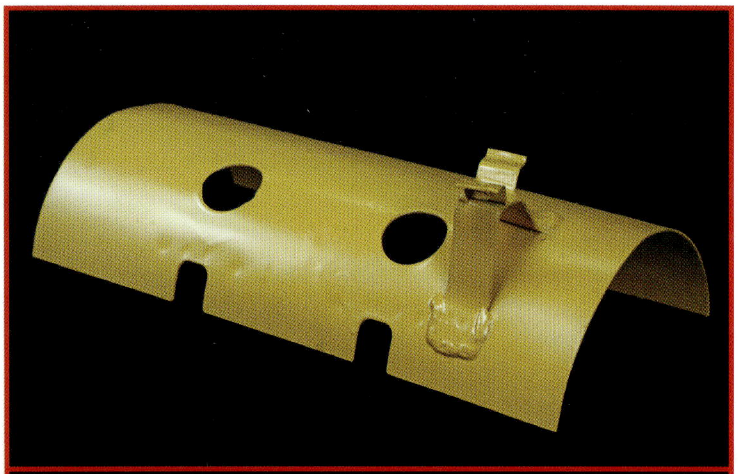

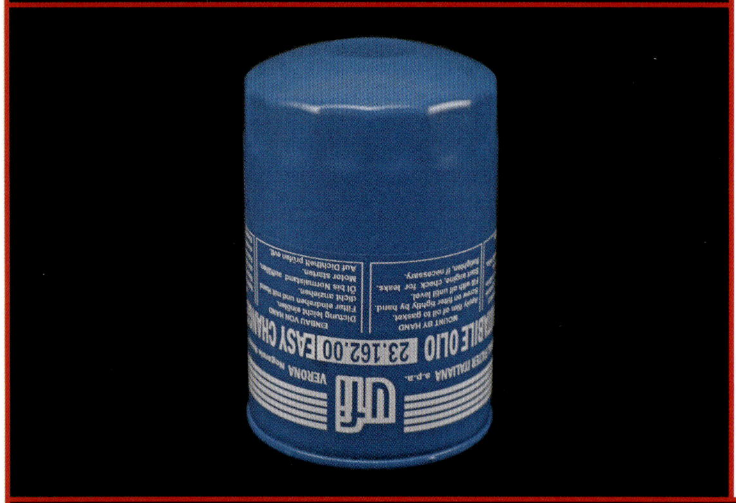

← Dieses halbrunde Blech trennt die Kurbelwelle vom Ölsumpf und leitet das von den Lagerstellen austretende Öl kontrolliert nach unten ab. Damit werden die Panschverluste verringert.

↙ Ein einzelner Ölfilter ist am steuerkettenseitigen Ende des Motors vorhanden. In seine Aufnahme am Motor ist auch das einstellbare Öldruckventil integriert.

nicht ausreichen, steuert ein Temperaturschalter zwei zusätzliche elektrische Ventilatoren.

Der Kraftstoffvorrat befindet sich in zwei in den hinteren Radhäusern untergebrachten und über ein Rohr miteinander verbundenen Tanks. Zwei parallel geschaltete elektrische Bendix-Kraftstoffpumpen fördern über einen Filter den Kraftstoff aus dem linken Tank zu den drei Weber Fallstrom-Doppelvergasern 40 DCNF/13 im Zylinder-V des Motors. Über den Vergasern ist ein Luftsammler angebracht, der eigentliche Luftfilter ist links im Motorraum montiert.

↓ Die drei Weber Fallstrom-Doppelvergaser 40 DCNF/13 sitzen auf einem gemeinsamen Ansaugstutzen im V-Winkel des Motors.

Die geschickte Aufteilung und beidseitige Anordnung der Kraftstofftanks übernahm man von den zeitgenössischen Werksrennwagen. Damit konnte die Gewichtsverteilung verbessert werden, was sich wiederum im Fahrverhalten bemerkbar macht. Die im Gegensatz zu den Prototypen flacher verlaufende Fahrzeugnase verringert bei höheren Geschwindigkeiten den Auftrieb des Vorderwagens. Ein besonderes Design-Merkmal des Dinos sind die ausgeprägten vorderen Radhäuser, wie man sie auch bei etlichen Rennwagen dieser Zeit findet. Sie fließen in die Kontur der Tür ein, die etwa ab der Mitte eine sich nach hinten vergrößernde Vertiefung aufweist. Diese mündet in eine Karosserieöffnung, über die links die Ansaugluft in den Luftfilter und rechts Kühlluft in den Motorraum gelangt. Eine weitere Besonderheit ist die senkrecht stehende, teilweise um den Motorraum herumgezogene Heckscheibe, die vom auslaufenden Dachende eingefasst ist. Die Karosserie endet in einem klassischen Kamm-Heck mit den für Ferrari in der damaligen Zeit typischen doppelten Rückleuchten. Da der Dino als eigenständige Marke behandelt wurde, waren werkseitig keinerlei Ferrari-Schriftzüge vorhanden. Stattdessen erhielten alle Modelle ein Dino-Emblem auf dem Vorderwagen – ein kleines rechteckiges Schild mit einem blauen stilisierten Dino-Schriftzug auf gelbem Hintergrund und einen verchromten Schriftzug auf dem Heckblech. Allerdings brachten einige Händler Ferrari-Schriftzüge und das Cavallino Rampante nachträglich an, um auf die erlauchte Herkunft hinzuweisen und damit den Verkauf anzukurbeln. Der direkt hinter dem Fahrer eingebaute Motor, die durch den Rahmen unter der Fahrgastzelle verlaufenden Kühlmittelleitungen und die große Frontscheibe heizen den Innenraum stark auf und im Spätjahr 1971 konnte als Sonderausstattung eine Klimaanlage bestellt werden – sehr zum Leidwesen der Mechaniker, denn damit wurde es im bereits schon knapp geschneiderten Motorraum noch enger und das Nachspannen des Generator- und Wasserpumpenkeilriemens artete zu einer längeren Beschäftigung aus.

Zur gleichen Zeit wurde auch ein eigenes US-Modell angekündigt und in diesem Markt ist eine Klimaanlage ein absolutes Muss.

Nach dem Produktionsende der Dino-246-Baureihe im Jahr 1974 wurden V6-Motoren nur noch in den Formel-1-Wagen von Ferrari verwendet – dort wo auch die Geschichte begann. Von 1980 bis 1988 setzte Ferrari in der F1 einen V6-Turbomotor ein, dessen Zylinder bis 1986 in einem Winkel von 120° zueinander standen. Für die letzten beiden Jahre wurde er auf 90° verringert. Ab der Formel-1-Saison 2014 bis heute schreibt das Reglement wieder turbogeladene V6-Motoren vor und so kehrte der V6 wieder zu Ferrari zurück, jetzt allerdings mit modernsten Materialien und Hybrid-Technologie für die Energierückgewinnung. Mit der Einstellung des Dino 246 war die Marke jedoch nicht erloschen, sondern im gleichen Jahr wurde ein Nachfolgemodell präsentiert – der Dino 308 GT4, ein 2+2-Coupé mit einem 3,0-Liter-V8-Motor. Auch dieses Modell wurde anfänglich nur als Dino bezeichnet; später allerdings zum Ferrari ernannt, weil man sich so bessere Verkaufszahlen erhoffte, besonders in den USA. Der Dino-Schriftzug stand jedoch weiterhin auf dem Kofferraumdeckel. Hier handelte es sich um den ersten Ferrari mit einem V8-Mittelmotor und wie beim 246 war dieser quer eingebaut. 1975 wurde zusätzlich der 208 GT4 mit einem 2,0-Liter-V8-Motor eingeführt. Dieses Modell war in erster Linie für den italienischen Markt gedacht, weil dort für Fahrzeuge mit einem Hubraum über 2,0 Litern verhältnismäßig hohe Steuern erhoben werden. 1980 wurde schließlich die Produktion dieser beider Ausführungen eingestellt. Der V8-Mittelmotor bildet weiterhin in verschiedenen Modellen das Rückgrat der Ferrari-Produktion; bis 1989 quer eingebaut und mit der Einführung des 348 in diesem Jahr mit längsliegender Kurbelwelle.

So wurde aus der Mitte der 60er Jahre ins Leben gerufenen Zweckgemeinschaft von Ferrari und Fiat eine Erfolgsgeschichte, aus der letztendlich die V8-Modelle hervorgegangen sind. Und auch der V6 kehrte wieder in die Formel 1 zurück.

↓ Die Lagergasse der Kurbelwelle wurde 85 mm nach oben in das Motorgehäuse verlegt, um dessen Verwindungssteifigkeit zu erhöhen.

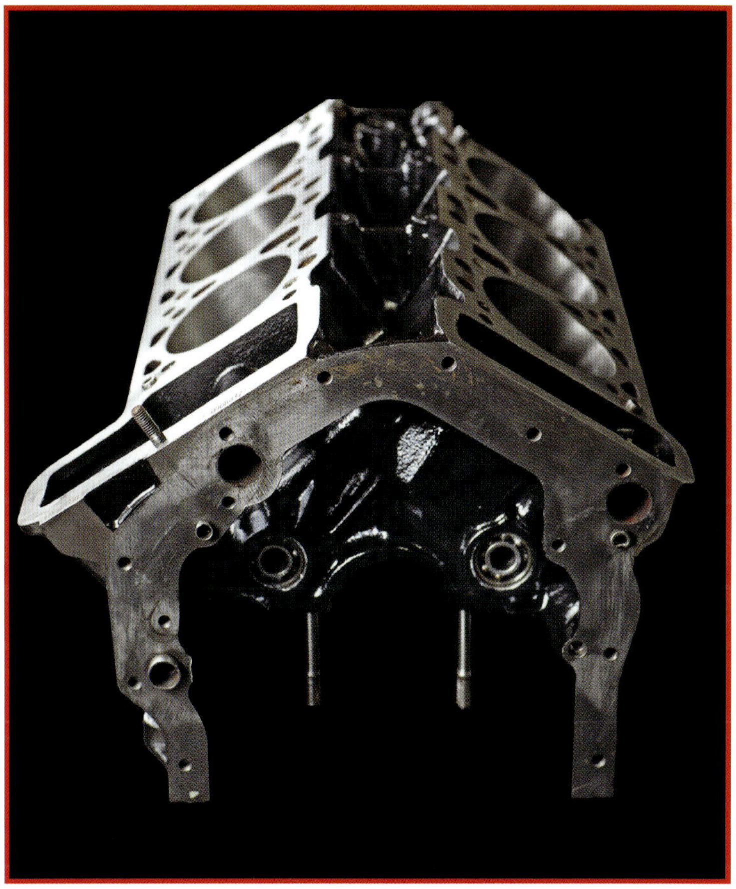

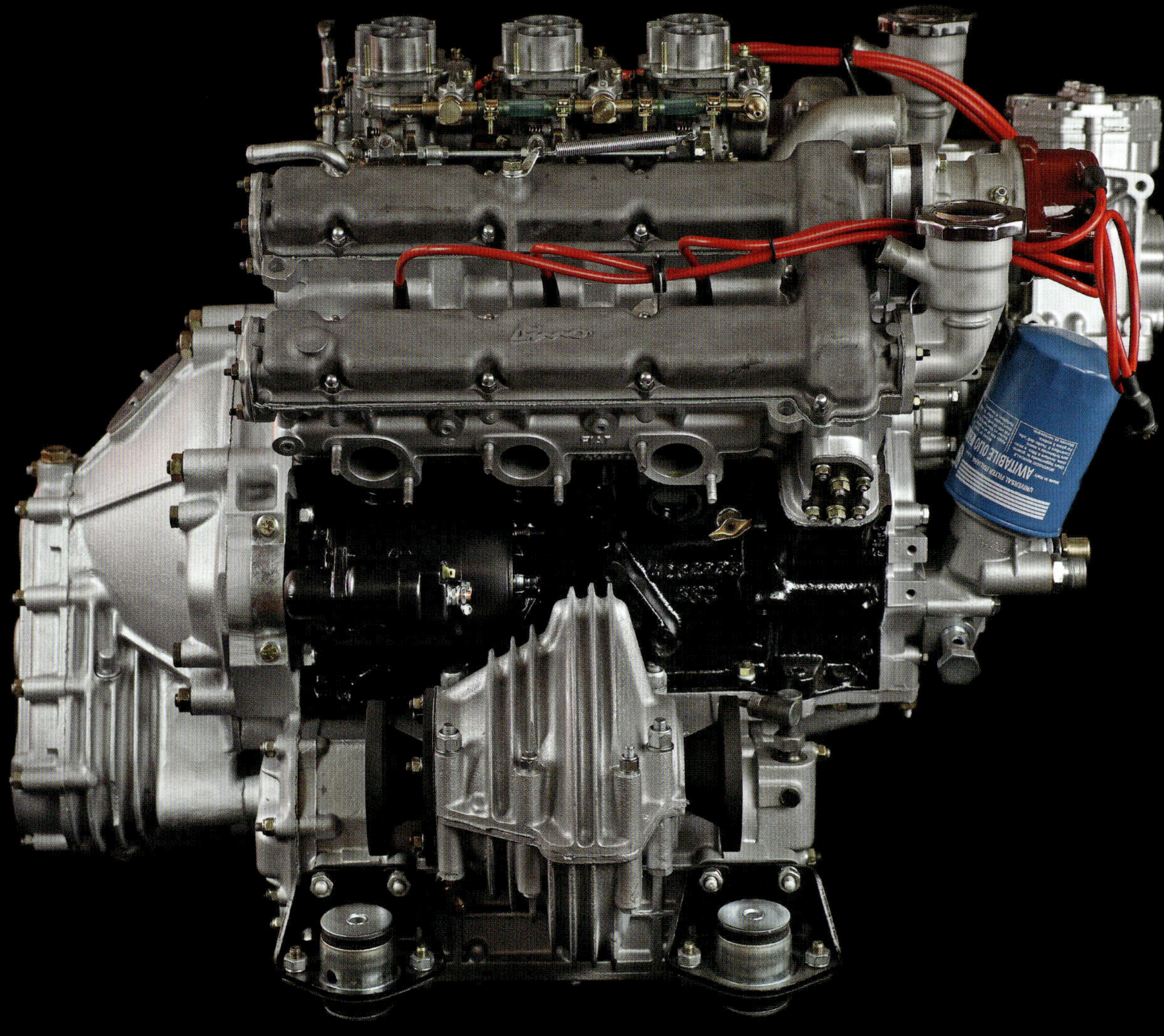

1D S62
1S

↑ Die Formensprache des Dino war Vorreiter für die folgenden Ferrari-Modelle mit Mittelmotor.

↑ Zeitgenössische runde Heckleuchten sind die i-Tüpfelchen in der Heckansicht des revolutionären Coupés.

➔ Die Tankklappe ist auf der linken Seite in das auslaufende Dachende integriert und wird über einen Hebel im Innenraum geöffnet.

➘ Auch der Fiat Dino durfte den „Dino“-Schriftzug tragen, das „gt“ dahinter blieb allerdings dem Dino 246 vorbehalten.

➘➘ Die seitlichen Lufteinlässe wurden zu einem Markenzeichen von Ferrari und fanden sich auch an den späteren Modellen wieder.

➘➘➘ An der Fahrzeugnase weist ein rechteckiges gelbes Emblem mit einem Dino-Schriftzug den Einsteiger-Ferrari aus. Sein Wert hat allerdings mittlerweile den einiger „richtiger“ Ferraris deutlich überholt.

➔ Mit dem Dino schuf Aldo Provarone in den Diensten von Pininfarina ein stilistisches Meisterwerk.

365 GT4 BB

Der erste straßenzugelassene Ferrari mit 12-Zylinder-Boxer-Motor (1973)

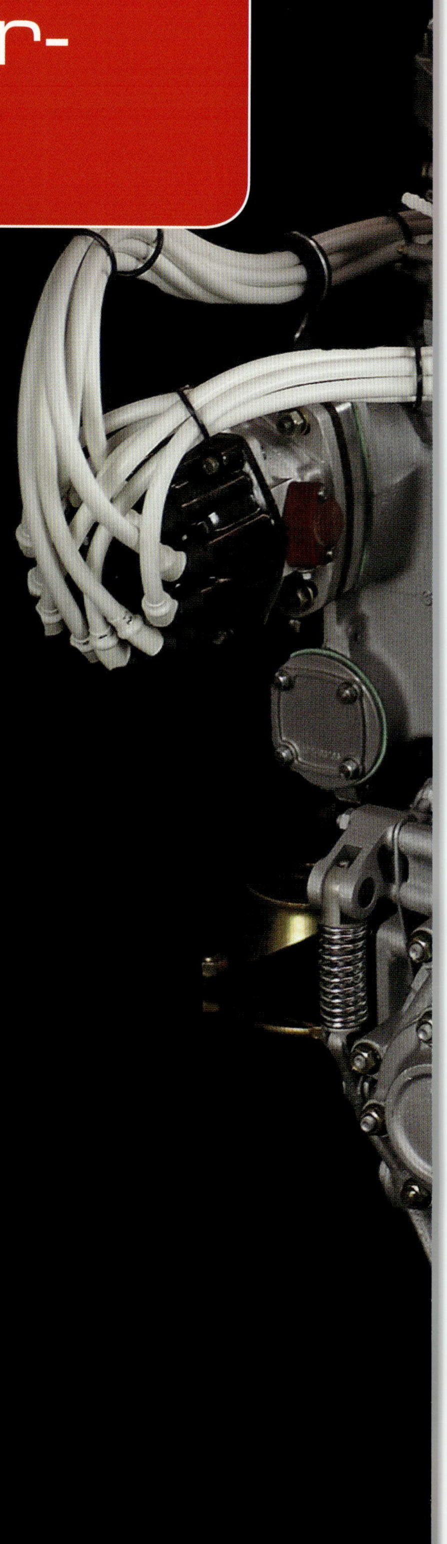

← Unter diesem Deckel befindet sich das Transfergetriebe. Es überträgt die Kraft vom Motor auf das darunter angeordnete Getriebe. In das Getriebegehäuse integriert sind auch der Endantrieb und die Ölwanne.

↙ In bewährter Tradition ist der charakteristische Ferrari-Schriftzug in den Ventildeckel eingegossen.

Der geniale Ingenieur Mauro Forghieri verlieh mit seinen innovativen Ideen im Rennsport den Formel-1-Wagen von Ferrari neuen Schub. Sozusagen als Nebenprodukt stellte Maranello 1971 auf dem Turiner Autosalon eine Berlinetta in der damals angesagten Keilform vor, die von einem 180°-V12-Mittelmotor angetrieben wurde. Diese Motorbauweise mit einander gegenüberliegenden Zylindern sollte den F1-Rennwagen 312 B wieder konkurrenzfähig machen und Ferrari wollte einen Ableger davon in einem Straßenwagen anbieten. In diesem Zusammenhang sei erwähnt, dass Lamborghini hier bereits vorgeprescht war und den Miura mit einem klassischen V12-Mittelmotor im Angebot hatte. Bereits auf dem Turiner Autosalon 1965 war ein rollfähiges Chassis gezeigt worden, der fertige Wagen erschien 1966 auf dem Genfer Salon und erwies sich als großer Erfolg – trotz oder sogar wegen seiner schrillen Farben. Ferrari antwortete darauf mit dem 365 GT4 BB und nicht zuletzt aufgrund des außergewöhnlichen Motorkonzepts war die Marke im Sportwagenmarkt wieder das Maß der Dinge. Enzo Ferrari hatte sich lange dagegen gesträubt, den Motor hinter dem Fahrer einzubauen, denn „man spannt die Pferde ja auch nicht hinter den Karren!“ – so seine Argumentation. Aber Mittelmotoren hatten sich schon seit einem Jahrzehnt in der Formel 1 verbreitet, die Sport-Prototypen waren nachgezogen und der beachtliche Erfolg der Dino-Baureihe belehrte ihn eines Besseren. Es war Zeit für eine einschneidende Änderung bei den Ferrari V12-Modellen. Der erste Prototyp der neuen Berlinetta wurde 1971 auf dem Turiner Autosalon gezeigt, aber es sollten noch zwei Jahre vergehen, bis der 365 GT4 BB serienreif war. Diese Verzögerung war erforderlich, um das neue Antriebskonzept umzusetzen und perfekt abzustimmen; außerdem erhielt so der Commendatore noch etwas Zeit, um sich damit auseinanderzusetzen, ob seine Kunden auf einen solchen radikalen Wechsel auch zustimmend reagieren würden. Um ganz auf Nummer sicher zu gehen, blieb der 365 GTB4 „Daytona“ neben dem 365 GT4 BB noch für einige Monate in Produktion.

↖ Mit geringen Laufspuren, dafür aber einigen Korrosionsspuren zeigt sich hier ein Kolben, dessen Ringe zur Reinigung abgenommen wurden.

← Die eingeschlagene Typenbezeichnung F102 AB ordnet den Motor dem entsprechenden Chassis zu.

→ **Die Kolben 3 und 4 sind in die dazugehörigen Laufbuchsen eingebaut. Gut erkennbar ist im Kolbenboden die asymmetrische Ventiltasche für das Einlassventil, die durch den Versatz des Ventils im Zylinderkopf bedingt ist.**

Der 365-Motor, Typenbezeichnung F102 A (auch als „Boxer" bezeichnet), war auch eines der außergewöhnlichsten Triebwerke, die Ferrari je in die Straßenmodelle einbaute. Die Technik dieses Motors beruhte auf den Erfahrungen, die man in der Formel 1 gesammelt hatte. So diente 1970 ein 12-Zylinder-Boxermotor als Antrieb für den F1-Wagen 312 B, der von Jacky Ickx, Ignazio Giunti (der tragischerweise 1971 mit einem 312 PB verunglückte), Clay Regazzoni und Mario Andretti gefahren wurde. Auch der in den Jahren 1971 und 1972 eingesetzte Nachfolger 312 B2 war mit einem Motor dieser Bauart ausgerüstet.

Hintergrund für die Bauweise mit gegenüberliegenden Zylindern ist die damit mögliche tiefere Schwerpunktlage, die bei einem Rennwagen vorteilhaft ist. Allerdings handelt es sich hier nicht um einen so ge-

↓ **Blick von oben auf das zusammengesetzte Motorgehäuse, dessen Trennfuge sich in der Kurbelwellenebene befindet. Die Zylinder sind mit eingegossenen Zahlen eindeutig nummeriert.**

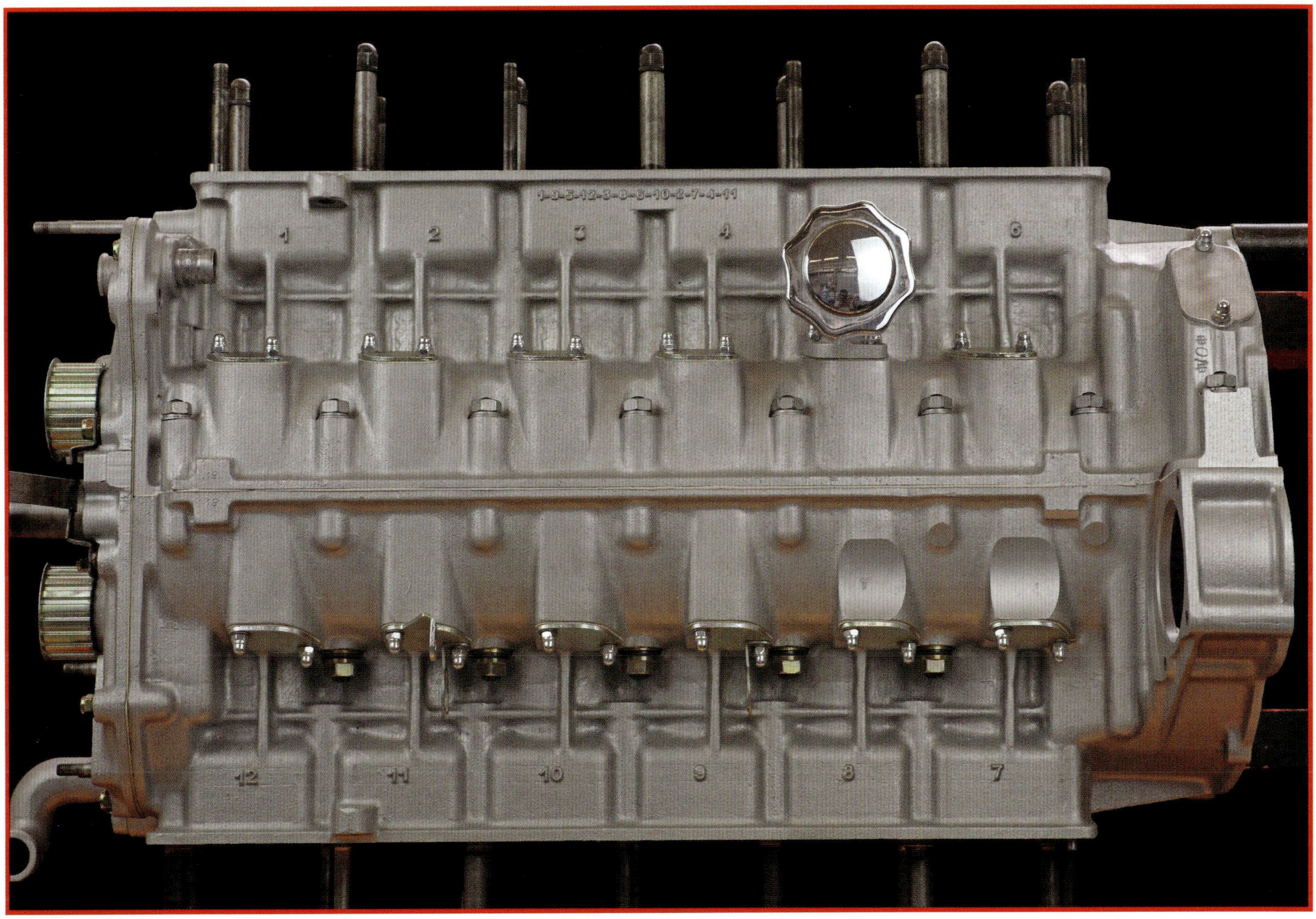

nannten Boxermotor. Auch sein geistiger Vater Mauro Forghieri, der es immer sehr genau nahm, bat darum, den Motor nicht als Boxer zu bezeichnen. Seine Erklärung: „Technisch betrachtet handelt es sich um einen flach gebauten Zwölfzylinder oder einen V12 mit 180°-Zylinderwinkel. Der Unterschied zwischen diesem Motor und einem „richtigen" Boxer ist, dass hier die Pleuel der gegenüberliegenden Zylinder auf einen gemeinsamen Hubzapfen wirken und sich daher die beiden Kolben in die gleiche Richtung bewegen. Bei einem Boxermotor (wie der 6-Zylinder-Motor von Porsche) sind die Hubzapfen versetzt und gegenüberliegende Kolben laufen in entgegengesetzte Richtungen." Trotzdem stand der Anhang „B" in der Bezeichnung des F1-Wagens 312 für den Begriff Boxer, was dieser Erklärung zufolge nicht korrekt war.

Diese innovative Motorkonstruktion von Ferrari brachte frischen Wind in die F1-Welt, in der die traditionell gebauten Motoren überwogen. Allen voran stand der Ford Cosworth DFV V8, an dem sich seit seiner Einführung 1967 nicht viel geändert hatte, der aber immer noch sehr erfolgreich war. In den neuen „flachen" Zwölfzylinder setzte Maranello die Hoffnung, damit wieder in der ersten Reihe der Formel 1 mitfahren zu können. Im ersten Jahr reichte es noch nicht für Meisterschaftsehren, aber in der zweiten Hälfte der Saison 1970 konnte Ferrari vier Grand-Prix-Siege (drei für Ickx und einen für Regazzoni) holen. Damit belegte Ickx den zweiten Platz in der Fahrerwertung und Ferrari holte ebenfalls den zweiten Platz in der Konstrukteurswertung.

In diesem Jahr wurde Jochen Rindt der erste posthume Formel-1-Weltmeister, denn er war gegen Saisonende bei einem Unfall in Monza ums Leben gekommen. Die 180°-V12-Motoren von Ferrari sollten ein Jahrzehnt lang bis 1980 die F1-Rennwagen befeuern und dem Werk aus Maranello drei Fahrerweltmeisterschafts-Titel (1975 und 1976 für Niki Lauda, 1979 für Jody Scheckter) und vier Konstrukteursweltmeisterschafts-Titel (1975, 1976, 1977 und 1979) bescheren. Der Titel von 1979 wurde nicht zuletzt durch den Beitrag eines gewissen Nachwuchsfahrers namens Gilles Villeneuve erzielt. Zwischen 1970 und 1980 fuhr Ferrari 37 Siege in der Formel 1 ein.

Der 365 GT4 BB wurde erstmals 1971 beim Turiner Autosalon auf dem Pininfarina-Stand gezeigt. Seine Form hatte er von Fillipo Sapino erhalten, während Leonardo Fioravanti beratend zur Seite stand. Die Frontpartie des Wagens erinnerte stark an die Mittelmotor-Studie P6 von Pininfarina, die am gleichen Ort bereits 1968 präsentiert worden war. Der untere Bereich der Fahrzeugnase war über die gesamte Breite mit einem Aluminiumkühlergrill versehen, hinter dem auch die Leuchten des Standlichts angebracht waren. Die Oberseite des Grills schloss mit einer Sicke ab, die um das komplette Fahrzeug lief und die Karosserie in eine obere und eine untere Hälfte teilte. Unterstrichen wurde diese Teilung damit, dass der untere Bereich serienmäßig in seidenmattem Schwarz lackiert war. Diese schwarze Farbgebung für die untere Karosseriehälfte konnte später auch bei anderen Modellen als Sonderausstattung bestellt werden und wurde als „Boxer-Lackierung" bezeichnet. Die gesamte Frontpartie oberhalb des Grills ließ sich zum Öffnen nach

vorn aufstellen. In den vorderen seitlichen Ecken auf der Oberseite waren die Blinkleuchten bündig eingelassen, dahinter befanden sich die aufklappbaren rechteckigen Gehäuse der Hauptscheinwerfer. Zwischen den Scheinwerfern war eine Austrittsöffnung für die Abluft des vorderen Kühlers, die von einem Aluminiumgrill abgedeckt wurde.

Die Fahrgastzelle wies vorn eine relativ steil ansteigende Frontscheibe auf, die geschwungene Form der Türfenster setzte sich in den hinteren Seitenscheiben fort und bildete eine tropfenförmige Kontur. Für die Sicht nach hinten war eine senkrecht stehende zierliche Scheibe vorhanden, die von den seitlich auslaufenden Dachenden eingerahmt war. Diese waren Bestandteil der nach hinten aufklappbaren Motorabdeckung und über einen Spoiler miteinander verbunden. Die Rückleuchten entsprachen dem 365 GTC/4 und bestanden jeweils aus drei Elementen. Dieses Thema wiederholte sich in den verchromten Dreifach-Endrohren der Auspuffanlage, die auf jeder Seite durch den unteren Abschluss den Hecks herauslugten. Türen sowie Front- und Motorabdeckung bestanden aus Aluminium, der Rahmen der Fahrgastzelle aus Stahl und die unteren Bereiche an Front und Heck aus glasfaserverstärktem Kunststoff. Das Chassis erhielt die Werksbezeichnung F 102 AB mit den bei Straßenmodellen üblichen ungeraden Fahrgestellnummern und hatte einen Radstand von 2500 mm. In Ferrari-typischer Bauweise waren Stahlrohre mit Querverbindungen zu einem verwindungssteifen Gebilde verschweißt, das mit entsprechenden Aufnahmen für den Motor, die Radaufhängungen und weitere Anbauteile versehen war. Als zusätzliche Verstärkungsmaßnahme wurde die Verblechung im Cockpitbereich in die Rahmenstruktur mit einbezogen, woraus eine Monocoque-ähnliche verwindungssteife Fahrgastzelle resultierte. Umfangreicher Einsatz von Leichtmetall und Fiberglas ermöglichte ein Trockengewicht von 1160 kg. Durch die eng geschneiderte Karosserie war der Platz darunter sehr eingeschränkt und um zumindest das Wochenendgepäck einigermaßen verstauen zu können, hatte Ferrari zum ersten Mal ein platzsparendes Notrad vorgesehen.

Der für Ferrari-Verhältnisse revolutionäre 365 GT4 BB ging im Spätjahr 1973 in Produktion und wurde bis 1976 gebaut; die Fahrgestellnummernserie der 387 Exemplare mit dem F102 A-Motor erstreckt sich von 17187 – 19445.

1973 entstanden davon lediglich 24 Stück, 1974 immerhin 229, 1975 noch 119 und 1976 bescheidene 15 Wagen, da der 512 BB mit 5,0-Liter-Motor als Nachfolgemodell bereitstand. Hier stand die Abkürzung BB ebenfalls wieder für Berlinetta Boxer, was nach der schon erwähnten Erklärung von Mauro Forghieri nicht korrekt war, denn auch bei diesem Motor hatten die Pleuel von gegenüberliegenden Zylindern einen gemeinsamen Hubzapfen.

Der Motor des 365 BB stammte von Mauro Forghieris Formel-1-Motor 001 ab. Dieser hatte einen Hubraum von 2991,01 cm^3 und diente 1970 als Antrieb für den Ferrari-Formel-1-Wagen 312 B. Die Ingenieure Giuliano de Angelis und Angelo Bellei analysierten den Motor eingehend und übernahmen etliche Merkmale für die Straßenausführung. Außerdem flossen einige Erkenntnisse und Eigenschaften des „Daytona"-Motors (Typ 251) in die Entwicklung des „BB"-Motors ein. So weisen beide Motoren gleiche Abmessungen für Bohrung und Hub auf (81 mm x 71 mm), was in einem identischen Gesamthubraum von 4390,35 cm^3 resultiert; die Kolben und Pleuel des „Boxers" und des V12 sind allerdings nicht baugleich.

Die Besonderheiten des außergewöhnlichen Motors beschränken sich jedoch nicht auf den großen V-Winkel. Erstmals war bei einem 12-Zylinder-Motor das Getriebe unter dem Motorblock angeordnet – wie es bereits bei den Dino-Modellen der Fall war. Das 5-Gang-Getriebe und das Differenzial befinden sich in einem großen Leichtmetallgehäuse, das auch als Ölwanne für die Nasssumpfschmierung (Ölvolumen 12 Liter) dient. Diese Lösung wurde später von den Nachfolgemodellen 512 BB und 512 BBi übernommen. Mit dieser Getriebeanordnung erhöht sich zwar der Schwerpunkt etwas, dafür wird das Fahrzeug dadurch kürzer.

Durch diese Bauweise kann die Antriebseinheit optimal zwischen den beiden Achsen (Radstand 2500 mm) positioniert werden. Damit

← Gleich vier Weber 40 IF 3C Dreifach-Vergaser sind für die Gemischaufbereitung zuständig – wohl die ultimative Vergaserbestückung, die allerdings beim Einstellen eine kundige Hand erfordert.

ergibt sich eine ideale Radlastverteilung, woraus ein stabiles und präzises Fahrverhalten resultiert.

Die Kraftübertragung von der Kurbelwelle zum Getriebe erfolgt über eine Einscheiben-Trockenkupplung von Fichtel & Sachs und weiter über eine Zahnradkaskade nach unten zur Getriebehauptwelle. An das 5-Gang-Getriebe schließt sich ein Sperrdifferenzial an, das im hinteren Bereich des Gehäuses untergebracht ist.

Im Motor rotiert eine Kurbelwelle aus Stahl, das Kurbelgehäuse und die DOHC-Zylinderköpfe sind aus Leichtmetall hergestellt. Der Antrieb der Nockenwellen erfolgt hier erstmals bei einem 12-Zylinder-Ferrari-

↖ Unter der rechten Zahnriemenabdeckung befindet sich auch die Kühlmittelpumpe, deren Zulauf durch die Abdeckung herauslugt.

↑ Nahaufnahme des Zylinderblocks mit bereits eingebauten Kolben; gut erkennbar sind die eingegossenen Zahlen zur Zylindernummerierung.

↓ Die Motorblockansicht von unten offenbart die V-Bauweise mit gemeinsamen Hubzapfen für gegenüberliegende Pleuel. Gut zu sehen ist auch die Trennfuge der beiden Motorblockhälften mit den dazugehörigen Verschraubungen.

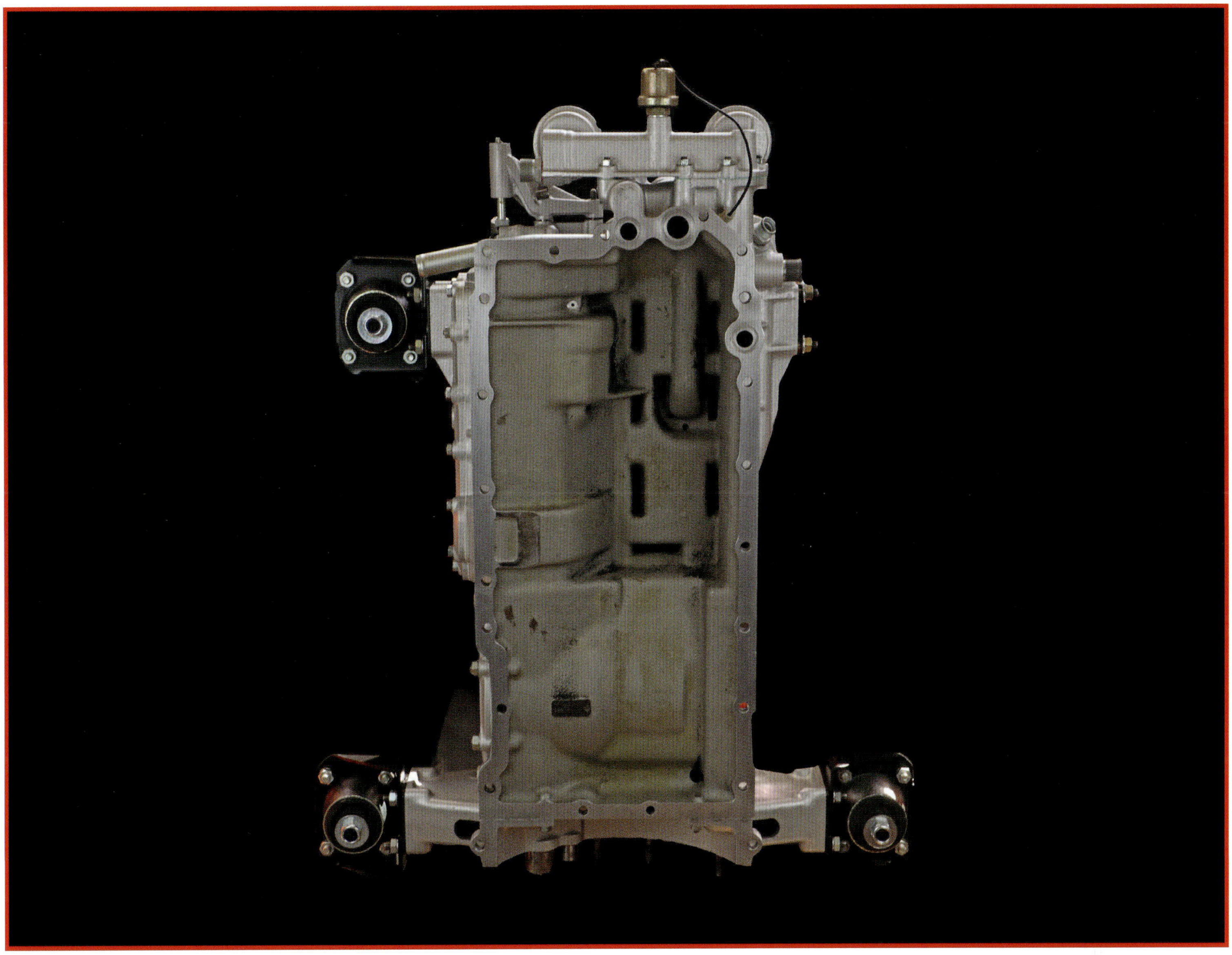

Motor mittels Zahnriemen anstelle der bisher verwendeten Triplexkette.

Der Wechsel vom bisherigen Kettenantrieb der Nockenwellen zum Zahnriemenantrieb beim BB geschah aus mehreren Gründen. Zahnriemenantriebe laufen leiser – der Motor ist ja direkt hinter dem Fahrer eingebaut – und sind auch leichter. Borgo lieferte wieder die Leichtmetallkolben, die ein herkömmliches Kolbenhemd ohne seitliche Aussparungen aufwiesen. Die obenliegenden Nockenwellen sind aus Schmiedestahl hergestellt und betätigen die Ventile direkt über Tassenstößel. Der Kraftstoffvorrat ist auf zwei Tanks verteilt, die sich im vorderen Bereich des Motorraums befinden und über ein Ausgleichsrohr verbunden sind. Eine elektrische Pumpe fördert den Kraftstoff über einen Filter zu vier beeindruckenden Weber 40 IF 3C-Dreifach-Vergasern. Jede Zylinderreihe hat eine eigene Zündspule, die über einen gemeinsamen Magneti-Marelli-Verteiler gesteuert werden; die Zündfolge lautet 1-9-5-12-3-8-6-10-2-7-4-11. Durch den 180°-Zylinderwinkel musste die Kurbelwelle gegenüber der des 365 „Daytona" etwas verstärkt werden. Aus seinen 4,4 Litern Hubraum schöpft der 12-Zylinder 360 PS (268 kW) bei 7500 min^{-1}, was einer Literleistung von 82 PS/Liter (61 kW/Liter) entspricht. Das maximale Drehmoment von 409 Nm liegt schon bei 3900 min^{-1} an. Damit beschleunigt der 365 GT4 BB in 5,3 Sekunden von 0 auf 100 km/h und erreicht eine Spitzengeschwindigkeit von etwa 300 km/h.

↑ Blick von oben auf das Getriebegehäuse mit der darin integrierten Ölwanne. Hier wird später der Motorblock aufgesetzt.

Dieser erste straßentaugliche V12-Motor mit 180° Zylinderwinkel war auch der stärkste, der bei den BB-Modellen zum Einsatz kam. Die Motoren der Nachfolgemodelle, der F102 B und F110 A, kamen an die 360 PS des F102 A nicht mehr heran, obwohl der noch mit Vergasern bestückte 512 BB (929 Exemplare, von Fahrgestellnummer 19677 bis 38487) und der mit einer Einspritzung versehene 512 BBi mit 4943 cm^3

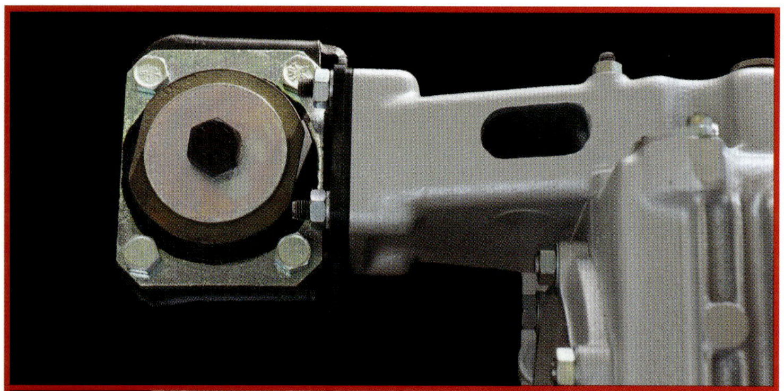

↑↑ Eines der hinteren Schwingmetall-Motorlager, von oben betrachtet.

↑ Die Nahaufnahme der Kupplungsglocke und des Transfergetriebegehäuses offenbart die für damalige Verhältnisse herausragende Gusstechnologie.

FERRARI 365 GT4 BB – TECHNISCHE DATEN

Motorbezeichnung	F102 A
Motorbauweise	Längs eingebauter Mittelmotor, V12, 180° Zylinderwinkel
Bohrung und Hub	81 x 71 mm
Gesamthubraum	4390 cm^3
Einzelhubraum	365,86 cm^3
Verdichtungsverhältnis	8,8 : 1
Maximale Leistung	360 PS (265 kW) bei 7500 min^{-1}
Literleistung	82 PS/Liter (61 kW/Liter)
Ventilsteuerung	Zwei obenliegende Nockenwellen pro Zylinderbank, zwei Ventile pro Zylinder
Gemischaufbereitung	Vier Weber 40 IF C3 Fallstrom-Dreifachvergaser
Zündsystem	Ein Verteiler, zwei Zündspulen, eine Zündkerze pro Zylinder
Schmiersystem	Nasssumpfschmierung
Kupplung	Einscheiben-Trockenkupplung
Maximales Drehmoment	409 Nm bei 3900 min^{-1}
Zündfolge	1–9–5–12–3–8–6–10–2–7–4–11

deutlich mehr Hubraum aufwiesen. Diese Motoren hatte man etwas „gezähmt“ und ihnen ein einfacheres Fahrverhalten anerzogen, denn der störrische und aggressive 4,4-Liter erfordert am Lenkrad eine kundige Hand. So lag die maximale Leistung des 512 BB und 512 BBi bei „nur noch“ 335 PS (250 kW).

Zur Enttäuschung vieler Ferraristi hatte der 512i anstelle der vier Weber-Dreifach-Vergaser eine mechanische Kraftstoffeinspritzung erhalten, die K-Jetronic von Bosch. Vom 512 BBi entstanden 1007 Exemplare, der Fahrgestellnummernbereich erstreckt sich von 38121 bis 52935.

Die fahrerfreundlichere Abstimmung und geringere Leistung des 512 BB scheint nicht sich nicht so einschneidend auf die Fahrleistungen ausgewirkt zu haben, wie Gilles Villeneuve eindrucksvoll bewies. Er hatte von Enzo Ferrari einen 512 BB geschenkt bekommen und bevorzugte für seine Reisen von Monaco nach Maranello dieses Auto anstelle seines Hubschraubers, weil er lieber „in Bodennähe flog“. Für die 500 km benötigte er nur 2 Stunden und 45 Minuten!

Nach der Einstellung des 365 GT4 BB wurde der 180°-V12-Motor weiterentwickelt und es entstanden weitere Ferrari-Modelle mit diesem längs eingebauten Mittelmotor. So diente der „V12-Flachmotor“ außer in der bereits erwähnten BB-Baureihe auch als Antrieb für den Testarossa sowie den 512 TR und 512 M. Letztendlich produzierte Maranello diese Motorbauart und -anordnung bis 1996 und damit 23 erfolgreiche Jahre.

Mit der Einführung des 550 Maranello, der den 512 M ablöste, endete auch die Ära des „Boxer“-Mittelmotors. Ferrari baute in die V12-Modelle den Motor wieder vorn ein und kehrte damit zum Standpunkt des Commendatore zurück, dass „die Pferde den Karren ziehen sollen“. Mit einem 5,5 Liter großen 65°-V12 unter der vorderen Haube hatte schon einige Jahre zuvor der 456 GT eine neue Epoche eingeleitet, die bis heute andauert.

Bedauerlicherweise konnte Enzo Ferrari die Wiederkehr dieser von ihm so geschätzten und favorisierten Motorkonzeption nicht mehr erleben. Der oft fälschlicherweise als Boxer bezeichnete erste 180°-V12 F102 A bleibt jedoch ein Meilenstein in der langen Motorengeschichte von Ferrari – nicht zuletzt wegen seiner brutalen Kraftentfaltung, die sich nur dem routinierten Fahrer völlig erschloss.

→ Aus Aluminium bestehen die beiden Zahnriemenabdeckungen. Gut erkennbar ist im rechts abgebildeten Deckel des linken Zahnriemenantriebs die Öffnung für den Kühlmittelschlauch zur Pumpe. Die ovale Öffnung im links abgebildeten Deckel ermöglicht den Zugang zur Zahnriemenspannrolle des rechten Zahnriemenantriebs; die linke Spannrolle ist über die untere Aussparung im dazugehörigen Deckel erreichbar.

↑ Rückansicht der Kühlmittelpumpe, deren Antriebszahnrad in den Zahnradsatz des linken Zahnriemenantriebs eingreift.

↗ Vorderansicht der Kühlmittelpumpe. Der Einlassstutzen ragt durch eine Öffnung aus der linken Zahnriemenabdeckung nach außen.

→ Die Ölfilteraufnahme befindet sich an der Vorderseite des Motors. Das messingglänzende Bauteil mit dem Kabel ist der Öldrucksensor, der analog zum anliegenden Öldruck ein Spannungssignal für das Manometer im Cockpit erzeugt.

→ Die Kupplungsglocke mit dem Transfergetriebegehäuse und dem Kupplungsausrückmechanismus. Hier handelt es sich – wie beim Bild auf der vorhergehenden Seite – um eine frühe Ausführung der Kupplungsglocke, die spätere Version erhielt zusätzliche Lüftungsschlitze (siehe Motorbilder am Ende des Kapitels).

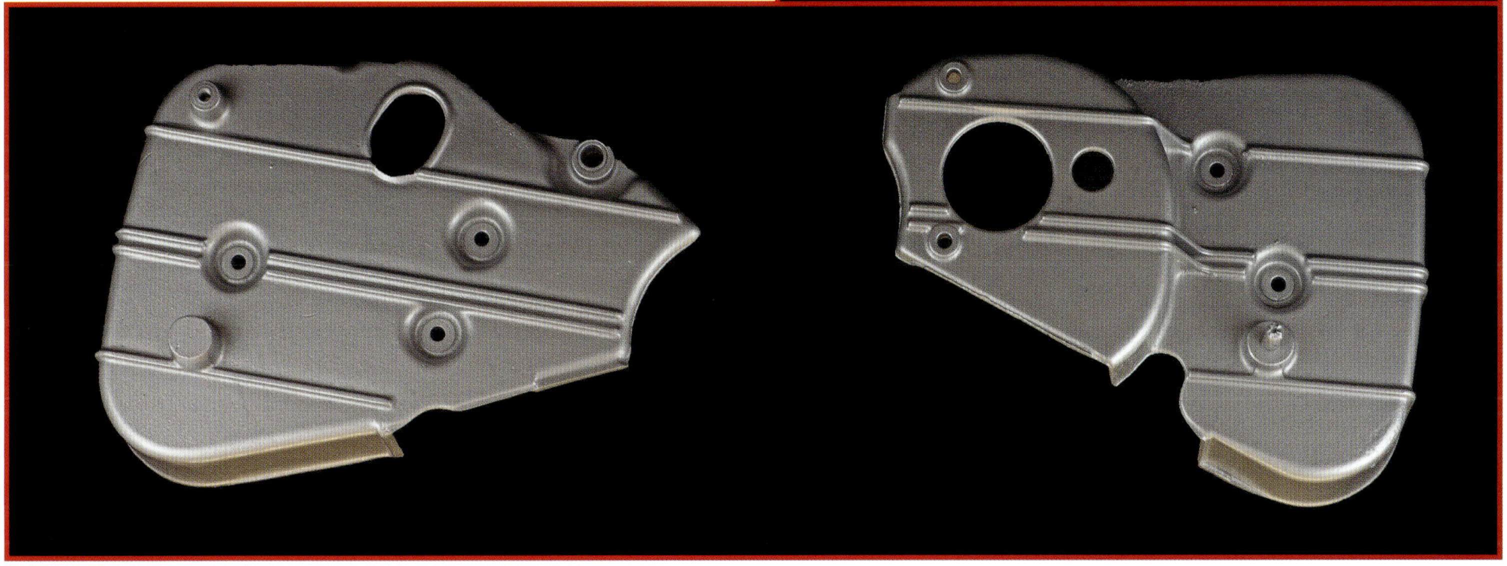

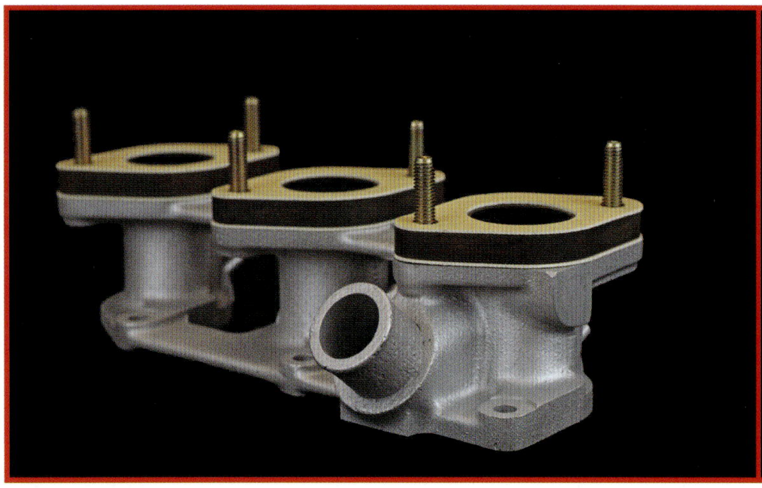

↑ Ein Ansaugstutzen für einen der vier Weber Dreifach-Fallstromvergaser. Zwischen Vergaser und Ansaugstutzenflansch ist ein Isolierstück eingelegt, das die Wärmeübertragung vom Stutzen auf den Vergaser verringern soll.

↑ Das Getriebegehäuse mit der integrierten Motorölwanne, hier auf dem Kopf stehend abgebildet. Im Vordergrund rechts ist die Ölfilteraufnahme mit dem Öldrucksensor zu erkennen.

↓ Die linke Zylinderbank mit den entsprechend zugeordneten eingebauten Kolben. Abwechselnd an den Zylinderstehbolzen angebrachte Distanzhülsen und große Unterlegscheiben halten die Zylinderlaufbüchsen während des Motorzusammenbaus in Position.

→ Um Missverständnisse in der Werkstatt zu vermeiden, ist die Motorölablassschraube mit dem eingegossenen Schriftzug „OLIO MOTORE“ (Motoröl) eindeutig deklariert.

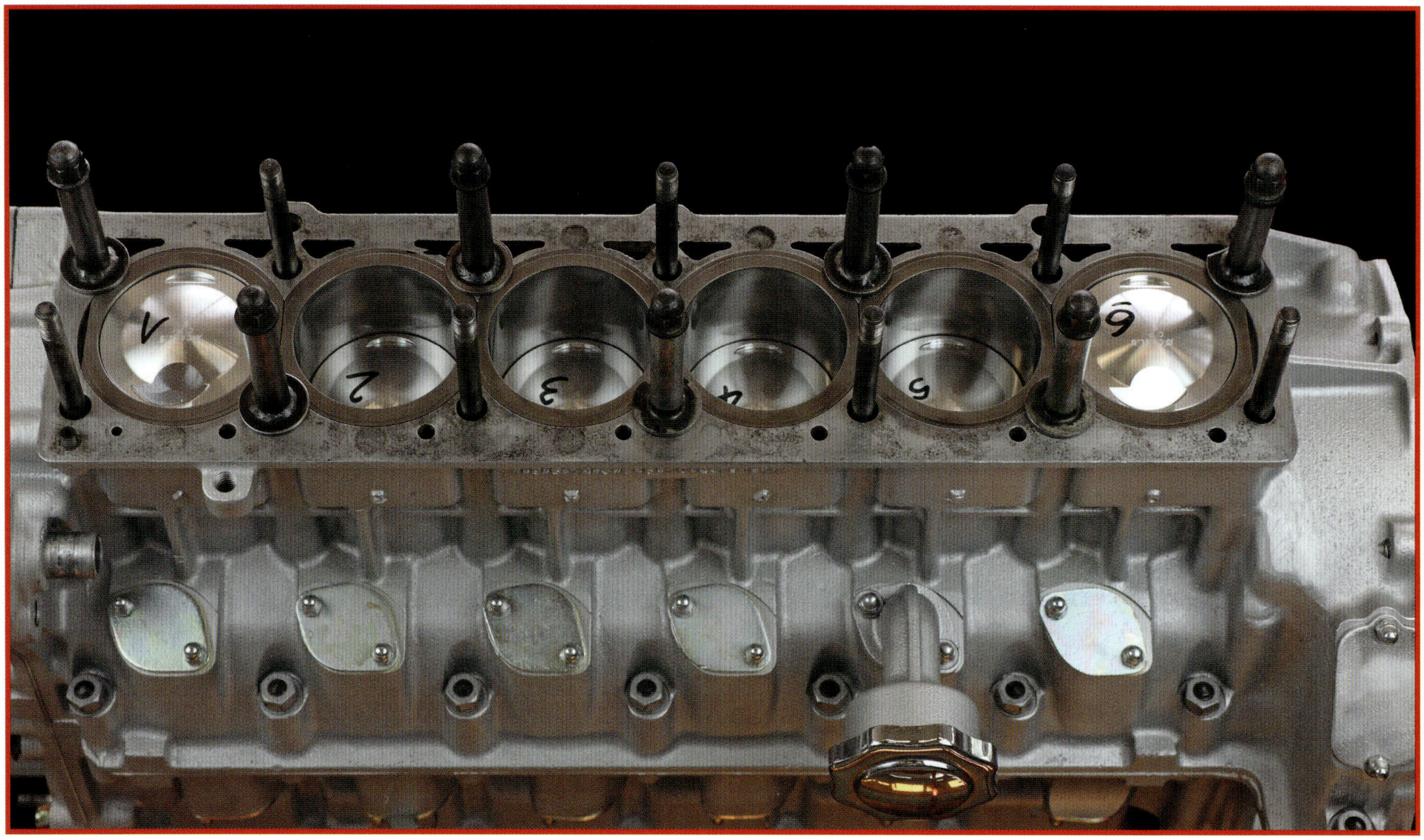

365 GT4 BB: Der erste straßenzugelassene Ferrari mit 12-Zylinder-Boxer-Motor (1973)

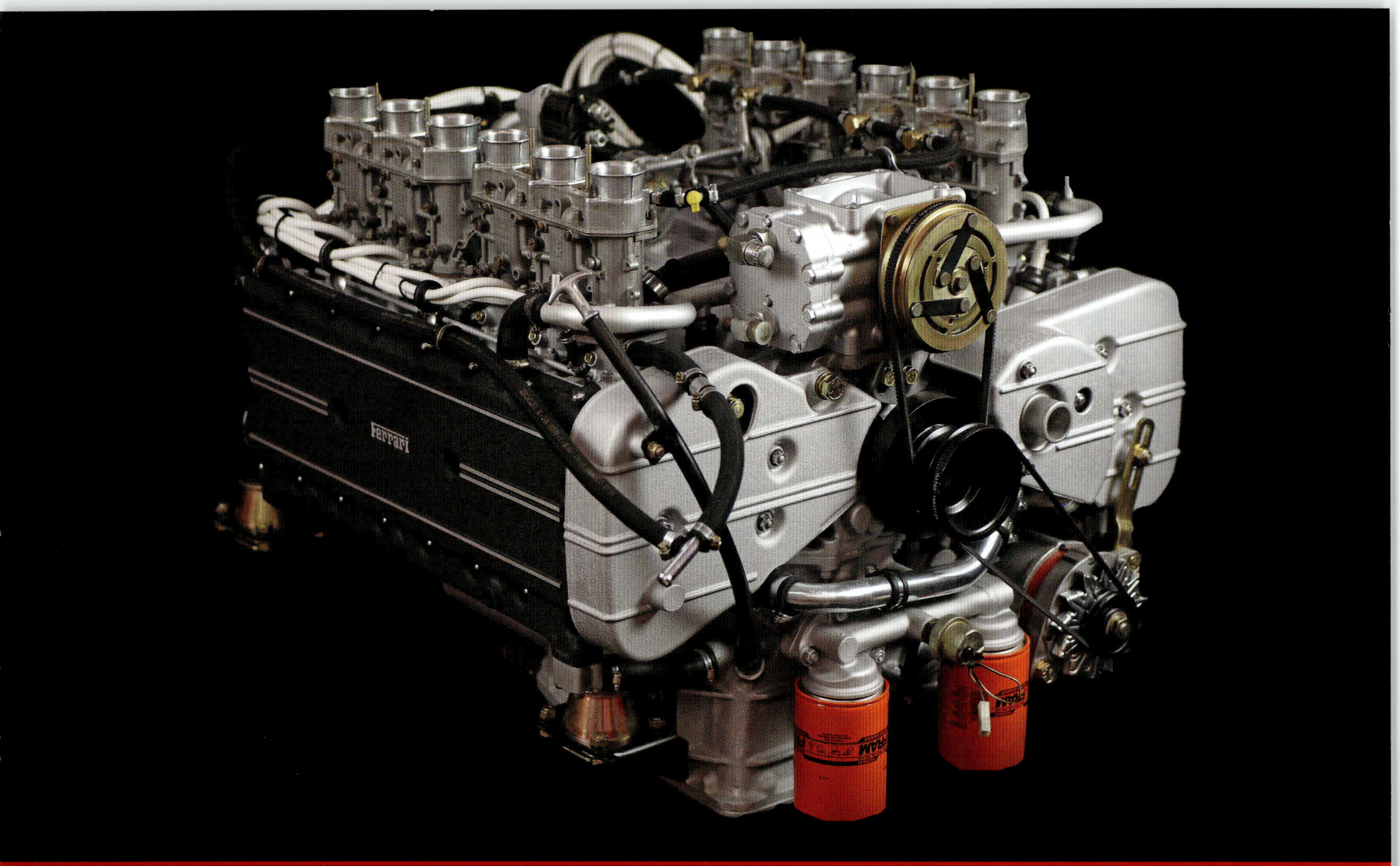
Ferrari

Ferrari

↑ Die versenkbaren Scheinwerfer sind ein charakteristisches Merkmal des 365 GT4 BB. Eine außergewöhnliche Lösung ist der einzelne Wischerarm mit den beiden Wischerblättern.

↑ Kurven und Geraden verschmelzen in der von Pininfarina entworfenen Karosserie und verleihen dem Wagen einen kraftvollen Auftritt.

→ Klappscheinwerfer waren in der damaligen Zeit ein typisches Sportwagenmerkmal und verbesserten zudem die Aerodynamik.

↘ Die Fünf-Speichen-Leichtmetallräder von Cromodora mit Zentralverschluss waren identisch mit denen des 365 GTB/4 Daytona.

↘↘ Aus dem Rennsport übernommen wurde die einteilige aufklappbare Heckabdeckung, die einen leichten Zugang zum Motor gewährte. Zum Zahnriemenwechsel muss der Motor allerdings ausgebaut werden.

↘↘↘ Die beidseitig angebrachten drei runden Heckleuchten und verchromten Dreifach-Endrohre lassen keinen Zweifel an der sportlichen Abstammung des Wagens aufkommen.

↓ Schon im Stand vermittelt der erste Straßenwagen aus Maranello mit einem 180°-V12 seinen primären Verwendungszweck: das schnelle Fahren.

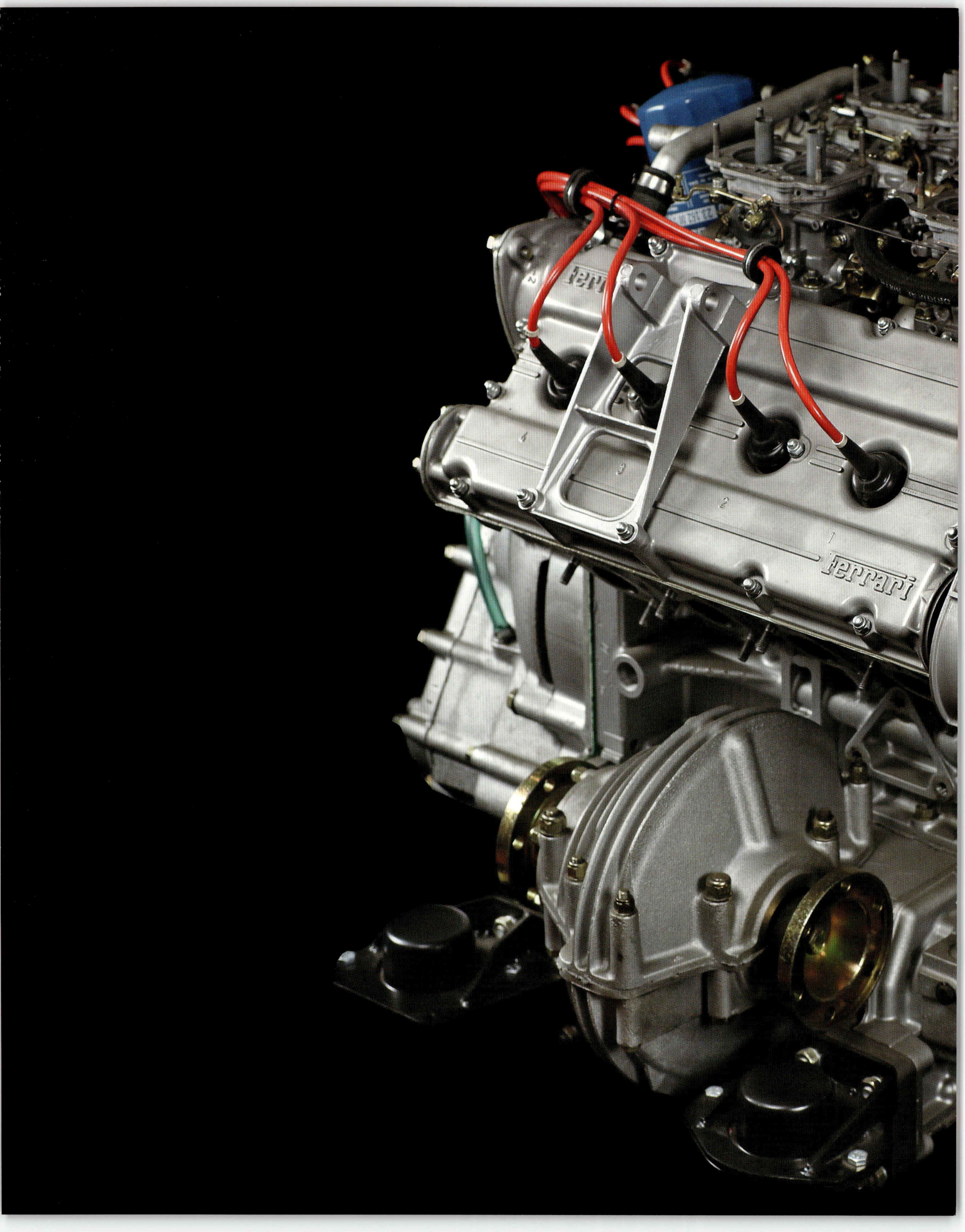
Ferrari

308 GTB

Der V8 hat sich etabliert (1975)

← Borgo lieferte seinerzeit die Schmiedekolben aus Leichtmetall, deren überhöhter Kolbenboden aus dieser Perspektive gut erkennbar ist.

↙ Der klassische Ferrari-Schriftzug ist in jeden der beiden Ventildeckel eingegossen.

Mit den Modellen Dino 206 GT und 365 GT4 BB, die zudem noch durch außergewöhnliche und innovative Motoren angetrieben wurden, hatte Ferrari frischen Wind in die Modellpalette gebracht. Ermuntert durch den damit verbundenen Erfolg entschied man sich in Maranello dazu, einen weiteren neuen Motor zu entwickeln: einen V8 mit 90°-Zylinderwinkel. Das erste damit ausgerüstete Modell war der 1973 auf dem Pariser Salon vorgestellte Dino 308 GT4 2+2. Hier handelt es sich auch um den einzigen Serien-„Ferrari" (allerdings durfte auch er zuerst nur als „Dino" bezeichnet werden), der von Bertone, dem Schöpfer des Fiat Dino Coupés, gestaltet wurde. Die keilförmige Kontur des Wagens fand ein geteiltes Echo, fehlten doch die vielbewunderten schwungvollen Rundungen des Vorgängermodells Dino 246. Über jeden Zweifel erhaben waren jedoch die Leistung und die Fahreigenschaften. Trotzdem blieb der erhoffte Verkaufserfolg aus – fatalerweise besonders im wichtigen US-Markt, wo der Wagen damals der einzige erhältliche Ferrari war, der zudem nicht als solcher bezeichnet wurde! Das führte dazu, dass zuerst die Dino-Embleme durch welche von Ferrari ergänzt und später in allen Märkten ganz ersetzt wurden.

Anfänglich entstand der Dino 308 GT4 parallel zum beliebten Modell 246, das bis 1974 weiter produziert wurde. Währenddessen arbeitete bei Pininfarina in Turin der dortige Design-Chef Leonardo Fioravanti an einem zweisitzigen Nachfolger für den 246. Dieses neue Modell – der 308 GTB – wurde im Oktober 1975 auf dem Pariser Salon vorgestellt. Es wies die damals moderne Keilform, aber auch einige vom Dino 246 übernommene Designmerkmale auf. Dazu gehörten unter anderem die Türvertiefungen für die Lufteinlässe im Fahrzeugheck, die herumgezogene Heckscheibe, die in den Ausläufern des Fahrzeugdachs endete und die doppelten runden Heckleuchten. In dieser Berlinetta arbeitete der gleiche V8-Motor wie im Dino 308 GT4, allerdings mit dem wesentlichen Unterschied, dass hier eine Trockensumpfschmierung anstelle der Nasssumpfschmierung des GT4 vorhanden war. Der 308-Motor leistete gesunde 255 PS (190 kW) und war der Stammvater aller V8-Motoren, die bis heute das Rückgrat der Produktion bei Ferrari bil-

↖ Eines der kurzen Schmiedepleuel mit montiertem Lagerdeckel.

← Vier der insgesamt acht Zylinderlaufbuchsen aus Grauguss. Sie werden in das Kurbelgehäuse eingepresst und sind direkt vom Kühlmittel umspült.

den – damals als Mittelmotoren und in der heutigen Zeit auch vorn unter der Haube eingebaut.

Der Erfolg des Formel-1-Motors 156 (1500 cm^3, V6) in den frühen 60er Jahren, mit dem Phil Hill 1961 die Fahrer-Weltmeisterschaft und Ferrari die Konstrukteurs-Weltmeisterschaft gewinnen konnte, führte zu der Idee, eine V8-Version zu bauen. So entwickelte 1961 der bekannte Ingenieur Carlo Chiti einen 90°-V8-Motor mit einer obenliegenden Nockenwelle pro Zylinderbank, der in zwei Hubraumversionen bei Sportwagenrennen eingesetzt werden konnte – im Modell 248 SP mit 2,4 Liter Hubraum und dem 2,6 Liter großen 268 SP. Die beiden Wagen waren ansonsten hinsichtlich des Chassis und der Karosserie mit den V6-Ausführungen 196 SP und 246 SP identisch. Ende 1961 verließ Chiti durch die Auswirkungen der berühmten „Palastrevolution" Ferrari und die V8-Motoren wurden nicht mehr fertigentwickelt, was natürlich ihre Konkurrenzfähigkeit erheblich einschränkte. Das Projekt bildete schließlich die Ausgangsbasis für einen F1-V8-Motor, den Angelo Bellei konstruierte. 1964 wurde der Motor erstmals eingesetzt, erwies sich jedoch zu Beginn der Saison noch als etwas anfällig. Im weiteren Verlauf wurde er jedoch immer zuverlässiger und schließlich holte John

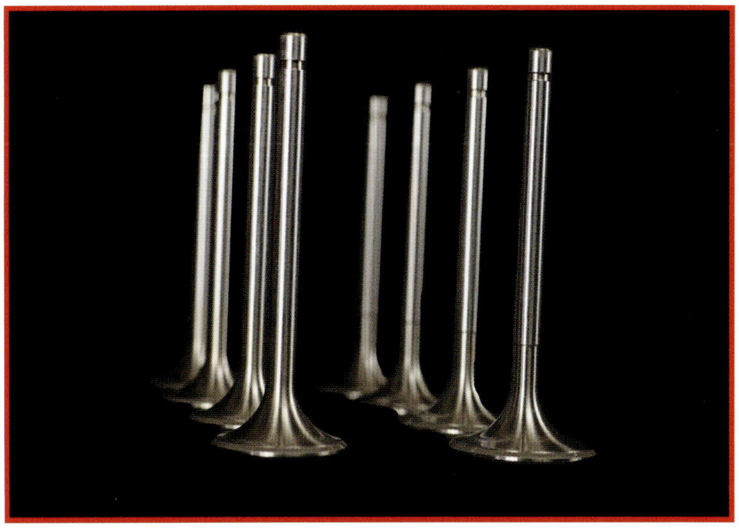

↑ Die Ventile einer Zylinderbank: Die Brennräume sind jeweils mit einem Einlass- und einem Auslassventil versehen.

↓ Ansicht des V8-Motorblocks aus Leichtmetallguss mit den eingesetzten Grauguss-Zylinderlaufbüchsen.

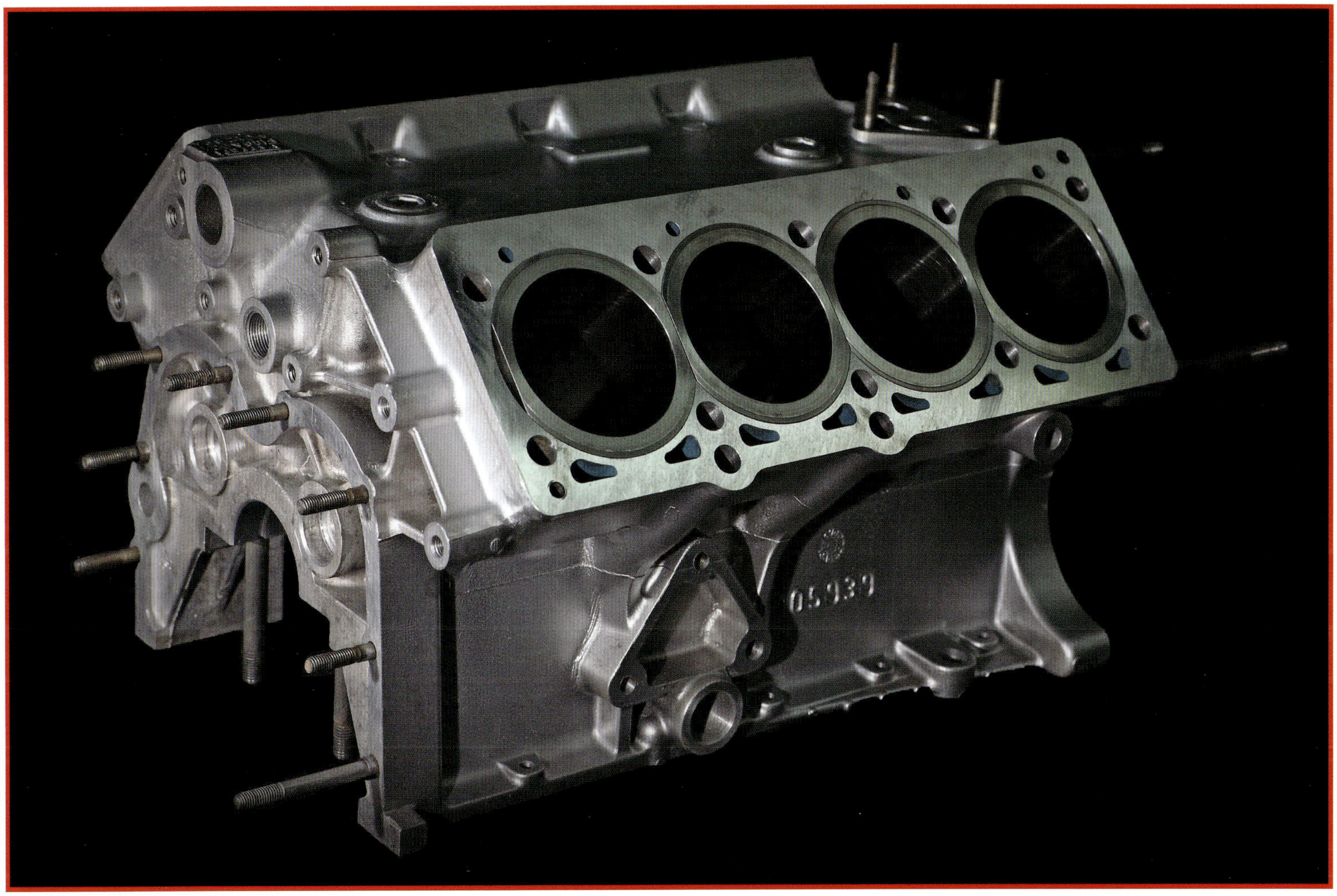

Surtees damit in der Formel-1-Weltmeisterschaft für sich den Fahrertitel und für Ferrari den zweiten Konstrukteurstitel. Seine Teamkollegen fuhren während dieser Saison zusätzlich den bewährten Motortyp 156 sowie einen von Mauro Forghieri neu entwickelten 180°-V12 mit 1500 cm^3 und der Typenbezeichnung 1512. Diese Wettbewerbserfahrungen und -erfolge bestärkten Ferrari in der Entscheidung, in Zukunft einen V8-Motor in den Straßenmodellen zu verwenden. Es sollten jedoch noch einige Jahre bis zur Realisierung vergehen – hier fand also nicht die schnelle Umsetzung von Renn- in Straßentechnologie statt, die man eigentlich von Ferrari erwartete. Das Projekt wurde schließlich 1973 mit dem Motorentyp F106 AL 000 V8 verwirklicht, der als Antrieb des Dino 308 GT4 diente. Die Männer dahinter waren Angelo Bellei (der den F1-Motor von 1964 entwickelt hatte) und Franco Rocchi.

Wie bereits erwähnt, fand das Styling des Dino 308 GT4 2+2 nicht den gewünschten Anklang bei der Käuferschaft, die sich ein aufregenderes Aussehen erhofft hatte. So erschien schon nach kurzer Zeit eine neue zweisitzige Berlinetta mit einem quer eingebauten V8-Mittelmotor – der 308 GTB. Damit wurde der Grundstein für ein neues Modell-

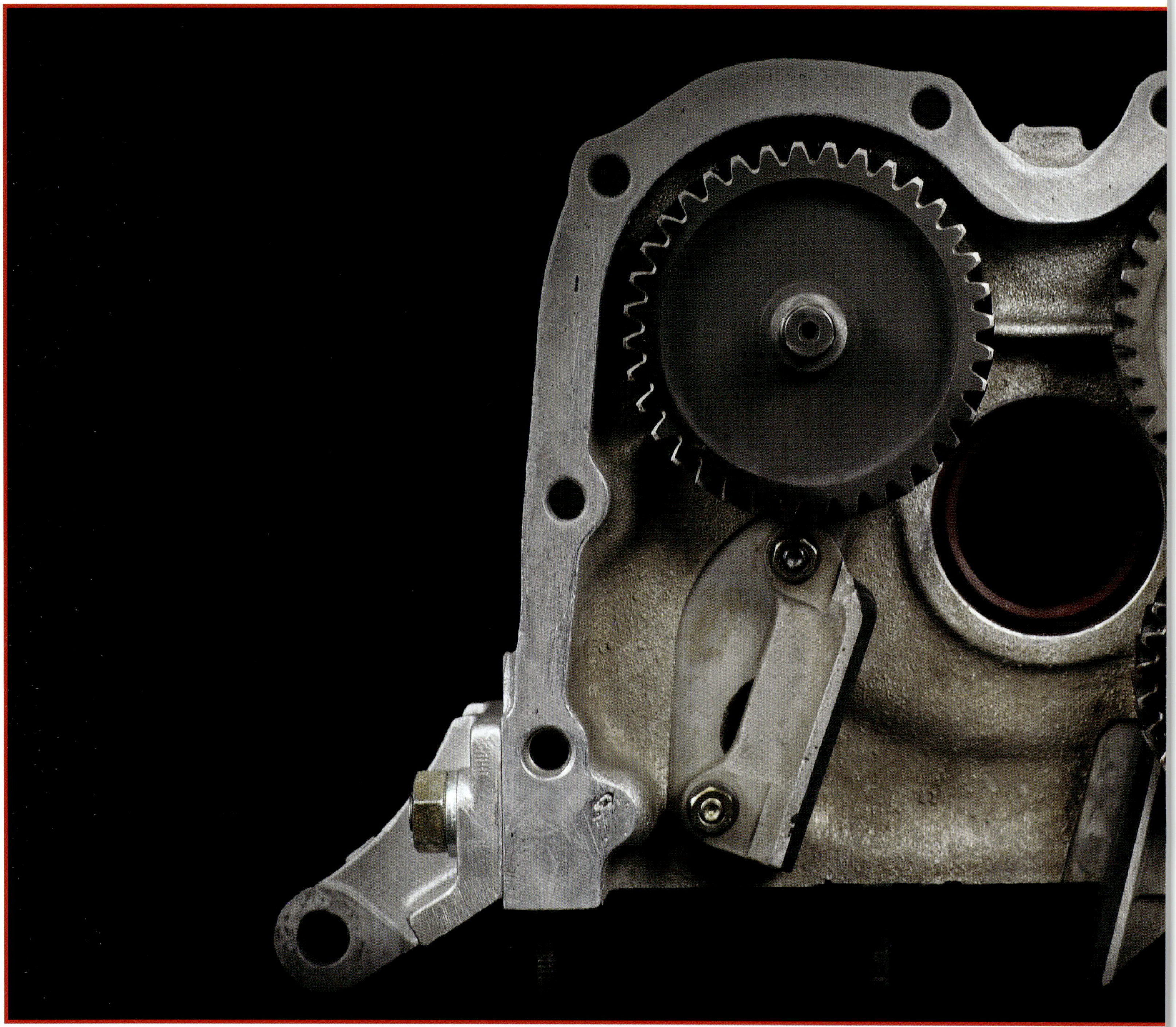

konzept von Ferrari gelegt, das zur erfolgreichsten Bauform überhaupt in der Geschichte dieser Marke werden sollte: die zweisitzige Berlinetta mit einem 90°-V8-Mittelmotor. Die Initialen GTB (Gran Turismo Berlinetta) wurden als Teil der Modellbezeichnung übernommen und bildeten gemeinsam mit dem Gesamthubraum und der Zylinderzahl (308) den Modellnamen. Diese Kombination aus Hubraum und Zylinderzahl war bereits bei der vorigen Dino-Baureihe verwendet worden, davor aber nur für Wettbewerbsfahrzeuge, wie zum Beispiel den F1-Wagen und den Sportprototypen Dino 166 und 206.

Mit dem Modell 308 GTB, dessen Motor als Ableger des 308-GT4-Motors die Bezeichnung F106 A 021 erhielt, erhörte man den innigen Wunsch der Ferrari-Kunden. Enzo Ferrari hatte mit dem Zweisitzer, der von einem quer eingebauten V8-Mittelmotor angetrieben wurde, wieder sein Gespür für den Markt bewiesen.

Der Motor hatte einen Hubraum von 2926,90 cm^3 und leistete 251 PS (187 kW) bei 7700 min^{-1}. Damit war er bis 1985 der stärkste V8-Motor; erst der 328 GTB übertraf ihn mit 266 PS (198 kW) bei 7000 min^{-1} – allerdings auch mit einem auf 3,2 Liter vergrößerten Hubraum. Als maximales Drehmoment erzeugte der 3,0-Liter-Motor 279 Nm bei 5000 min^{-1}. Die erste Version des Wagens hatte eine Karosserie aus glasfaserverstärktem Kunststoff und wog lediglich 1050 kg, was in einem beeindruckenden Leistungsgewicht von 2,9 kg/kW resultierte. Von 1975 bis 1980 erfolgte die Gemischaufbereitung über vier 40-DCNF-Fallstrom-Doppelvergaser von Weber, die von einer elektrischen Kraftstoffpumpe versorgt wurden. 1980 erhielt der Motor eine Kraftstoffeinspritzung, mit der eine Leistungsreduzierung einherging. Durch Vierventil-Zylinderköpfe konnte das wieder ausgeglichen werden, dennoch gilt die Vergaserversion als die leistungsstärkste Variante.

Der neue Ferrari 308 GTB mit V8-Motor wurde im Oktober 1975 auf dem Pariser Salon vorgestellt und brach mit seiner Karosserie aus glasfaserverstärktem Kunststoff mit der langjährigen Ferrari-Tradition. Heute zählen diese Exemplare zu den seltensten und daher begehrtesten Wagen dieses Typs. Auf dieser Ausstellung waren zwei Autos zu sehen, eines in gelber Lackierung (Fahrgestellnummer 18677) auf dem Stand von Pozzi Ferrari France, und eine blaue Version (Fahrgestellnummer 18679) bei Pininfarina.

Der Grund für die Kunststoffkarosserie soll angeblich die schnellere Beschaffung von Formen für die Kunststoffteile anstelle der Gesenke für die Stahlblechteile gewesen sein, denn durch den schleppenden Verkauf des 308 GT4 2+2 wollte Ferrari das neue Modell so schnell wie möglich auf den Markt bringen. Ab 1976/77 erhielten die Autos Karosserien aus Stahl, was bis zum Produktionsende beibehalten wurde. Wie andere Ferrari-Topmodelle aus dieser Zeit (365 GTB4 „Daytona", 365 GT4 BB und 365 GT4 2+2) hatte auch diese Berlinetta ausklappbare Scheinwerfer, um die Konturen noch strömungsgünstiger zu gestalten. Verantwortlich für die Karosserieform war Leonardo Fioravanti

← Blick in die Innenseite des Steuergehäuses. Die beiden Zahnräder kämmen mit einem Zahnrad auf dem vorderen Kurbelwellenzapfen, das auch die rechts erkennbare Ölpumpe antreibt. Auf der Außenseite der beiden Wellen befinden sich die Antriebsräder für die Zahnriemen. Die Wellen sind sowohl im Steuergehäuse als auch im Motorgehäuse gelagert, daher wird das Gehäuse gemeinsam mit dem Kurbelgehäuse bearbeitet und ist über eine Zahl mit diesem gepaart.

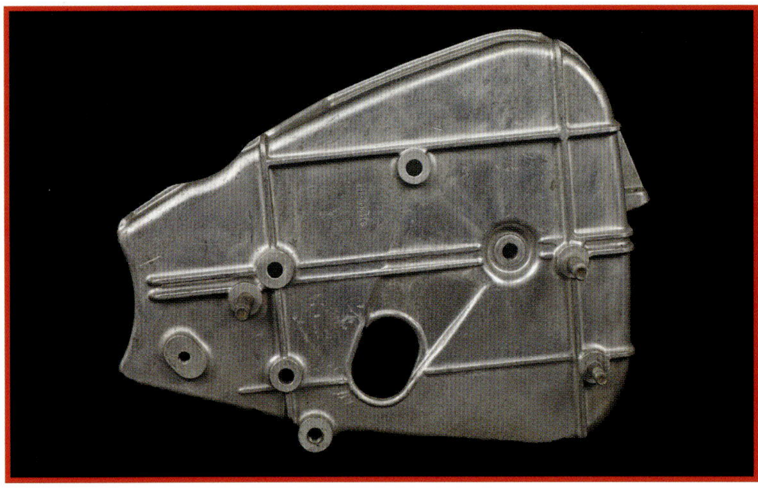

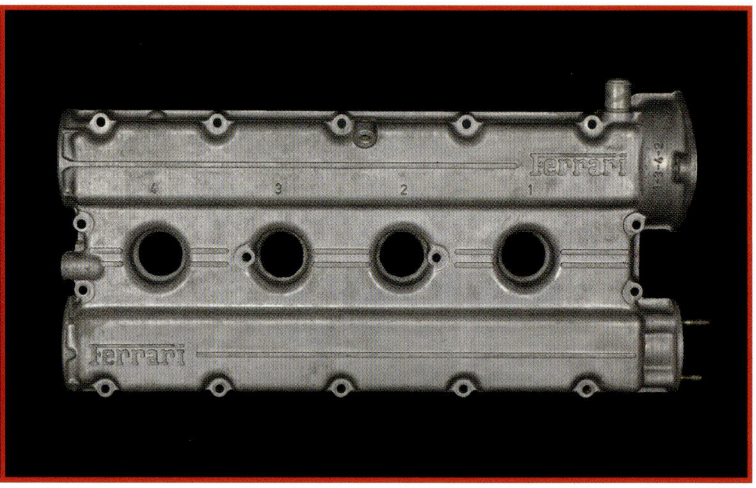

von Pininfarina, der sich mit seinem Entwurf gegen keinen geringeren als Aldo Brovarone durchsetzen konnte, den berühmten „Vater" der Dino Berlinetta Speciale-Prototypen und der Dino-Modelle 206 GT und 246 GT. Der Motorentyp F106 wurde in mehr als 6000 Wagen eingebaut, die sich in 712 Exemplare des 308 GTB Vetroresina (Fiberglas), 2185 308 GTB mit Stahlkarosserie und 3219 308 GTS (mit herausnehmbarem Dach) aufteilen.

Ein Merkmal des V8-Motors ist der Nockenwellenantrieb über Zahnriemen anstelle von Steuerketten, wie es bei allen Ferrari-Motoren bis zum Modell 365 GTB4 „Daytona" der Fall war. Zahnriemen waren erstmals am Motor des 1973 erschienenen Modells 365 GT4 BB vorhan-

↖ Eine der beiden Zahnriemenabdeckungen. Die ovale Öffnung ermöglicht den Zugang zur Sicherungsmutter der Zahnriemenspannrolle.

↑ Der Ventildeckel des vorderen (oder linken) Zylinderkopfs. Oben rechts ist der Flansch zur Befestigung des Verteilers. Interessanterweise sind die Zylinder beider Zylinderbänke mit den eingegossenen Zahlen 1 bis 4 durchnummeriert.

↓ Der vordere Zylinderkopf, umgedreht und von der Einlassseite aufgenommen. Die jetzt nach unten weisenden Stehbolzen dienen zur Befestigung der Nockenwellenlagerböcke und Ventildeckel.

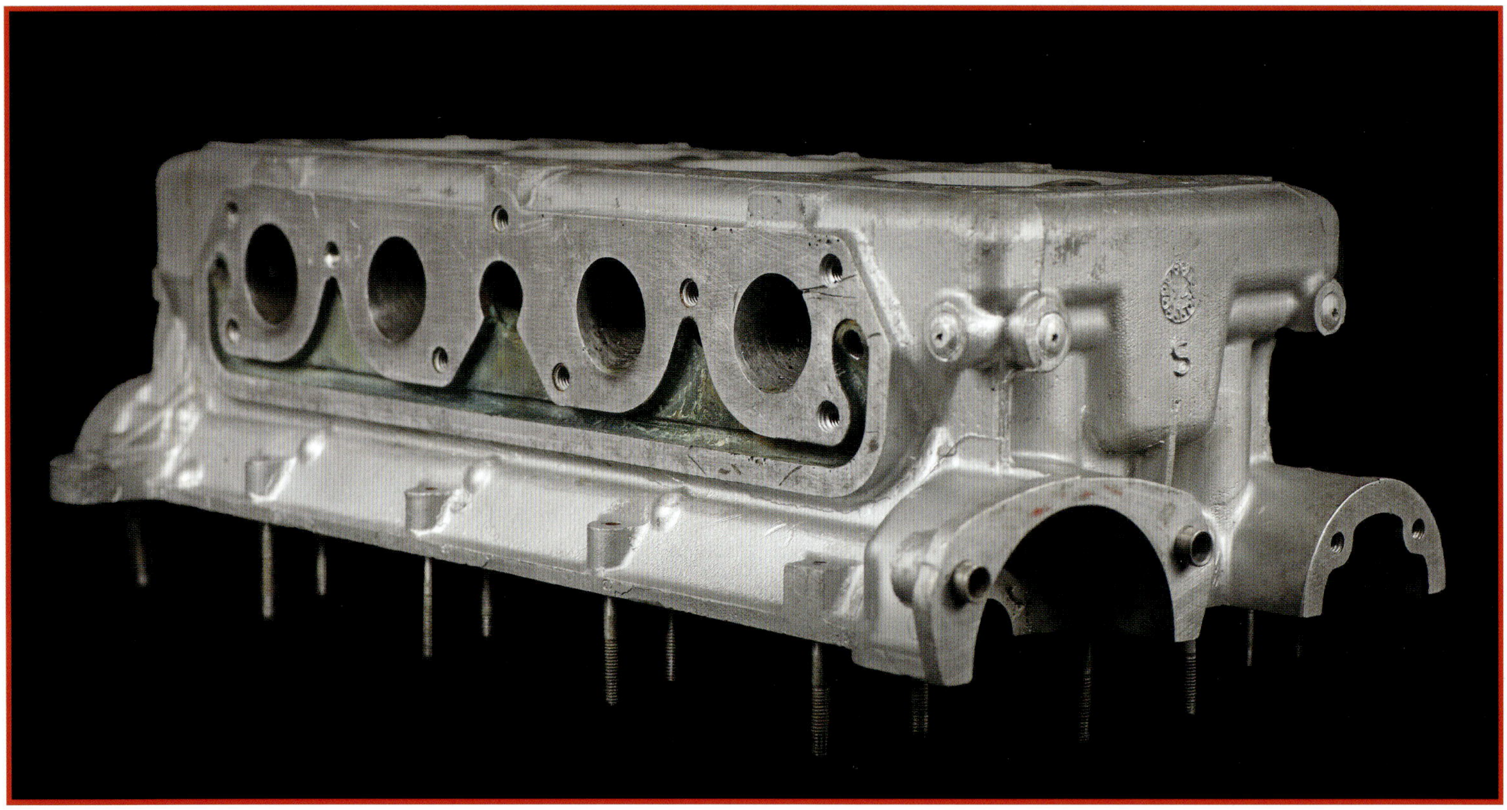

den. Die Leichtmetallzylinderköpfe sind jeweils mit zwei obenliegenden Nockenwellen bestückt, die Zündkerzen zentral dazwischen angeordnet. Viele weitere Motorteile bestehen ebenfalls aus Leichtmetallguss, so zum Beispiel der Motorblock, das Getriebegehäuse, das Steuergehäuse und die Zahnriemenabdeckungen. Bei der Konstruktion des Zylinderblocks diente den Ingenieuren Bellei und Rocchi der Block des V6-Motors des Dino als Vorbild und sie verlegten die Kurbelwelle von der unteren Gehäusekante aus um 80 mm ins Motorinnere. Dadurch entstand ein äußerst verwindungssteifes Kurbelgehäuse, das aufgrund der sportlichen Auslegung des V8-Motors fünf Hauptlager für die Kurbelwelle aufweist.

Eine Besonderheit dieses V8-Motors ist die „flache" Ausführung der Kurbelwelle, deren Hubzapfen wie bei einem Vierzylinder-Reihenmotor um 180° versetzt sind und daher in einer Ebene (Flat Plane-Kurbelwelle) liegen.

Ein V8-Motor mit einer derartigen Kurbelwelle erfordert keine besonderen Gegengewichte, wie es bei den Kurbelwellen der großen amerikanischen „Big-Block"-Motoren der Fall ist, deren Hubzapfen um 90° versetzt sind und dadurch in zwei sich kreuzenden Ebenen (Cross Plane-Kurbelwelle) liegen. Die 180°-Welle kann dadurch leichter ausfallen, was die Drehfreudigkeit des Motors erhöht. Ein weiterer Vorteil der 180°-Kurbelwellenkröpfung ist, dass sich immer zwei Kolben einer Zylinderbank gleichzeitig in eine Richtung bewegen, woraus sich ein günstigerer Gaswechsel ergibt, der für eine bessere Füllung und damit höhere Leistung sorgt. Bei der um 90° gekröpften Welle bewegen sich die Kolben entgegengesetzt, was etwas mehr Drehmoment im unteren Drehzahlbereich erzeugt.

Während der vorhergehende Dino 308 GT4 eine Nasssumpfschmierung hatte, weist der Motorentyp F106 A 021 in der ersten Ausführung eine Trockensumpfschmierung auf. Dafür ist neben der Schmierölpumpe auch eine Spülölpumpe mit einem Absaugsystem vorhanden, über das der in einer hinteren Ecke des Motorraums angebrachte Öltank befüllt wird. In der anderen Motorraumecke befindet sich der Ölkühler. Mit dieser Technik, die normalerweise bei Rennwagen eingesetzt wird, ist auch unter extremen Fahrbedingungen eine zuverlässige Ölversorgung der Schmierstellen sichergestellt. Darüber hinaus wird durch die Bevorratung des Motoröls außerhalb des Motors ein zusätzlicher Kühlungseffekt erzielt, der durch einen Ölkühler noch verstärkt wird. Der ab 1977 produzierte 308 GTS erhielt allerdings wieder eine herkömmliche Nasssumpfschmierung, beim 308 GTB wurde das Trockensumpfsystem noch für eine Übergangszeit beibehalten.

Die für den US-amerikanischen, australischen und japanischen

→ Hier ist die 180°-Kröpfung der Kurbelwelle gut zu erkennen. Im Prinzip ist sie baugleich mit der Kurbelwelle eines Vierzylinder-Reihenmotors.

↑ **Seitenansicht des Getriebegehäuses. Die linke Vertiefung gehört zur Motorölwanne, die linke Welle ist die Getriebeeingangswelle, rechts davon die Ausgangswelle. Ganz rechts ist das Differenzialgehäuse mit dem mittigen Flansch für die Antriebswelle zu sehen.**

FERRARI 308 GTB – TECHNISCHE DATEN

Motorbezeichnung	F106 A
Motorbauweise	Quer eingebauter Mittelmotor, V8, 90° Zylinderwinkel
Bohrung und Hub	81 x 71 mm
Gesamthubraum	2926,90 cm^3
Einzelhubraum	365,86 cm^3
Verdichtungsverhältnis	8,8 : 1
Maximale Leistung	251 PS (188 kW) bei 7700 min^{-1}
Literleistung	86 PS/Liter (64 kW/Liter)
Ventilsteuerung	Zwei obenliegende Nockenwellen pro Zylinderbank, zwei Ventile pro Zylinder
Gemischaufbereitung	Vier Weber 40 DCNF Fallstrom-Doppelvergaser
Zündsystem	Ein Verteiler, zwei Zündspulen, eine Zündkerze pro Zylinder
Schmiersystem	Trockensumpfschmierung
Kupplung	Einscheiben-Trockenkupplung
Maximales Drehmoment	290 Nm bei 5000 min^{-1}
Zündfolge	1–5–3–7–4–8–2–6

Markt vorgesehenen Modelle erhielten von Anbeginn an eine Nasssumpfschmierung und mit der Einführung der Kraftstoffeinspritzung 1980 waren schließlich alle Fahrzeuge damit ausgerüstet. Die geschmiedeten Leichtmetallkolben des 308 wurden wie die des Daytona und 365 GT4 BB von AE Borgo geliefert. Identisch mit den beiden V12-Boliden sind auch die Bohrung von 81 mm und der 71-mm-Hub,

↓ **Die hintere der vier aus Schmiedestahl hergestellten Nockenwellen ist die Einlassnockenwelle der vorderen Zylinderbank. Sie ist am hinteren Ende etwas länger, weil dort eine zusätzliche Keilverzahnung für den Verteilerantrieb vorhanden ist.**

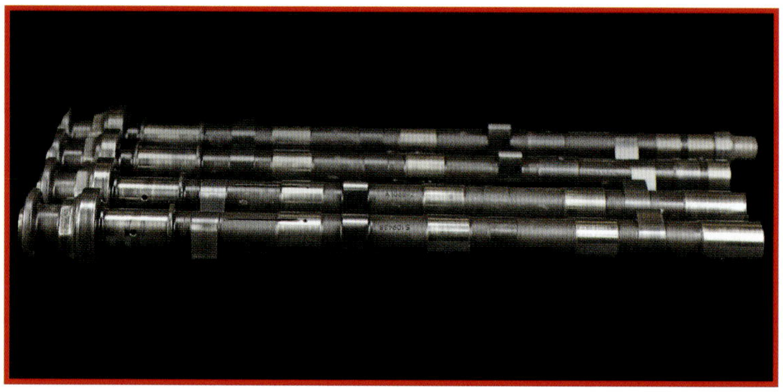

↑↑ Die beiden Ansaugstutzen, von der Vergaserseite aufgenommen: Die großen Doppelöffnungen münden in die Ansaugkanäle, die kleinen einzelnen Öffnungen führen ins Kühlsystem.

↑↑ Die Aufnahme des einzelnen Ölfilters befindet sich am schwungradseitigen Ende des Motorblocks im Zylinder-V. Links ist der Öldrucksensor eingeschraubt, rechts der Öldruckschalter.

↑ Die fünf Lagerdeckel der Hauptlagerstellen. Sie sind über Nummern dem jeweiligen Lager im Kurbelgehäuse zugeordnet und über Passhülsen exakt positioniert.

↑ Die Kraftübertragung von der Kupplung auf die Getriebehauptwelle erfolgt über drei schrägverzahnte Zahnräder. Durch die Schrägverzahnung entstehen Schubkräfte, die von Axiallagern aufgenommen werden.

was logischerweise im gleichen Zylindereinzelhubraum von 365,86 cm^3 resultiert. Geschmiedete Stahlpleuel übertragen die Kolbenkraft auf die Kurbelwelle. Das Zündsystem besteht aus einem Verteiler und zwei Zündspulen; die Zündfolge lautet 1-5-3-7-4-8-2-6.

Wie auch bei den Dino-Modellen erfolgt die Kraftübertragung beim 308-Motor vom hinteren Kurbelwellenende auf der linken Fahrzeugseite über eine Einscheiben-Trockenkupplung und eine dreiteilige Zahnradkaskade nach unten zur Getriebehauptwelle. Das 5-Gang-Getriebe ist unter dem Motor und hinter der Motorölwanne angeordnet. Es hat einen eigenen Schmierkreislauf; die Kraftübertragung auf die Hinterräder erfolgt über ein Sperrdifferenzial und Antriebswellen mit homokinetischen Gelenken. Der Schalthebel wird in einer offenen Schaltkulisse geführt und die Bewegung über ein in einem Tunnel verlaufendes Gestänge vom Innenraum auf den Schaltmechanismus im Getriebe übertragen. Durch die kompakte Antriebseinheit entsteht eine optimale Gewichtsverteilung, die ein agiles Handling, eine hohe Zielgenauigkeit und gute Traktion gewährleistet. Um die Hochgeschwindigkeitsstabilität zu verbessern, ist ein kleiner Spoiler unten an der vorderen Schürze vorhanden, den es optional auch in einer größeren Ausführung gab. Auch am hinteren Ende der Motorabdeckung ist eine kleine Spoilerlippe vorhanden. Über zwei schwarz lackierte Reihen von Lüftungsschlitzen in der Motorabdeckung kann die Abwärme des Motors aus dem Motorraum abstrahlen. Die Ausführung dieser Lüftungsschlitze änderte sich im Lauf der Produktion je nach Modell und Markt. Für den Frischluftzugang zum Luftfilter und Ölkühler sah Leonardo Fioravanti Vertiefungen in den Türen vor, die zu Lufteinlassöffnungen im Heck führen. Damit war auch wieder eine Verbindung zu dem beliebten Dino 246 GT hergestellt.

Der Innenraum des 308 ist kompakt aber dennoch geräumig. Die beiden Insassen nehmen auf zwei lederbezogenen Sportsitzen Platz, zum Anschnallen sind Dreipunkt-Sicherheitsgurte vorhanden.

Mit Leder bezogen ist auch das Lenkrad, dahinter sind die wichtigsten Instrumente in einer Aluminiumblende im Armaturenbrett direkt im Sichtfeld des Fahrers angeordnet. Der Schalthebel mit seiner verchromten offenen Schaltkulisse ragt griffgünstig aus dem Mitteltunnel heraus. Wie auch bei den Dino-Vorgängermodellen findet die Abwärme des direkt hinter dem Fahrer eingebauten Motors ihren Weg in den Innenraum, daher war eine Klimaanlage eine empfehlenswerte Option. Allerdings werden die Insassen durch das faszinierende Konzert des unmittelbar an den Ohren der Zuhörer arbeitenden Motors entschädigt. Er liefert die angemessene akustische Untermalung zu dem Fahrerlebnis, auf das die Kunden gewartet hatten. Der große Erfolg dieser Ferrari-V8 wird durch die lange Produktionsdauer von zehn Jahren bestätigt. Erst 1985 erschien Ablösung in Form der auch optisch überarbeiteten Nachfolger 328 GTB und GTS. Den 308 gab es in diversen Varianten: 308 GTB Vetroresina, 308 GTB, 308 GTS, 308 GTBi und GTSi sowie 308 GTB und GTS Quattrovalvole (QV). Insgesamt entstanden 12.149 Exemplare, wobei hier die 2-Liter-Versionen, die es mit Saug- und Turbomotor gab, nicht mitgezählt sind. Diese Zahl war damals für Ferrari-Verhältnisse ein Rekord. Unterstützend wirkte hier noch der Auftritt in der bekannten US-Serie „Magnum“ mit Tom Selleck als Hauptdarsteller. Er fuhr einen 308 GTS, was dem Wagen zu einem unglaublichen internationalen Bekanntheitsgrad verhalf und die Nachfrage nach diesem Ferrari-Modell zusätzlich anheizte. Tatsächlich war der GTS der beliebteste 308, von dem 8010 Exemplare in drei Versionen verkauft wurden – GTS, GTSi und GTS QV. Eines der Autos aus der amerikanischen TV-Serie (es sollen fünf Wagen in den Ausführungen GTS, GTSi und GTS QV gewesen sein) erzielte im Januar 2017 bei einer Versteigerung von Bonhams unglaubliche US$ 181.500!

Wie bereits in diesem Kapitel erwähnt, leitet sich der V8-Motor F106 AB nicht direkt von einem Rennmotor ab. Allerdings entstanden daraus Gruppe-4- und Gruppe-B-geeignete Rennversionen unter den kundigen Händen von Giuliano Michelotto, der sich mit seinen Arbeiten an

↑ Vier Weber 40-DCNF-Fallstrom-Doppelvergaser sind für die Gemischaufbereitung zuständig.

→ Das Getriebegehäuse von der Rückseite betrachtet. Links ragt die Getriebeeingangswelle aus dem Getriebe heraus, auf den beiden Seiten des Differenzialgehäuses sind die Flansche für die Antriebswellen zu sehen. Das Bauteil neben dem rechten Antriebswellenflansch ist der elektronische Tachogeber.

↘ Kupplungsglocke und Transfergetriebegehäuse. Große Lüftungsschlitze ermöglichen eine schnelle Wärmeabfuhr aus der Kupplung.

speziellen Ferrari-Rennwagen einen Namen gemacht hat. Auch andere Spezialisten wie Facetti und Finotto bauten Autos für private Kunden um. Bei diesen wettbewerbstauglichen 308 GTB bestanden die Karosserien aus glasfaserverstärktem Kunststoff, später aus Verbundwerkstoff. Dazu erhielten sie größere Spoiler, Kotflügelverbreiterungen, größere Räder sowie weitere Modifikationen und wurden mit Erfolg bei Straßenrennen und Rallyes eingesetzt. Die 308 aus den Hallen von Michelotto leisteten in der Zweiventilversion 284 PS (212 kW) bei 7000 min^{-1} und in der Vierventilversion 306 PS (228 kW) bei 7500 min^{-1}. Gefahren wurden diese Wagen von Piloten wie Jean-Claude Andruet und Tonino Tongana und in der Gruppe 4 gewannen diese Autos 1981 und 1982 die Tour de France, in den gleichen Jahren die Targa Florio sowie eine italienische und eine spanische Rallye-Meisterschaft. Darüber hinaus bauten Carlo Facetti und Martino Finotti noch einen 308 in Gruppe-5-Ausführung. Mit einem Doppel-Turbomotor versehen wurde der Wagen bei einigen Weltmeisterschaftsläufen eingesetzt und stellte beim 24-Stunden-Rennen von Daytona einen Rundenrekord auf. Neben diesen Entwicklungen und Rennerfolgen sollte auch erwähnt werden, dass ein F106-AB-Motor auch in den Prototypen 308 Millechiodi eingebaut worden war. Diese Aerodynamikstudie von Pininfarina stand 1977 auf dem Genfer Salon. Sie war eine erste Vorschau auf den zukünftigen 288 GTO, der 1984 an der gleichen Stelle präsentiert

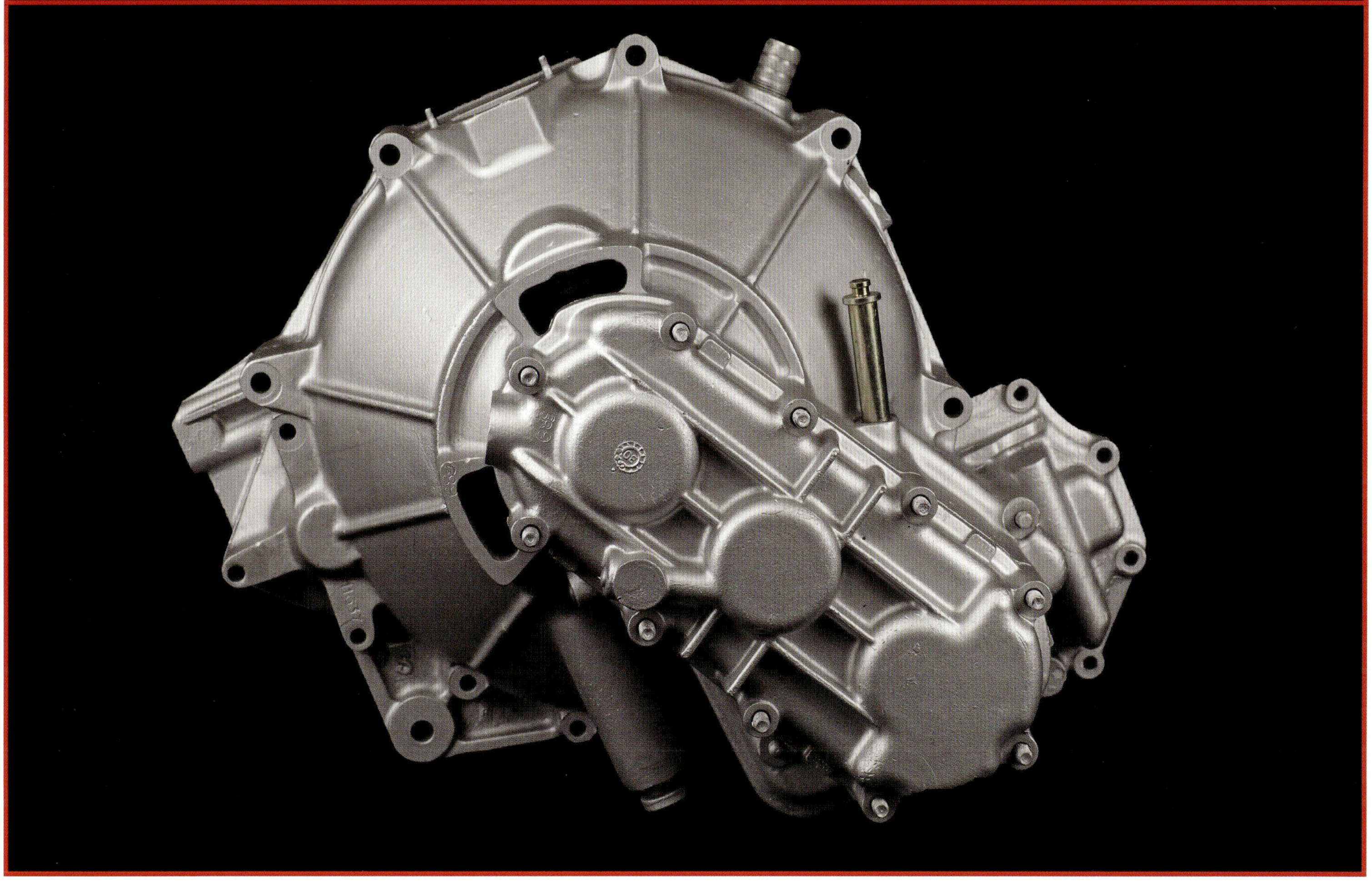

wurde. Mit einem 308-Motor als Basis, der, längs eingebaut, auf 2882 cm^3 Hubraum reduziert und von zwei IHI-Turboladern aufgeladen wurde, war es der erste Supersportwagen von Ferrari, der die magische 300-km/h-Grenze überschritt. Der beispiellose Erfolg des 308 GTB und seiner Ableger wies der Fabrik in Maranello den Weg zur V8-Modellpalette, die seitdem das Rückgrat der Fahrzeugproduktion bildet.

Ferrari
Ferrari

Ferrari
Ferrari

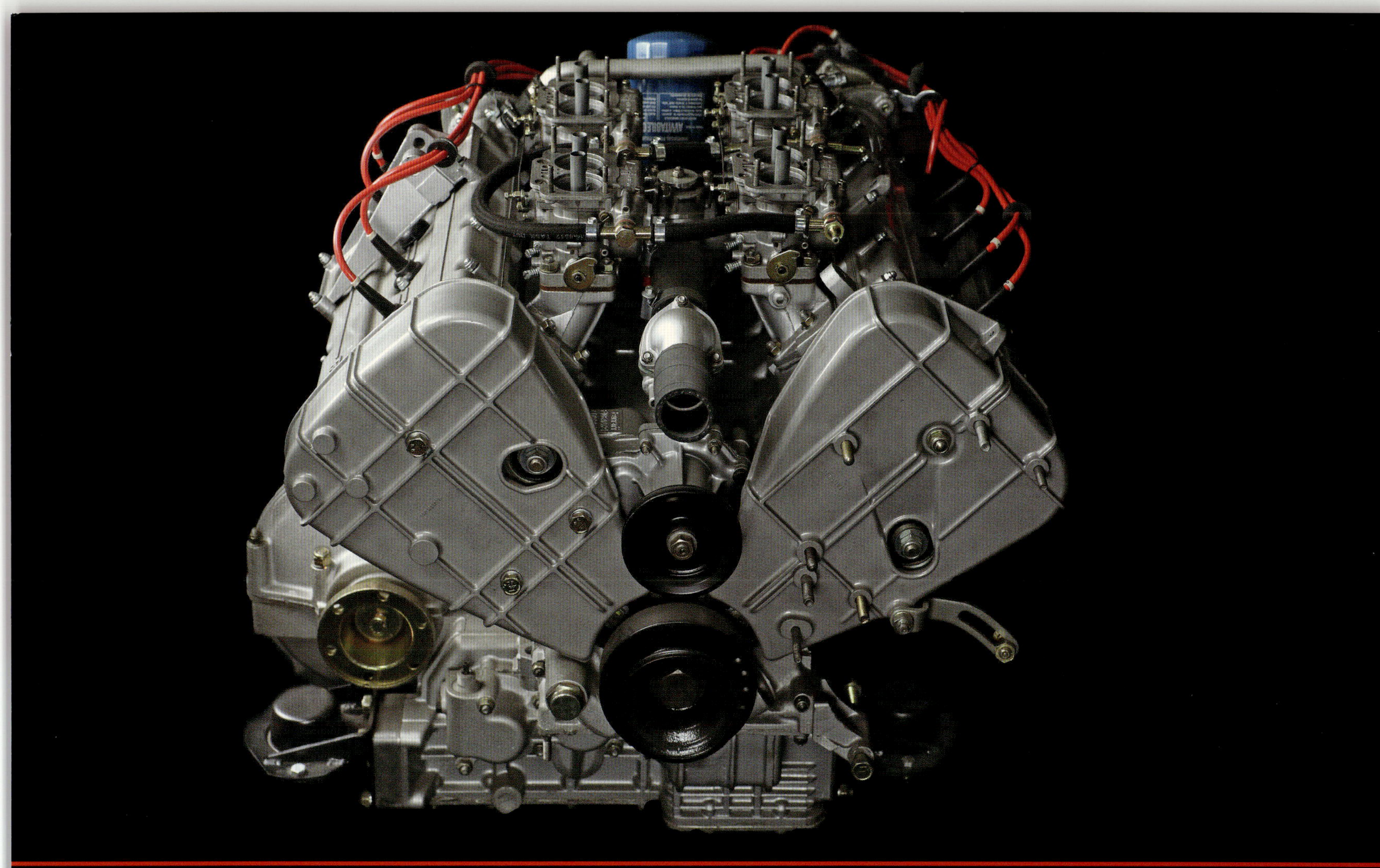

↑ Der optionale tiefere Frontspoiler, der breite Grill unterhalb der Fahrzeugnase und die breit ausgestellten Radhäuser verleihen dem Wagen einen kraftvoll wirkenden Auftritt.

↑ Das Heck trägt Ferraris „Handschrift“ in Form der runden Heckleuchten, der Modellbezeichnung und natürlich dem Cavallino Rampante.

➔ Fünfspeichen-Leichtmetallfelgen mit einem zentralen Ferrari-Logo waren erstmals 1968 am Modell 365 GTB4 zu sehen.

↘ Das Dach fließt elegant über zwei seitliche, die herumgezogene Heckscheibe einrahmende Ausläufer in die Motorhaube über.

↘↘ Vom beliebten Dino 246 GT sind die seitlichen Lufteinlässe übernommen.

↘↘↘ Ein typisches Ferrari-Attribut aus dieser Zeit sind die aufklappbaren Scheinwerfer, die zumindest im geschlossenen Zustand die Aerodynamik verbessern.

↓ Der von Pininfarina gestaltete 308 GTB wurde 1975 auf dem Pariser Salon erstmals der Öffentlichkeit präsentiert. Seine Silhouette weist einige Parallelen zum vorhergehenden Dino 246 GT auf.

208 Turbo

Der erste straßen-zugelassene Ferrari mit Turboaufladung (1982)

Anfang der 80er Jahre entstand unter der Leitung von Mauro Forghieri, dem Chefingenieur von Ferrari Reparto Corse, der erste Ferrari-Motor mit Turboaufladung. Dabei handelte es sich um einen V6-Motor mit 120° Zylinderwinkel und einem Hubraum von 1496,93 cm^3, der mit einem Turbolader des deutschen Herstellers KKK (Kühnle, Kopp und Kausch) versehen war. Seinen ersten Einsatz hatte der Motor 1980 im Formel-1-Wagen 126 CK. Zwei Jahre später, 1982, gewann Ferrari mit Turbomotoren die Konstrukteurs-Weltmeisterschaft der Formel 1 und im gleichen Jahr erschien auch der erste Straßen-Ferrari mit einem Turbomotor. Auf dem Turiner Autosalon stellte Ferrari den turboaufgeladenen 90°-V8-Motor F106 D mit 2,0 Litern Hubraum vor, der als quer eingebauter Mittelmotor das Modell 208 Turbo befeuerte. Die neue Technik erlaubte eine Reduzierung des Hubraums unter Beibehaltung der markengerechten Performance und wurde ein wesentlicher Bestandteil des Modellangebots im heimischen italienischen Markt. Dort hatte nämlich der Fiskus auf der Suche nach neuen Einnahmequellen für die chronisch leeren Staatskassen für Motoren über 2,0 Liter Hubraum eine sehr hohe Luxussteuer erhoben. Daher war dieses Modell offiziell nur für Italien vorgesehen; einige fanden auch den Weg nach Portugal, wo es ähnliche Steuergesetze gab. Für die Formel 1 war mittlerweile auch ein etwas zierlicherer Motor erforderlich. Der bisher im F1-Wagen 312 T5 eingebaute 180°-V12-Saugmotor konnte nicht mehr weiterverwendet werden, weil seine ausladende Bauform mit den aerodynamischen Anforderungen der damaligen „Schürzenwagen" und ihrem Unterdruckeffekt kollidierte. Maranello setzte von 1980 bis 1988 Turbomotoren in der Formel 1 ein und gewann damit viele Rennen und zwei Konstrukteurs-Weltmeisterschaften. Nach alter Ferrari-Tradition finden viele der technischen Raffinessen aus dem Rennsport den Weg in die Serienfertigung. Hier bereitete der Einsatz von Turbomotoren in der Formel 1 den Weg für den Ferrari 208 Turbo.

↓ Die Kröpfungen der geschmiedeten Kurbelwelle sind um 180° versetzt und liegen daher in einer Ebene. Das Zahnrad am vorderen Kurbelwellenende dient zum Antrieb der Zahnriemenwellen und der Ölpumpe.

↓↓ Die Auslasskanäle eines Zylinderkopfs, der für die Aufnahme auf der Oberseite steht.

Vor dem 208-Turbo-Triebwerk fertigte Ferrari speziell für den italienischen Markt einen 2,0 Liter großen V8-Saugmotor. Dieser war zuerst 1975 im Dino 208 GT4 eingebaut und blieb bis 1980 in Produktion. Der Motor hatte die Typenbezeichnung F106 C und Ferrari nannte eine Leistung von immerhin 180 PS (134 kW). Eine leicht überarbeitete Version mit der Bezeichnung F106 CB kam in den 1980 eingeführten Modellen 208 GTB und GTS zum Einsatz. Einem Alltagswagen waren die Fahrleistungen der beiden Modelle absolut angemessen, im Vergleich zu dem Potenzial der 3,0-Liter-Ausführungen – dem Dino 308 GT4, dem 308 GTB und GTS – jedoch eher mittelmäßig.

Nach Angaben von Ferrari erreichte der Dino 308 GT4 eine Höchstgeschwindigkeit von 250 km/h, der Dino 208 GT4 aber nur 215 km/h. Das ist auch nicht wirklich überraschend, denn der kleinere Motor hatte nur zwei Drittel des Hubraums und 70 PS weniger, musste aber das gleiche Fahrzeuggewicht bewegen.

Die gleichen Bedingungen treffen natürlich auch auf den 208 GTB und 308 GTB zu.

Die Turbolader-Lösung, mit der sich endlich auch eine dem Cavallino-Rampante-Schildchen auf der Fahrzeugnase angemessene Leistung einstellen sollte, war die richtige Entscheidung zur richtigen Zeit. So erhielt der 2,0-Liter-Saugmotor des bisherigen 208 GTB einen Turbolader mit dem Ziel, die Leistung zu steigern, ohne dabei unter die höhere Steuereinstufung für hubraumstarke Autos zu fallen. Und zusammen mit einem einzelnen KKK-Turbolader erfüllte der F106 D-Motor nicht nur die Erwartungen, sondern übertraf sie sogar. Die Beschleunigung der Turbo-Berlinetta war für die damalige Zeit äußerst erstaunlich, benötigte sie doch aus dem Stand heraus nur 6,5 Sekunden für eine Geschwindigkeit von 100 km/h und war damit schneller als die erste 308 GTB-Version, die dafür 7 Sekunden brauchte!

Mit einer Turboaufladung erhöht sich die Leistung deutlich, ohne dass dadurch auch das Gewicht nennenswert ansteigt. Ein Turbolader besteht im Wesentlichen aus einem Turbinen- und einem Verdichterrad, die beide auf einer gemeinsamen Welle sitzen. Die Energie der Auspuffgase treibt das Turbinenrad an und das Verdichterrad fördert kom-

↓ Der Zylinderblock ist ein Ableger des 308 GTB/GTS-Gehäuses und mit kleineren Zylinderlaufbüchsen versehen.

primierte Luft in die Brennräume des Motors. Das Verdichten der Ansaugluft – der maximale Ladedruck liegt beim F106 D-Motor bei 0,6 bar – erhöht deren Sauerstoffgehalt, wodurch mehr Kraftstoff verbrannt werden kann, was den Druck im Brennraum erhöht und damit die Leistung steigert.

Während der Saugmotor des 208 GTB von Angelo Bellei und Franco Rocchi entwickelt worden war, erhielt für die Entwicklung der aufgeladenen Version der Turbolader-Spezialist Nicola Materazzi den Auftrag. Er arbeitete seinerzeit in der Rennabteilung von Ferrari und beschäftigte sich hier intensiv mit dem turboaufgeladenen Formel-1-Wagen 126 CK. Ferrari übertrug ihm die Konstruktion der Straßenmodelle mit Turboaufladung und neben der Entwicklung des 208 Turbo war er auch für die später folgenden Modelle 288 GTO und den F40 verantwortlich, die beide längs eingebaute Mittelmotoren mit zwei Turboladern hatten.

Die mechanischen Komponenten des F106 D-Motors sind weitgehend baugleich mit denen des Saugmotors F 106 CB. Mit einer Leistung von 220 PS (164 kW) – der 308 GTB hatte 251 PS (188 kW) – und einem maximalen Drehmoment von 240 Nm bei 4800 min^{-1} erreicht der 208 Turbo eine Höchstgeschwindigkeit von 241 km/h.

Der wohl am meisten beeindruckende Wert des Motors ist seine Literleistung von 109 PS/Liter (81 kW/Liter)!

In der damaligen Anfangszeit der Turboaufladung war allerdings das so genannte „Turboloch“ noch sehr ausgeprägt, das heißt die zeitliche Verzögerung zwischen dem Durchtreten des Gaspedals und dem Einsetzen der Leistung, und der richtige Vortrieb setzte erst ab 3200 min^{-1} und dann schlagartig ein.

Wie auch beim 308 GTB ist der Motor des Turbo quer eingebaut; der Turbolader ist an der hinteren Zylinderbank angebracht und stützt

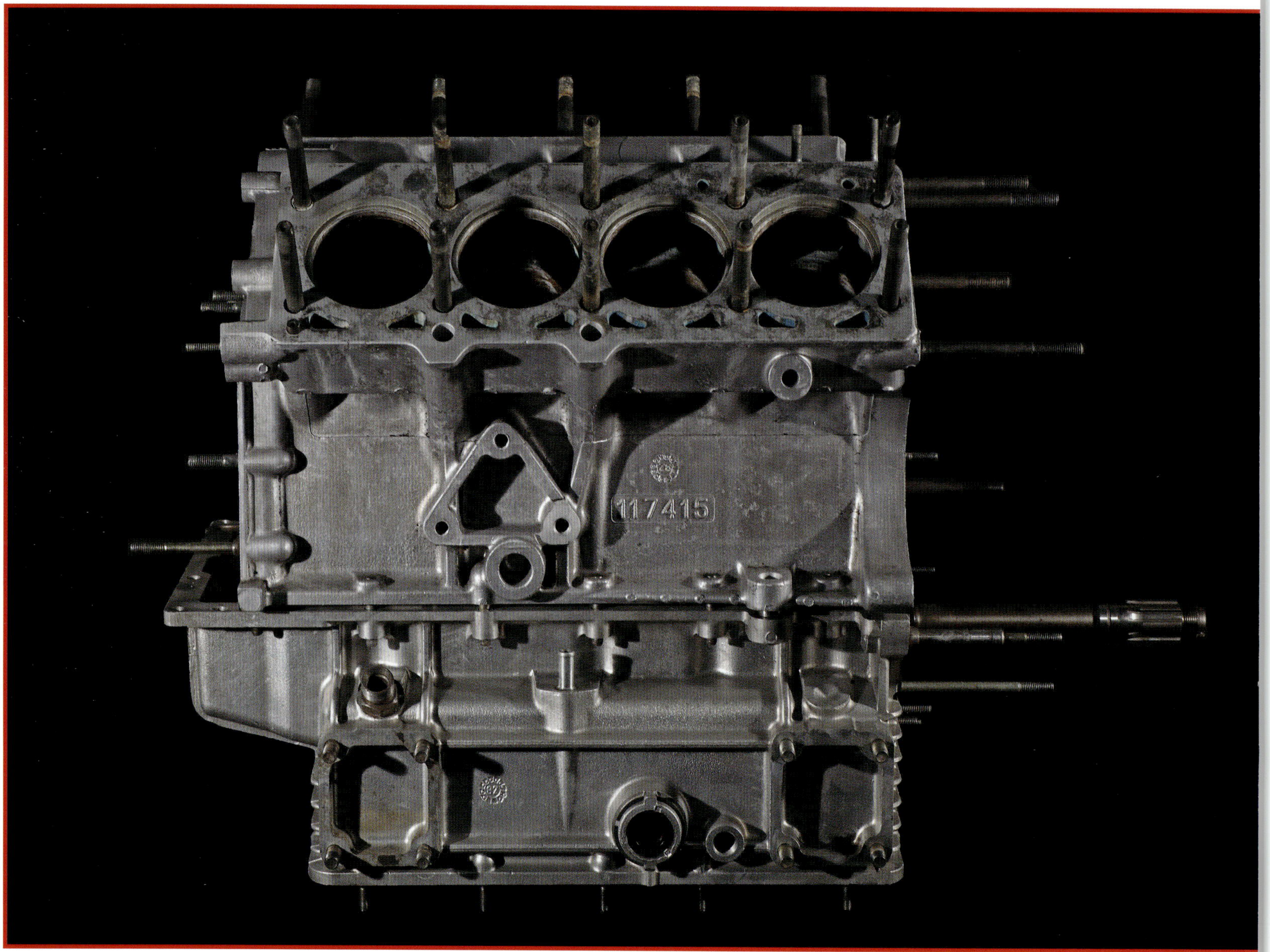

sich über eine Strebe zusätzlich am Differenzialgehäuse ab. Viele Bauteile des 90°-V8-Motors wie zum Beispiel der Zylinderblock, die Zylinderköpfe, Zahnriemenabdeckungen, Ventildeckel und das Getriebegehäuse bestehen wie beim 308 GTB aus Leichtmetallguss. Die insgesamt vier obenliegenden Nockenwellen werden über zwei Zahnriemen angetrieben und betätigen direkt über Tassenstößel jeweils ein Einlass- und ein Auslassventil pro Brennraum. Borgo lieferte die Aluminiumkolben, die in Nikasil®-beschichteten Zylinderlaufbüchsen aus Aluminium laufen und die Kraft über Stahlpleuel auf die Kurbelwelle übertragen. Laufbüchsen dieser Bauart wurden ab 1982 auch beim 308 GTB als Ersatz für die bisher verwendeten Graugussausführungen verwendet. Bei einer Bohrung von 66,8 mm und einem Hub von 71 mm ergibt sich ein Zylindereinzelhubraum von 248,83 cm^3. Allerdings erforderte der Ladedruck der Turboaufladung eine Herabsetzung des Verdichtungsverhältnisses auf 7 : 1; der rote Bereich beginnt bei 7000 min^{-1}. Die Kurbelwellenausführung mit 180°-Kröpfungen entspricht ebenfalls der 308 GTB-Bauweise (siehe vorhergehendes Kapitel), weshalb auch die Zündfolge mit 1-5-3-7-4-8-2-6 identisch ist. Das Schmiersystem ist als Nasssumpfschmierung ausgelegt mit einer direkt von der Kurbelwelle über Zahnräder angetriebenen Ölpumpe; ein Ölkühler gewährleistet moderate Temperaturen des Schmierstoffs. Vom 308 GTB übernommen wurde auch die Anordnung des Getriebes unterhalb des Motors, die turbospezifischen Eigenarten erforderten allerdings eine Anpassung der Getriebeübersetzungen. Die Kraftübertragung von der Kurbelwelle auf das Getriebe erfolgt über eine Einscheiben-Trockenkupplung und die bekannte Zahnradkaskade.

Zur Gemischaufbereitung ist die mechanisch arbeitende Kraftstoffeinspritzung K-Jetronic von Bosch vorhanden, für den zündenden Funken sorgt die elektronische Zündanlage Marelli MED 804A. Bei der K-Jetronic handelt es sich um eine der ersten Kraftstoffeinspritzungen, die nach den Stempelpumpen auf den Markt kamen. Der Kraftstoff tritt hier kontinuierlich aus den Einspritzventilen aus (daher das „K" in der Bezeichnung), die Kraftstoffzuteilung wird über die Messung der angesaugten Luftmenge mittels einer Stauklappe im so genannten Mengenteiler vorgenommen.

Durch die höhere Literleistung entstehen beim Turbomotor im Vergleich zur Saugmotorversion höhere Betriebstemperaturen. Daher waren einige Änderungen an der Karosserie des 208 Turbo erforderlich, um die Wärmeabfuhr und Kühlung zu verbessern. Um den Luftdurchsatz durch den Motorraum zu erhöhen, wurden direkt vor den Hinterrädern so genannte NACA-Lufteinlässe in die Karosserieseiten eingearbeitet. Der Spoiler am hinteren Dachende soll nicht nur mehr Abtrieb am Heck erzeugen, sondern auch einen Luftstrom über die Motorabdeckung leiten, der über die Lüftungsschlitze warme Luft aus dem Motorraum mitreißt. Im Innenraum des Turbo ist in der Mittelkonsole neben dem Schalthebel eine Ladedruckanzeige angebracht, die dem Fahrer die aktuellen Druckverhältnisse mitteilt. Für einen zuverlässigen und störungsfreien Betrieb war und ist das genaue Befolgen der Hinweise im Fahrerhandbuch von großer Bedeutung.

Die wichtigste Regel lautete – und die traf für alle Turbomotoren dieser Zeit zu – dem Turbolader nach einer strammen Fahrt eine angemessene Zeit zur Abkühlung einzuräumen. Daher ist es sehr wichtig, den Motor ein oder zwei Minuten im Leerlauf arbeiten zu lassen, bevor man die Zündung ausschaltet. So wird verhindert, dass im glühend heißen Turbolader das Öl verbrennt und dadurch Schäden entstehen.

Vier Jahre, von 1982 bis 1985 wurde der 208 Turbo gebaut und in diesem Zeitraum entstanden 437 Coupés und 250 Spider.

Zeitgleich mit der Einführung des 328 GTB/GTS mit 3,2-Liter-V8-Saugmotor im Jahr 1986 wurde auch der 208 Turbo überarbeitet. Neben den Änderungen an Karosserie und Innenraum, die vom 328 GTB/GTS übernommen wurden, erhielt er auch einen neuen Turbolader des japanischen Herstellers IHI (Ishikawajima-Harima Heavy Industries).

Der maximale Ladedruck stieg damit auf 1,05 bar an und die Motorbezeichnung lautete nun F106 N.

Dank des neuen IHI-Turboladersystems stieg die Leistung auf 254 PS (189 kW) bei 6500 min^{-1} und der neue 208 Turbo erreichte nun eine Höchstgeschwindigkeit von 253 km/h. Hinzu kam, dass die verwertbare Leistung nun etwas zivilisierter und bereits bei etwa 3000 min^{-1} einsetzte. Bis 1989 entstanden von diesem Turbo-Modell 308 Exemplare in der Coupé-Ausführung und 828 Spider-Versionen. Das waren auch die letzten Ferrari-Modelle in der speziellen „2,0-Liter-Steuersparversion".

Nach der Produktionseinstellung des F40 im Jahr 1992 sollte es über 20 Jahre dauern, bis Ferrari wieder ein Modell mit Turboaufladung im Programm hatte, denn erst 2014 erschien der California T mit einem aufgeladenen Motor, der vor dem Fahrer eingebaut war. Es war der erste Vertreter mit einem V8-Turbomotor einer neuen Motorengeneration und hatte den Code F154 BB. Aus einem Hubraum von 3855 cm^3 schöpfte er eine Leistung von 560 PS (418 kW). Nach den erfolgreichen V8-Modellen mit traditionell ansaugendem Mittelmotor (360, 430, 458) im ersten Jahrzehnt der 2000er Jahre fasste man bei Ferrari den Entschluss, beim Nachfolger des 458 den Turbo wieder auferstehen zu lassen. Das war der 488 GTB und die Zahl 488 erinnerte an die „alten Zeiten", als Ferrari mit der Modellbezeichnung den ungefähren Einzelhubraum eines Zylinders angab: 488 cm^3 x 8 = 3904 cm^3, womit

← Zu Demonstrationszwecken wurde der noch leere Zylinderblock provisorisch auf das Getriebe aufgesetzt. Links fehlt noch das Steuergehäuse, daher ragt das Getriebegehäuse über den Motorblock hinaus. Der waagerechte Spalt zwischen Motorblock und Getriebe ist nach der endgültigen Montage nicht mehr vorhanden.

← Das Getriebegehäuse von unten mit dem Getriebedeckel (oben) und dem Ölwannendeckel (unten).

↙ Zur zusätzlichen Kühlung ist der untere Deckel der Ölwanne mit Kühlrippen versehen. An den im Bild nach hinten weisenden Stegen sind Schwallbleche befestigt, die unkontrollierte Bewegungen des Ölvorrats verhindern.

↓ Das Getriebe- und Differenzialgehäuse, jetzt ohne aufgesetzten Motorblock, dafür mit der seitlich angebrachten Kupplungsglocke, in der das Transfergetriebe integriert ist.

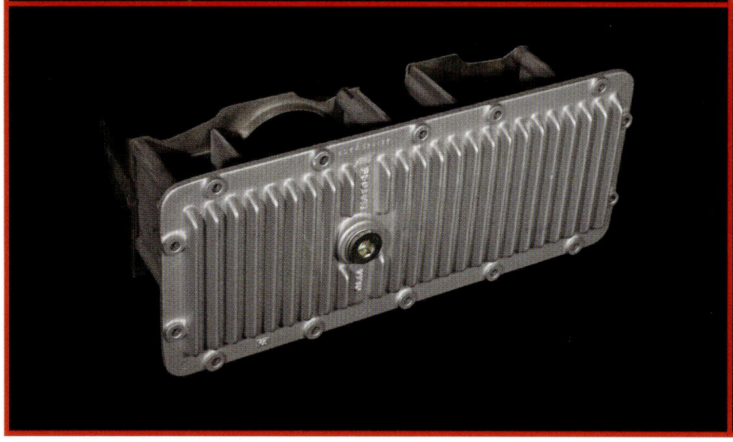

← Blick von unten in das Getriebegehäuse. Die untere Getriebewelle ist die Haupt- oder Eingangswelle, die obere Neben- oder Abtriebswelle. Das etwas breitere Zahnrad auf der Abtriebswelle treibt das darüber befindliche Differenzial an.

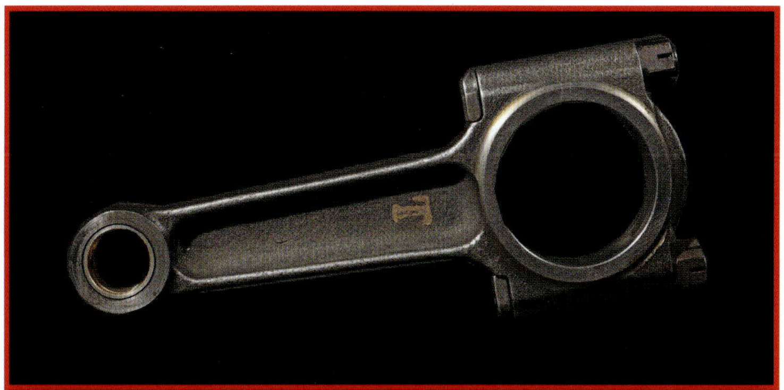

→ Der Pleuelfuß ist horizontal geteilt, daher lässt sich das Pleuel wegen der kleinen Zylinderbohrung bei der Demontage nicht nach oben aus der Zylinderlaufbüchse herausziehen – oder bei der Montage von oben einführen.

→ Durch das relativ geringe Verdichtungsverhältnis haben die Kolben einen ebenen Kolbenboden ohne Erhöhung.

↓ Einbaufertig präsentieren die sich links Auslass- und rechts die Einlassventile einer Zylinderbank. Gut erkennbar ist die Nut am oberen Schaftende für die Ventilkeile.

↑ **Der Turbolader ist am hinteren Motorende angebracht und stützt sich über eine Strebe am Ausgleichsgetriebe ab.**

FERRARI 208 TURBO – TECHNISCHE DATEN

Motorbezeichnung	F106 AD
Motorbauweise	Quer eingebauter Mittelmotor, V8, 90° Zylinderwinkel
Bohrung und Hub	66,8 x 71 mm
Gesamthubraum	1990,64 cm^3
Einzelhubraum	248,83 cm^3
Verdichtungsverhältnis	7,0 : 1
Maximale Leistung	217 PS (162 kW) bei 7000 min^{-1}
Literleistung	109 PS/Liter (81 kW/Liter)
Ventilsteuerung	Zwei obenliegende Nockenwellen pro Zylinderbank, zwei Ventile pro Zylinder
Gemischaufbereitung	Einspritzanlage Bosch K-Jetronic, einzelner KKK-Turbolader, Ladedruckregelung über externes Wastegate
Zündsystem	Elektronische Zündung Marelli MED 840A, zwei Verteiler, zwei Zündspulen, eine Zündkerze pro Zylinder
Schmiersystem	Nasssumpfschmierung
Kupplung	Einscheiben-Trockenkupplung
Maximales Drehmoment	240 Nm bei 4800 min^{-1}
Zündfolge	1–5–3–7–4–8–2–6

man sehr nahe am tatsächlichen Hubraum von 3902 cm^3 war. Der Motor hatte die Bezeichnung F154 CB und verfügte über zwei Turbolader – wie die beiden Frontmotor-Modelle California T und dessen Nachfolger, der Portofino.

Stolz präsentierte Ferrari das Meisterwerk im eingebauten Zustand, ähnlich wie beim 360 Modena (siehe entsprechendes Kapitel in diesem Buch) unter der verlängerten Heckscheibe aus getemperten Glas. In den vergangenen 25 Jahren hatte Ferrari die Hände nicht in den Schoß gelegt, denn während der 208 Turbo „nur" 220 PS (164 kW) leistete, liefert der mächtige Motor des 488 dank konsequenter Weiterentwicklung des Turbokonzepts beeindruckende 661 PS (493 kW) bei 8000 min^{-1}. Und damit noch kein Ende. Im März 2018 präsentierte Ferrari

→ **Die Zylinderlaufbüchsen (hier auf dem Kopf stehend abgebildet) werden beim Zusammenbau in den Motorblock eingepresst.**

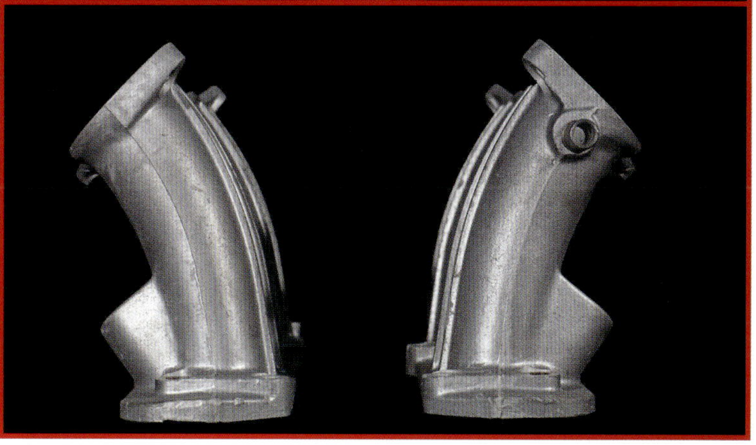

↑↑ Der Luftsammler ist in rotem Schrumpflack lackiert und das darin eingegossene Turbo-Logo weist unübersehbar auf die eingebaute Technik hin.

↑ Gesamtaufnahme des Luftsammlers. Die Ladeluft tritt über den Drosselklappenstutzen am unteren Bildrand ein und gelangt über Bohrungen an der Unterseite (dem Turbo-Logo gegenüberliegend) in die Ansaugkanäle.

↑↑ Der Turbolader kann in zwei Sektionen unterteilt werden: den Verdichterbereich (links mit Ladeluftschläuchen) und dem Turbinenbereich (rechts mit Abgasrohr).

↑ Die Ansaugstutzen einer Zylinderbank bilden jeweils ein Aluminiumgussteil. Auf sie wird später der Luftsammler aufgesetzt.

auf dem Genfer Salon den stärksten aufgeladenen V8-Motor der Firmengeschichte für den Straßeneinsatz. Mit zwei Turboladern erzeugt der 488 Pista imposante 720 PS (537 kW) – genau 500 PS (373 kW) mehr als der „kleine" 208 Turbo!

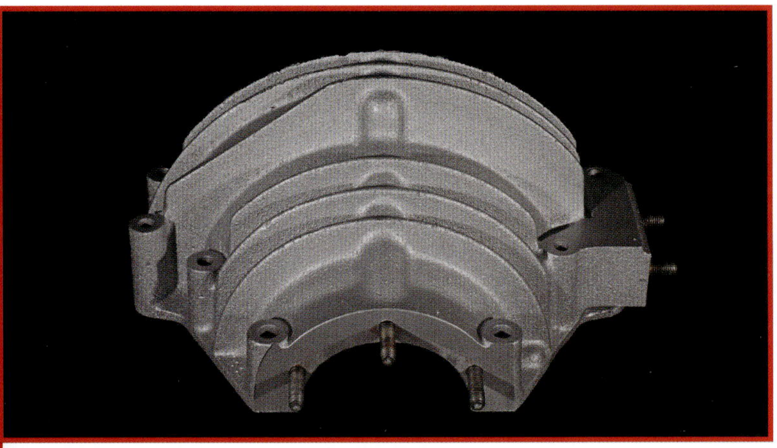

↖ Einer der beiden Zylinderköpfe mit montierten Ventilen. Die halbkugelförmige Kontur des Brennraums ist gut erkennbar.

↑ Das obere Differenzialgehäuse mit dem Anguss für die Strebe zur Abstützung des Turboladers (rechts)

← Noch ohne Innenleben präsentieren sich hier Getriebe- und Differenzialgehäuse.

↓ Die Kupplungsglocke und das Transfergetriebegehäuse des 208 Turbo weisen eine große Ähnlichkeit mit den Bauteilen des 308 GTB auf (siehe vorhergehendes Kapitel).

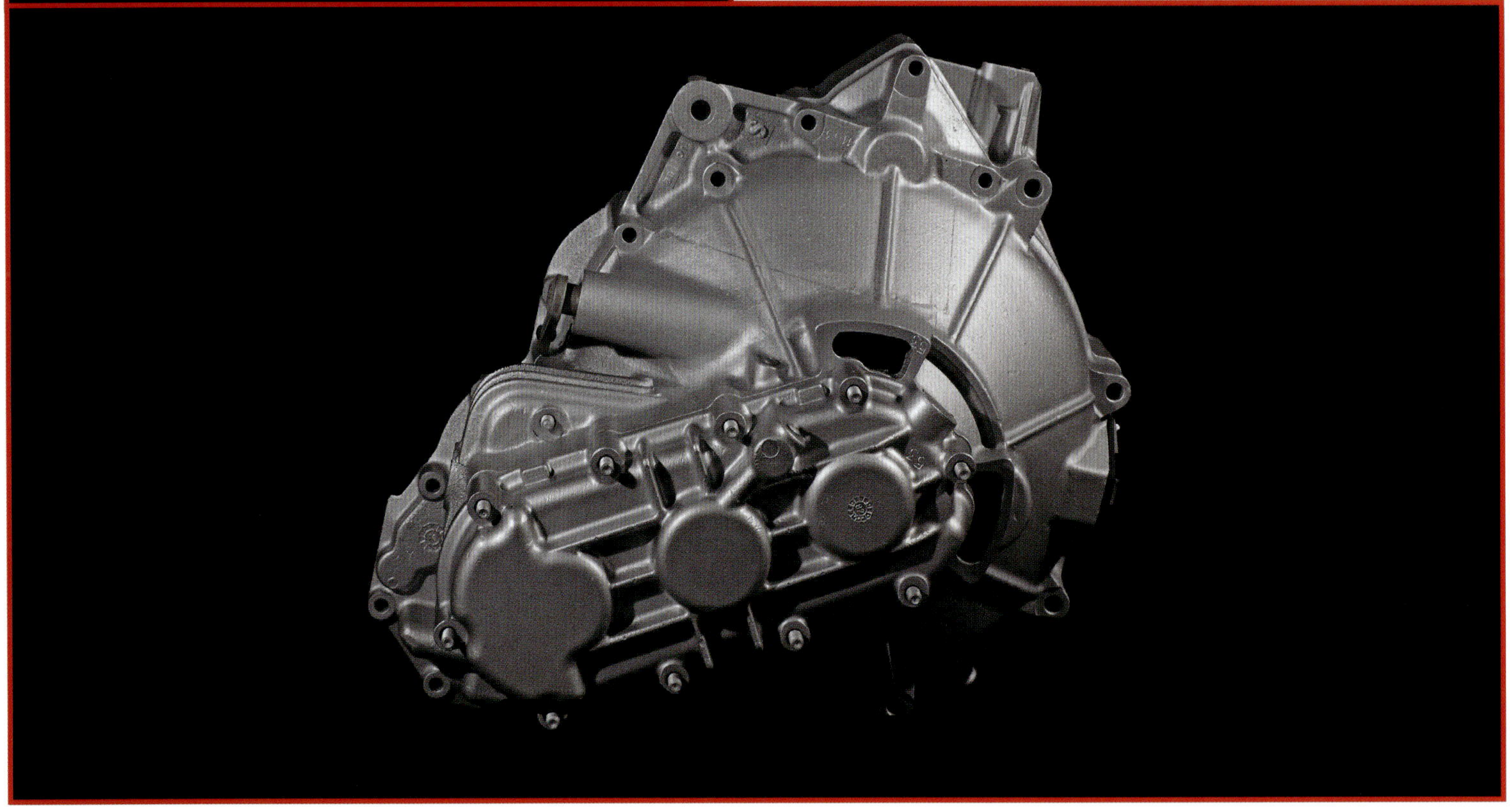

↑ Vorderansicht des Getriebegehäuses. Die quadratischen Aufnahmen an den Ecken dienen zur Befestigung der Motorlager, durch die große, runde Öffnung verläuft die Schaltwelle, in die kleine Öffnung wird der Öltemperaturfühler eingeschraubt.

→ Nahaufnahme einer Zylinderlaufbüchse, auf dem Kopf stehend abgebildet. Der jetzt unten liegende Bund dichtet im eingebauten Zustand die Büchse im oberen Bereich ab und fixiert sie zusätzlich im Block.

↓ Hier sind die Zylinderlaufbüchsen noch nicht im Zylinderblock eingebaut und daher die Aufnahmen für deren oberen Bund deutlich zu erkennen. Die Laufbüchsen sind im eingebauten Zustand zu einem großen Teil von Kühlmittel umspült.

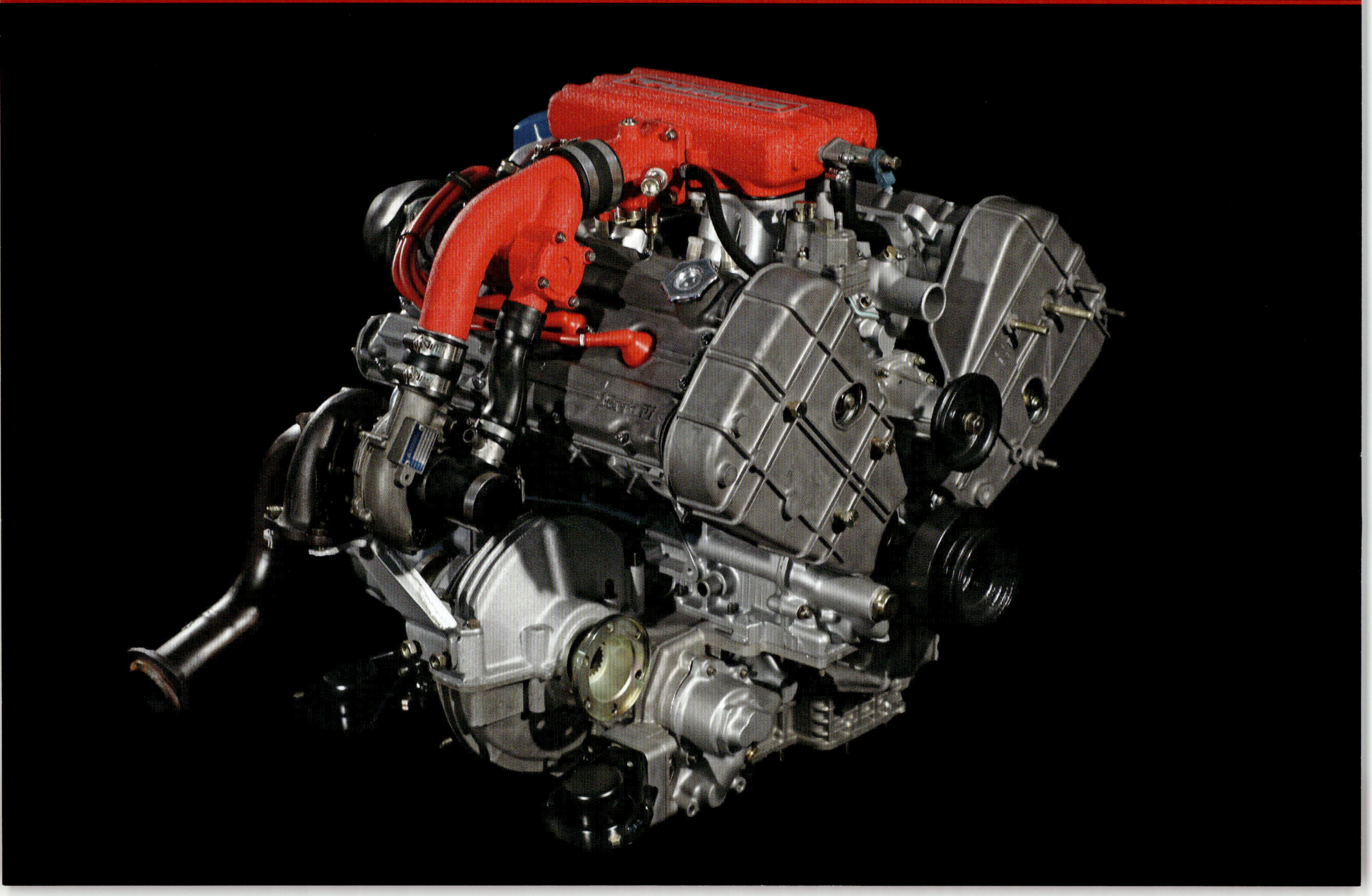

Ferrari
Ferrari

↑ Die Vorderansicht des 208 Turbo weist große Ähnlichkeit mit der des 308 GTB auf.

↑ Auch die Heckansicht ähnelt sehr der des 308 GTB. Beim Turbo ist allerdings über dem Schalldämpfer noch eine zusätzliche Luftauslassöffnung zur Wärmeabfuhr vorhanden.

→ Aufklappbare Scheinwerfer verbessern die Aerodynamik und gehörten in den 1970er und 1980er Jahren zu einem Ferrari einfach dazu.

↘ Ein Turbo-Schriftzug wies den interessierten Beobachter darauf hin, was hier vor ihm stand.

↘↘ Diese Perspektive lässt keinen Zweifel aufkommen – hier handelt es sich eindeutig um einen Ferrari.

↘↘↘ Die schwarz lackierten Lüftungsschlitze sind nicht nur ein gestalterisches Element, sondern dienen auch zu Abführen der Kühlerabwärme.

↓ Der Turbomotor erreicht deutlich höhere Betriebstemperaturen. Daher sind vor den Hinterrädern zusätzliche Lufteinlässe vorhanden, um den Luftdurchsatz durch den Motorraum zu erhöhen.

GTO (288)

Der Supersportwagen mit Doppel-Turboaufladung (1984)

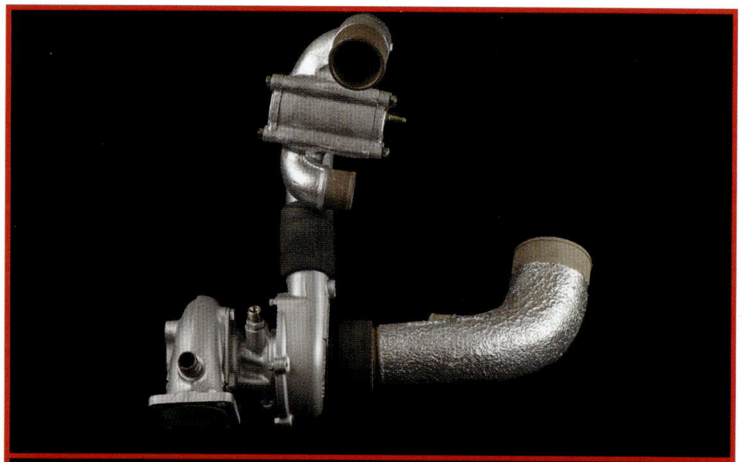

← **Einer der beiden IHI-Turbolader: Über den rechten Rohrbogen saugt das Verdichterrad die Luft aus dem Luftfilterkasten an und fördert sie unter Druck über den oberen Stutzen zum Ladeluftkühler.**

↙ **Eines der beiden Drosselklappenteile, die den Eintritt der Ansaugluft steuern. An der dünnen senkrechten Aufnahme rechts wird später der Drosselklappensensor montiert, der die Stellung und Bewegungen der Drosselklappe erfasst.**

Drei einfach aneinandergereihte Buchstaben schrieben Anfang der 60er Jahre Automobilgeschichte, denn sie standen für den wohl legendärsten Ferrari aller Zeiten – den 250 GTO. Es sollten 22 Jahre vergehen, bis sich wieder ein Auto aus Maranello damit schmücken durfte. Als Grand Tourismo Omologato wird nur ein wirklich besonderer Wagen bezeichnet und der 288 GTO war sehr besonders. Gemäß der neuen Gruppe-B-Vorgaben, die den Einsatz von leistungsstarken Rennwagen bei der Rallye-Weltmeisterschaft erlaubten, entstanden lediglich 272 Exemplare, die jedoch nie zum vorgesehenen Einsatz kamen – die Rennserie wurde wegen mehrerer tödlicher Unfälle vorzeitig eingestellt.

Der Motor des GTO, ein V8-Motor mit zwei Turboladern und genau 2855,08 cm^3 Hubraum, entstand wie so oft in der Geschichte von Ferrari bei der Suche nach Leistung für den Wettbewerbseinsatz. Und er basiert bereits auf einem Rennmotor, denn er ist eine Weiterentwicklung des Triebwerks, das Ferrari für Lancia baute und das der Hersteller in seinem Sport-Prototyp Lancia LC2 in der Saison 1983 einsetzte. Der etwas untypische Hubraum ist den FIA-Bestimmungen geschuldet. Sie besagten nämlich, dass in der Gruppe B der Hubraum turboaufgeladener Motoren mit dem Faktor 1,4 multipliziert werden musste. Damit hatte der GTO einen theoretischen Hubraum von 3997 cm^3 und blieb gerade so unter der Gruppe-B-Hubraumgrenze von 4,0 Litern. Außerdem mussten mindestens 200 Exemplare des Wagens gebaut werden. So entstand der Motorentyp F114 B als – wie bereits erwähnt – Ergebnis intensiver Entwicklungsarbeit für einen äußerst leistungsstarken Rennmotor mit maximaler Spitzenleistung.

Obwohl als Rennwagen konzipiert, wurde der GTO offiziell nie bei Rennen eingesetzt und die 272 gebauten Exemplare blieben reine

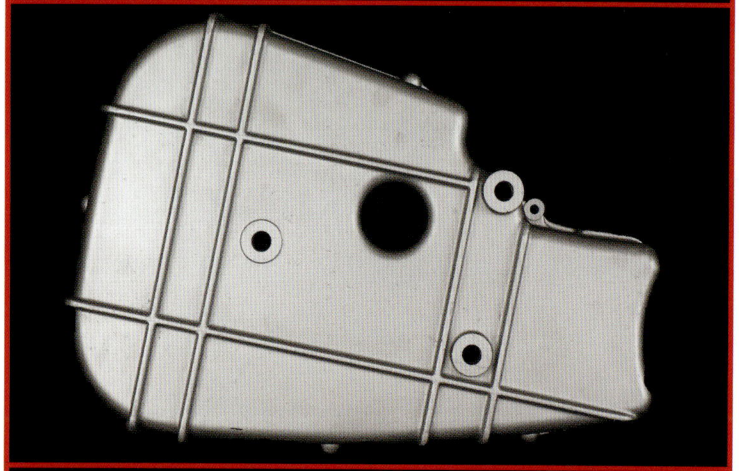

↖ **Ähnlich wie beim 308 GTB sind auch beim GTO die Zahnriemen mit einer Aluminiumabdeckung geschützt.**

← **Der Ladedruck der beiden Turbolader wird über ein gemeinsames Wastegate-Ventil geregelt, das ab einem bestimmten Abgasdruck einen Bypass-Kanal öffnet.**

→ **Aus Leichtmetallguss besteht die kompakte Ölwanne der Trockensumpfschmierung, in die eine Absaugpumpe integriert ist.**

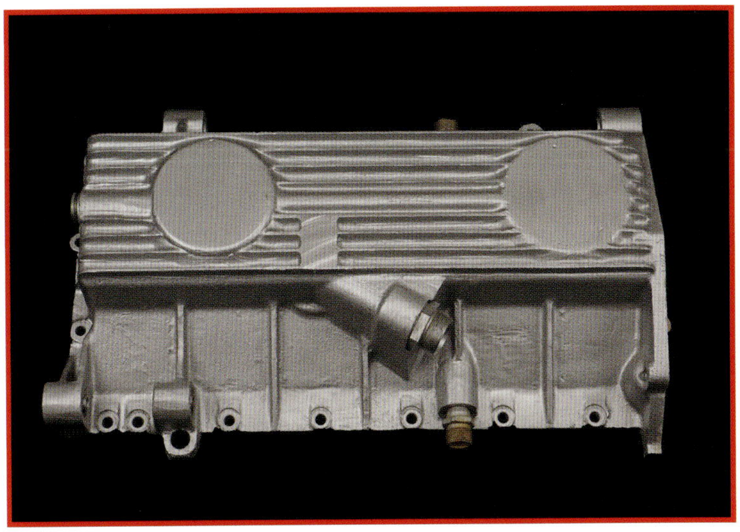

Straßenwagen. Er war dafür das erste Ferrari-Modell, das sofort zu einem begehrten Sammlerobjekt wurde. Mit ihm entstand die neue Kategorie des Supersportwagens und bereitete den Weg für den F40, F50, Enzo, La Ferrari und La Ferrari Aperta. Die Vorstellung an die in Ehrfurcht erschaudernde Ferrari-Fangemeinde fand 1984 auf dem Genfer Salon statt und fast alle der 200 geplanten Wagen waren unmittelbar danach verkauft. Damals war der GTO der schnellste jemals gebaute Straßenwagen, durchbrach die 300-km/h-Schallmauer (er erreichte 304 km/h, um genau zu sein) und beschleunigte in nur 4,9 Sekunden von 0 auf 100 km/h.

Anfang der 80er Jahre musste Enzo Ferrari feststellen, dass den Wagen aus Maranello in der Leistung ebenbürtige Kontrahenten entstanden waren. So baute die Konkurrenz wie zum Beispiel BMW mit dem M3 ebenfalls sehr schnelle Wagen, die vergleichbare Leistungs-

↓ **Der Motorblock mit aufgesetzten Zylinderköpfen. Die Tassenstößel der 16 Ventile (acht Einlass- und acht Auslassventile) einer Zylinderbank sind bereits in den Kopf eingesetzt, es fehlen allerdings noch die obenliegenden Ventilspieleinstellscheiben (Shims).**

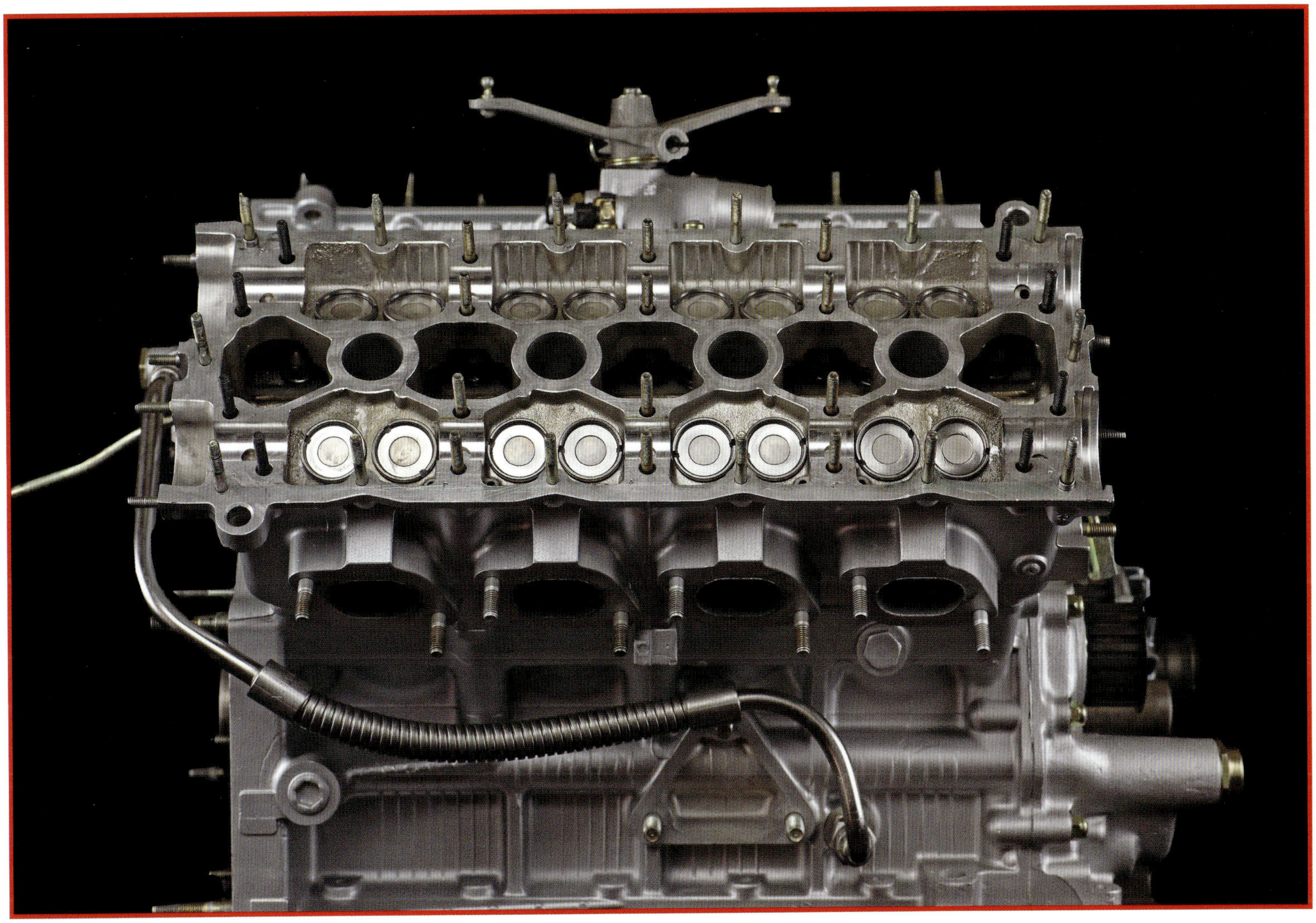

daten wie der 308 GTB aufwiesen, aber wesentlich günstiger waren. In diesem Zusammenhang muss auch erwähnt werden, dass Ferrari damals begann, die Modelle mit einer Kraftstoffeinspritzung auszurüsten, um die schärferen Abgasgrenzwerte einhalten zu können. Allerdings ließ sich das nicht ohne Leistungseinbußen umsetzen. Das ist einer der Gründe, warum 1983 der Ingenieur Nicola Materazzi den Entwicklungsauftrag für einen Turbomotor erhielt, der wesentlich mehr Leistung als alle damals produzierten Ferrari-Motoren haben sollte. In Maranello arbeitete man zu diesem Zeitpunkt gerade an einem etwa 330 PS (246 kW) starken Turbomotor und als Materazzi mit Enzo Ferrari über das Projekt diskutierte, erwähnte er, dass dieser Motor das Potenzial für mindestens 400 PS (298 kW) haben würde. Enzo Ferrari antwortete ohne zu zögern: „Molto bene, dann bauen wir ihn so!“ In der Ferrari-Organisation gab es damals zwei Entwicklungsbüros, eines für die Straßenmodelle und eines für die Wettbewerbsfahrzeuge. Der GTO entstand jedoch in einem dritten kleinen Büro, in dem Materazzi den 2,8-Liter-Biturbo-Motor konstruierte, der dann in den Werkshallen von den Ferrari-Technikern gebaut wurde.

Anschließend ernannte Ferrari Materazzi zum Technischen Produktionsleiter und nachdem er schon den Motor konstruiert hatte, sollte Materazzi schließlich auch die Gesamtentwicklung des GTO übernehmen.

Der wesentliche Unterschied in der Motoranordnung zwischen dem GTO und dem 308 GTB war die längsliegende Kurbelwelle des GTO gegenüber der querliegenden Einbaulage am GTB-Motor. Enzo Ferrari schätzte sehr die ästhetische Ausführung der Motordetails, die nach dem Öffnen der GTO-Haube sichtbar wurden. Er sprach Materazzi persönlich ein Kompliment aus: „Man sieht, dass Sie wissen was Sie tun und Sie machen es sehr gründlich und genau.“ Vor dem GTO hatte nur der 250 LM als einziger „Straßenwagen“ einen längs eingebauten Mittelmotor mit einem hinter der Hinterachse liegenden Getriebe erhalten. Einem quer eingebauten Mittelmotor fehlen die Symmetrie und Ausgewogenheit, die ein längsliegender Einbau aufweist.

Mit zwei großen Ladeluftkühlern von Behr erzeugte der F114 B eine Leistung von 400 PS (298 kW) bei 7000 min^{-1} und ein Drehmoment von 496 Nm bei 3800 min^{-1}. Da die ursprünglich geplante Anzahl von

200 Fahrzeugen schon kurz nach der Vorstellung in Genf verkauft war, entschied man sich in Maranello dazu, zumindest noch die Anfragen von 72 ganz wichtigen Ferrari-Kunden zu erfüllen.

Neben den Serienfahrzeugen entstanden vier Prototypen, von denen drei bei Crash-Tests ihr Dasein aushauchten. Der vierte Wagen war lange im Besitz von Ferrari, bis er kürzlich an einen Sammler verkauft wurde. Gebaut wurde der 288 GTO von 1984 bis Anfang 1986; die nach der damaligen Nummerierungsordnung ungeraden Rahmennummern verteilen sich auf den Bereich von 52465 – 58345. Auch wenn die Rennen der Gruppe B, in denen sich der GTO hätte bewähren können, letztendlich nicht stattfanden, war es von Anfang an klar, dass dieser Wagen die Ferraristi nicht enttäuschen würde, selbst wenn er sein Potenzial nicht im direkten Wettbewerb zeigen konnte.

Seine Form stammt aus der Feder des bei Pininfarina arbeitenden Leonardo Fioravanti. Auf den ersten Blick besteht eine gewisse Ähnlichkeit mit dem 308 GTB (den Fioravanti ebenfalls kreierte), aber unter dem schmückenden Äußeren ist alles radikal anders. Trotz einiger Designanleihen beim 308 GTB wirkt der GTO deutlich aggressiver und lässt einige Merkmale des legendären 250 GTO anklingen. Wie an seinem berühmten Vorgänger läuft das Heck spoilerförmig aus und die seitlichen Lüftungsschlitze hinter dem Hinterrad erinnern an die Lüftungsöffnungen in den Kotflügeln des 250 GTO. Der Radstand ist mit 2451 mm etwas länger als die 2340 mm beim 308, um Platz für den längs eingebauten 2,8-Liter-Motor zu schaffen. Seinen aerodynamischen Feinschliff erhielt der neue GTO bei ausgiebigen Sitzungen im Windkanal. In traditioneller Ferrari-Manier wurden das Chassis und der Hilfsrahmen für Motor und Getriebe aus Stahlrohren zusammengeschweißt. Viele Karosserieteile bestehen aus Verbundmaterial, haben eine Sandwichbauweise mit Wabenstruktur oder sind aus glasfaserverstärktem Kunststoff geformt. Kevlar® diente als Werkstoff für die Haube und beim Dach kam ein Verbund aus Kevlar® und Kohlefaser zum Einsatz. Diese Materialien stammten direkt aus der Hexenküche von Ferraris Formel-1-Team. So wiegt die vordere Haube des GTO dank der Wabenbauweise mit Kevlar® gerade einmal 3 kg! Mit diesen Materialien ließ sich das Fahrzeuggewicht drastisch reduzieren, ohne dabei Einbußen bei der Festigkeit in Kauf nehmen zu müssen. Um breitere Räder unterbringen zu können, mussten die Radhäuser nach außen gezogen werden, was den sportlich-aggressiven Auftritt betont. Damit der Biturbo-Motor auch genug Luft bekommt, sind diverse Lufteintritts- und -austrittsöffnungen vorhanden. Dazu gehören Lüftungsschlitze in der vorderen Haube zur Ableitung der Kühlerabwärme, Einlassöffnungen vor den Hinterrädern und hinter den Türen für die Frischluftzufuhr zu den Hinterradbremsen und in den Motorraum. Dazu kommt eine Motorhaube mit zahlreichen Lüftungsschlitzen, über die warme Luft austreten kann. Ein weiteres besonderes Merkmal sind die Rückspiegel an den Türen, die man auf periskopartige Ausleger gesetzt hat, um nach hinten einen ungestörten Blick an den ausladenden Radhäusern vorbei zu erhalten. Am hinteren Ende der vorderen Kotflügel sind auf beiden Seiten die Wappen der Scuderia Ferrari angebracht und stellen so eine Verbindung zu den Rennwagen von Ferrari her. Vielleicht etwas überraschend ist der Innenraum des GTO recht komfortabel gestaltet und die Schalensitze aus Kevlar® (die vom Styling denen des 365 GTB4 „Daytona" ähnelten) konnten entweder in schwarzem Vollleder oder in Teilleder mit orangefarbenen Stoffeinlagen bestellt werden. Die Fenster lassen sich elektrisch öffnen und schließen, es gibt ein AM/FM-Radio-Kassettengerät und das umfangreiche Instrumentenbrett beinhaltet neben dem Tachometer und dem bis 10.000 min^{-1} reichenden Drehzahlmesser unter anderem auch eine Ladedruckanzeige, Öltemperatur- und Öldruckanzeige sowie eine Wassertemperaturanzeige. Optional konnte sogar eine Klimaanlage bestellt werden.

← **Ferraris erster Biturbo-Motor bereitete den Weg für den ebenfalls mit zwei Turboladern bestückten 3,9-Liter-V8-Motor des 488 Pista, der 2018 die Auszeichnung „Engine Of The Year" erhielt.**

Der F114 B hat eine Bohrung von 80 mm, einen Hub von 71 mm und ist mit zwei IHI-Turboladern versehen, deren Turbinen mit maximal 180.000 min^{-1} drehen und einen Ladedruck von 0,8 bar erzeugen. Zur Kühlung der verdichteten Ansaugluft sind zwei große Ladeluftkühler von Behr vorhanden. Materazzi lieferte die versprochenen 400 PS (298 kW) ab, was einer Literleistung von 140 PS/Liter (104 kW/Liter) entspricht. Wie bei vielen Wagen mit Turboaufladung aus dieser Zeit ist ein ausgeprägtes „Turboloch" vorhanden und den anschließenden brachialen Leistungseinsatz zu bändigen, ist eine Herausforderung. Um den sportlichen Charakter des V8 optisch zu unterstreichen, sind die Ansaugstutzen und Ventildeckel in rotem Schrumpflack lackiert und stellen so eine Verbindung zu einem weiteren legendären Sportwagen her – dem Testarossa.

Der längs eingebaute Motor erforderte zudem eine neue Getriebeausführung, die von ähnlichen Lösungen aus dem Rennsport abgeleitet wurde.

Das längs eingebaute Getriebe teilt sich mit dem Differenzial zwar ein Gehäuse, ist aber darin hinter diesem und damit hinter der Hinterachse angeordnet und endet erst kurz vor dem Heck. Der Abschlussdeckel erhielt einen Ferrari-Schriftzug, den der sich verneigende Betrachter zu lesen bekommt. Da das Modell ursprünglich für den Wettbewerbseinsatz konzipiert war, hätten sich mit dieser Bauweise die für die verschiedenen Rennstrecken erforderlichen Übersetzungsänderungen schnell durchführen lassen können. Um die hohe Leistung problemlos übertragen zu können, ist eine Zweischeiben-Trockenkupplung von Borg & Beck vorhanden, die zudem hydraulisch betätigt wird.

Viele Motorteile wie der Zylinderblock, die Zylinderköpfe, Kolben,

Zahnriemenabdeckungen, Ölwanne, Getriebegehäuse usw. sind aus Leichtmetallguss gefertigt. Der Öltank der Trockensumpfschmierung ist auf der rechten Seite im Motorraum angeordnet, direkt gegenüber liegt der Einfüllstutzen für den links angebrachten Kraftstofftank mit 120 Litern Fassungsvermögen. Vier Ventile pro Zylinder verbessern die Füllung und ermöglichen eine optimale Position der Zündkerze in der Brennraummitte. Sie werden mittels Tassenstößeln direkt von den vier Nockenwellen aus Schmiedestahl betätigt, für deren Antrieb zwei Zahnriemen vorhanden sind.

Die Kurbelwelle hat vier Hubzapfen, die um 180° versetzt sind und die Pleuel gegenüberliegender Zylinder greifen auf einen gemeinsamen Zapfen. Drei Jahre später erhielt der F40 die gleiche Kurbelwelle. Erst-

↑ Ein Zylinderkopf von nahem besehen. Die Lagerstellen der Nockenwelle sind direkt in den Zylinderkopf eingearbeitet, in den Tiefen der vier runden Öffnungen zwischen den Tassenstößeln verstecken sich die Zündkerzen.

→ In aufreizend rotem Schrumpflack sind die doppelt vorhandenen Ansaugstutzen und Luftsammler lackiert. Die seitlich eingeschraubten messingfarbenen Bauteile sind die Ansauglufttemperatursensoren; die Einspritzventile werden später in die runden Aufnahmen eingeschoben und fixiert.

↓ Durch das Verdichten der Luft erhöht sich ihre Temperatur und der Sauerstoffgehalt sinkt. Daher ist vor jedem Ansaugtrakt ein Ladeluftkühler vorgesehen.

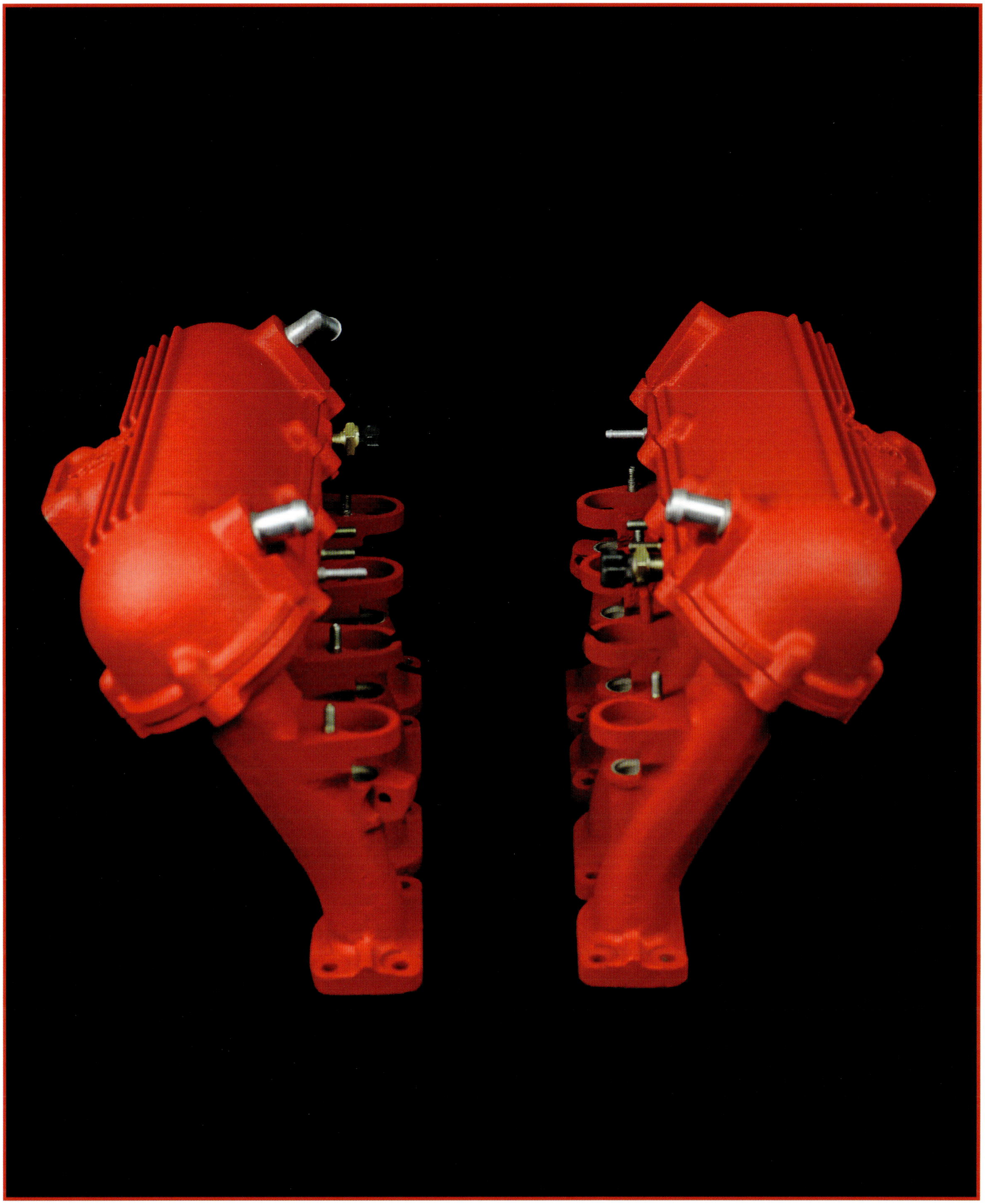

↑ **Ansicht der Motorrückseite. Unten links ist das hintere Kurbelwellenende mit dem Flansch zur Schwungradaufnahme zu erkennen.**

FERRARI 288 GTO – TECHNISCHE DATEN

Motorbezeichnung	F114 B
Motorbauweise	Längs eingebauter Mittelmotor, V8, 90° Zylinderwinkel
Bohrung und Hub	80 x 71 mm
Gesamthubraum	2855,08 cm^3
Einzelhubraum	356,88 cm^3
Verdichtungsverhältnis	7,6 : 1
Maximale Leistung	400 PS (294 kW) bei 7000 min^{-1}
Literleistung	140 PS/Liter (103 kW/Liter)
Ventilsteuerung	Zwei obenliegende Nockenwellen pro Zylinderbank, vier Ventile pro Zylinder
Gemischaufbereitung	IAW-Motorsteuerung von Weber-Marelli, zwei IHI-Turbolader
Zündsystem	IAW-Motorsteuerung von Weber-Marelli, zwei Verteiler, eine Zündkerze pro Zylinder
Schmiersystem	Trockensumpfschmierung
Kupplung	Zweischeiben-Trockenkupplung von Borg & Beck
Maximales Drehmoment	496 Nm bei 3800 min^{-1}
Zündfolge	1–5–3–7–4–8–2–6

mals bei einem Straßenmodell von Ferrari übernahm das für die Formel 1 entwickelte IAW-System von Weber-Marelli die Steuerung von Zündung und Einspritzung.

Bei diesem System wird der Kraftstoff unmittelbar vor dem Öffnen der jeweiligen Einlassventile über elektromagnetische Ventile in das Saugrohr eingespritzt. Sensoren übermitteln dem elektronischen Steuergerät eine Vielzahl von Informationen wie zum Beispiel Kühlmitteltemperatur, Drosselklappenstellung und Motordrehzahl, um die optimale Einspritzzeit (= Kraftstoffmenge) für den jeweiligen Betriebszustand zu berechnen.

Materazzi beschäftigte sich später nochmals eingehend mit dem F114 B-Motor des GTO und entwickelte eine Evoluzione-Version mit gesteigerter Leistung. Dazu erhöhte er das Verdichtungsverhältnis von 7,6 : 1 auf 7,8 : 1, installierte größere Turbolader und steigerte den La-

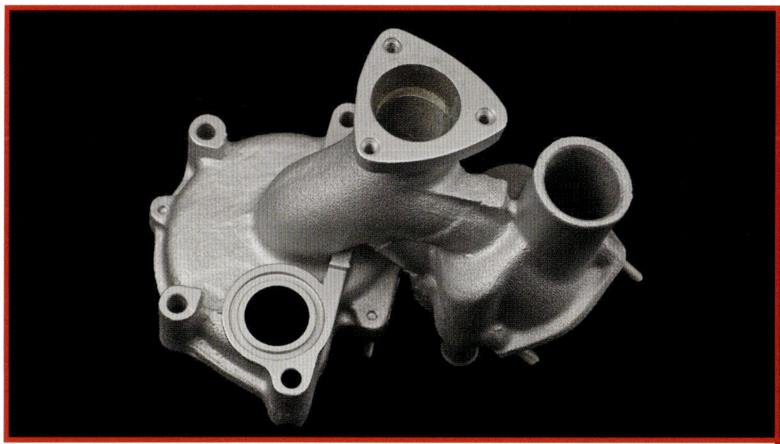

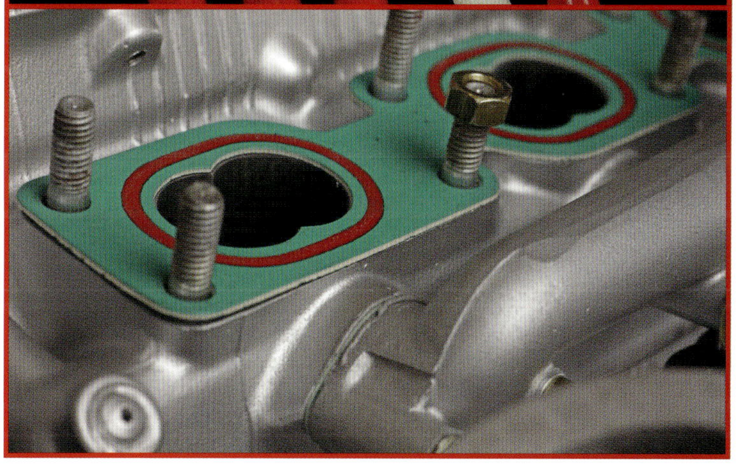

↑ Dieses Leichtmetallgehäuse ist an der Motorvorderseite im Zylinder-V montiert. Es bildet die Rückseite der Wasserpumpe und nimmt das Thermostat auf.

↗ Die optional erhältliche Klimaanlage arbeitet mit einem Klimakompressor des japanischen Herstellers Sanden. Sie zu bestellen war bei diesem Auto eigentlich ein Sakrileg...

→ Eine der beiden Verteilerkappen mit bereits montierten und nummerierten Zündkabeln. Der Verteilerantrieb erfolgt jeweils über die Einlassnockenwelle.

↘ Für die Montage des Ansaugstutzens wurde eine neue Dichtung eingelegt. Der ovale Ring ist bereits bei der Herstellung aufgetragene Dichtmasse, die für eine zusätzliche Abdichtung sorgt.

dedruck von 0,8 bar auf 1,4 bar. Der neue Motor leistete 530 PS (395 kW) und erhielt die Bezeichnung F114 CR, wobei das „R" für Racing stand. Doch das war den Ingenieuren in Maranello immer noch nicht genug und sie bauten noch eine extremere Ausbaustufe des F114-Motors. Dank noch größerer IHI-Turbolader und einem überarbeiteten Ansaugsystem, schärferen Nockenwellen und einer angepassten Motorsteuerung stieg die Leistung schließlich auf 650 PS (485 KW) bei 7800 min^{-1}. Dieser Motor erschien 1985 und wurde als F114 CK bezeichnet.

Materazzi bezog in diese Arbeiten auch das bekannte Unternehmen von Michelotto in Padua ein, wo sonst Umbauteile für die Motoren und Karosserien für die Rennwagen der Ferrari-Kunden gefertigt werden. Nur fünf dieser F114 CK-Motoren sind entstanden und einer wurde in einen Prototyp eingebaut, der mit einer leichten Karosserie aus Kevlar® und Verbundmaterial nur noch 940 kg wog.

Auch wenn der extreme GTO Evoluzione nie so eingesetzt werden konnte wie es sich Enzo Ferrari gewünscht hatte, war seine Entwicklung nicht vergebens, denn sie führte Ferrari wieder zu den Wurzeln

zurück, nämlich dem Bau eines Rennwagens für die Straße – dem spektakulären F40.

Dieser wurde 1987 noch in Anwesenheit von Enzo Ferrari vorgestellt und war das letzte Modell, dessen Vorstellung der Commendatore noch erleben konnte. Im darauffolgenden Jahr verstarb er. Mit der Bezeichnung F40 feierte man das 40jährige Bestehen des Unternehmens. Der Biturbo-V8-Motor hatte 2936 cm^3 Hubraum, basierte auf dem GTO-Triebwerk und leistete 478 PS (356 kW). Wie beim GTO war der Motor längs eingebaut und das Getriebe lag hinter der Hinterachse. Geplant war der Bau von 400 Exemplaren, aber die enorme Nachfrage ließ diese Zahl auf 1311 hochschnellen. Die Ferrari-Geschäftsidee einer stark limitierten Serienproduktion zeigte Früchte und die folgenden Modelle dieser Kategorie verdanken ihren Erfolg zu einem gewissen Maß auch dem 288 GTO.

↖ Eigentlich ist es schade, dass die Ventildeckel mit ihrem rotem Schrumpflack nur bei geöffneter Motorhaube zu sehen sind und daher den meisten Betrachtern verborgen bleiben.

↑ IHI ist die Abkürzung von Ishikawajima-Harima Heavy Industries, eines japanischen Maschinenbauunternehmens, das auch PKW-Turbolader herstellt.

↘ Über die Streben wird die Motor-/Getriebeeinheit im Rahmen fixiert.

↓ Die zur höheren Festigkeit nitrierte Kurbelwelle des 288 GTO wurde später auch im 2,9-Liter-Motor des F40 verwendet.

↑ Eine Nahaufnahme des vorderen Motorendes mit abgenommenen Zahnriemenabdeckungen: Unter den beiden schwarzen Zahnriemenrädern ragt der vordere Zapfen der Kurbelwelle aus dem Gehäuse, auf den später die Riemenscheibe montiert wird.

↑ Das Kupplungsgehäuse der Zweischeiben-Trockenkupplung mit der eingelegten äußeren Kupplungsscheibe und dem darüber liegenden Zwischenring. Vor der Montage auf das Schwungrad wird noch die innere Kupplungsscheibe eingelegt.

↑ Um die Kundennachfrage zu erfüllen, wurden 272 Autos anstelle der geplanten 200 gebaut – noch vor Produktionsbeginn waren alle verkauft.

↑ Das längs eingebaute Getriebe liegt hinter der Hinterachse und trägt somit zu einer günstigen Gewichtsverteilung bei. In dieser Aufnahmeperspektive ist der hintere Getriebedeckel gut sichtbar.

→ Um die breiteren Räder und Reifen aufnehmen zu können, sind die Radhäuser deutlich weiter ausgestellt als beim 308 GTB – und die Rückspiegel höher angebracht, um über sie hinwegblicken zu können.

↘ In die seitlichen Ausläufer des Kühlergrills sind Doppelscheinwerfer integriert, im tiefen Frontspoiler darunter befinden sich die Lüftungsöffnungen für die Vorderradbremsen.

↘↘ Das Kürzel GTO (Grand Turismo Omologato) leitet sich vom legendären 250 GTO von 1962 ab.

↘↘↘ Die drei seitlichen Lüftungsschlitze im Heck ermöglichen den Austritt von heißer Luft aus dem Motorraum und tragen zum sportlichen Auftritt bei.

↓ Pininfarina gelang ohne Zweifel eine aufregende Neuinterpretation der bekannten Formen des 308 GTB.

512 TR
Ausklang der Boxer-Ära (1992)

← Einer der 12 Slipperkolben, deren Kolbenschaft im Bereich der Kolbenbolzennabe aus Gewichts- und Reibungsgründen eingezogen ist.

↙ Auf den Sammlern des Ansaugsystems sind – gut sichtbar – der Ferrari- und Testarossa-Schriftzug eingegossen und zur Betonung rot hinterlegt.

Ein Jahrzehnt lang, von 1970 bis 1980, setzte Ferrari auf den 180°-V12 als Antrieb der Formel-1-Wagen; deutlich länger durfte er sich in den Straßenmodellen bewähren. Nach der Einführung des ersten straßenzugelassenen „Boxer"-Modells, dem 1971 vorgestellten 365 GT4 BB, entwickelte Ferrari den Motor in den folgenden 25 Jahren kontinuierlich weiter und die eingeflossenen Verbesserungen wirkten sich natürlich auch leistungssteigernd aus. Hinsichtlich der Begriffserklärung Boxer und 180°-V-Motor siehe auch das Kapitel über den 365 GT4 BB.

Eine der letzten Evolutionsstufen dieses Motors stand 1992 auf der Motor Show in Los Angeles und war im neu vorgestellten 512 TR (Testa Rossa) eingebaut. Er war der Nachfolger des 1984 eingeführten Testarossa – einem Ferrari, der wegen seiner wuchtigen Breite und geringen Höhe viel Aufsehen erregte. Der 180°-V12-Mittelmotor (Typ F113 D) war längs eingebaut und leistete 422 PS (315 kW) bei 6750 min^{-1}.

Der Begriff Testarossa hat in der Ferrari-Welt eine fast mythische Bedeutung und geht ursprünglich auf den Rennwagen 500 TR (Testa Rossa) beziehungsweise 500 TRC von 1956 zurück, dem 1957 der 250 TR folgte. Scaglietti hatte den 500 TR mit einer bildschönen Karosserie versehen und Ferrari trat damit gegen den Jaguar D-Type und den Maserati A6GCS an. Als Weiterentwicklung gemäß dem Regelwerk der Gruppe C entstand der 500 TRC, daher das zusätzliche Kürzel „C". Am späteren 250 TR führte in der Zeit von Ende der 1950er bis Anfang der 1960er Jahre bei den Sportwagenrennen kein Weg vorbei. Der Name Testa Rossa leitete sich von den rot lackierten Ventildeckeln der beiden Modelle ab. Während der 500 TR einen von Lampredi entwickelten Reihenvierzylindermotor hatte, arbeitete im 250 TR ein V12, der auf die ursprüngliche Konstruktion von Colombo mit „kurzem" Motorblock zurückging.

Auf dem Pariser Salon 1984 präsentierte Ferrari einen aufregend neuen GT-Wagen der Oberklasse, den Pininfarina entworfen hatte. Sei-

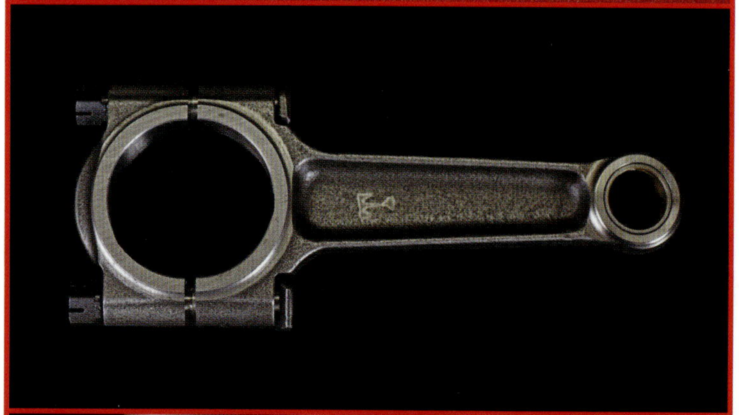

↖ Die Pleuel sind aus Schmiedestahl gefertigt und haben horizontal geteilte Pleuelfüße, die mit durchgehenden Schrauben und Muttern fixiert sind.

← Nahaufnahme eines Ansaugstutzens, die zu Dreiergruppen zusammengefasst sind. Ganz unten sind die Öffnungen der Ansaugkanäle erkennbar, darüber die angegossenen Aufnahmen für die Einspritzventile.

→ **Die Auslassseite eines Zylinderkopfs. Die beiden Bohrungen zwischen den Auslasskanälen gehören zum Sekundärluftsystem. Über sie wird Luft zur Nachverbrennung der Abgase in die Auslasskanäle eingeleitet.**

ne innovative und aggressive Linienführung war schon fast eine Provokation und konnte als Kampfansage an die anderen Sportwagenhersteller (insbesondere Lamborghini) verstanden werden. Dabei sollte erwähnt werden, dass der Testarossa von Anfang an als „Weltmodell" konzipiert war, das heißt, er erfüllte alle weltweit gültigen Emissionsvorschriften und Crashteststandards.

Das war besonders im Hinblick auf den großen und lukrativen US-Markt wichtig, wo die bisherigen „Boxer"-Modelle aus diesen Gründen nicht verkauft werden konnten. Im Testarossa arbeitete ein längs eingebauter 180°-V12-Mittelmotor mit der Typenbezeichnung F113 A und einem Hubraum von 4943 cm^3. Damit war der Motor genau so groß wie die anderen V12-„Boxer"-Motoren der Baureihe 113. Sie gehen auf den Motor des 365 GT4 BB zurück, die erste Ausführung dieser Bauart in einem Straßenmodell (siehe früheres Kapitel).

Die Entscheidung für die Bezeichnung Testarossa traf 1984 Enzo Ferrari noch selbst, und die Verkaufsabteilung folgte bei der Namensgebung des Nachfolgemodells 512 TR dieser Vorgabe. Der Begriff ist etwas kontrovers, da keines der Straßenmodelle irgendeine Verbindung zu den ursprünglichen eigentlichen Testa Rossa-Rennwagen aufwei-

↓ **Nahaufnahme eines Brennraums. Die Vierventil-Brennräume sind dachförmig ausgeführt, die Zündkerze sitzt optimal in der Brennraummitte.**

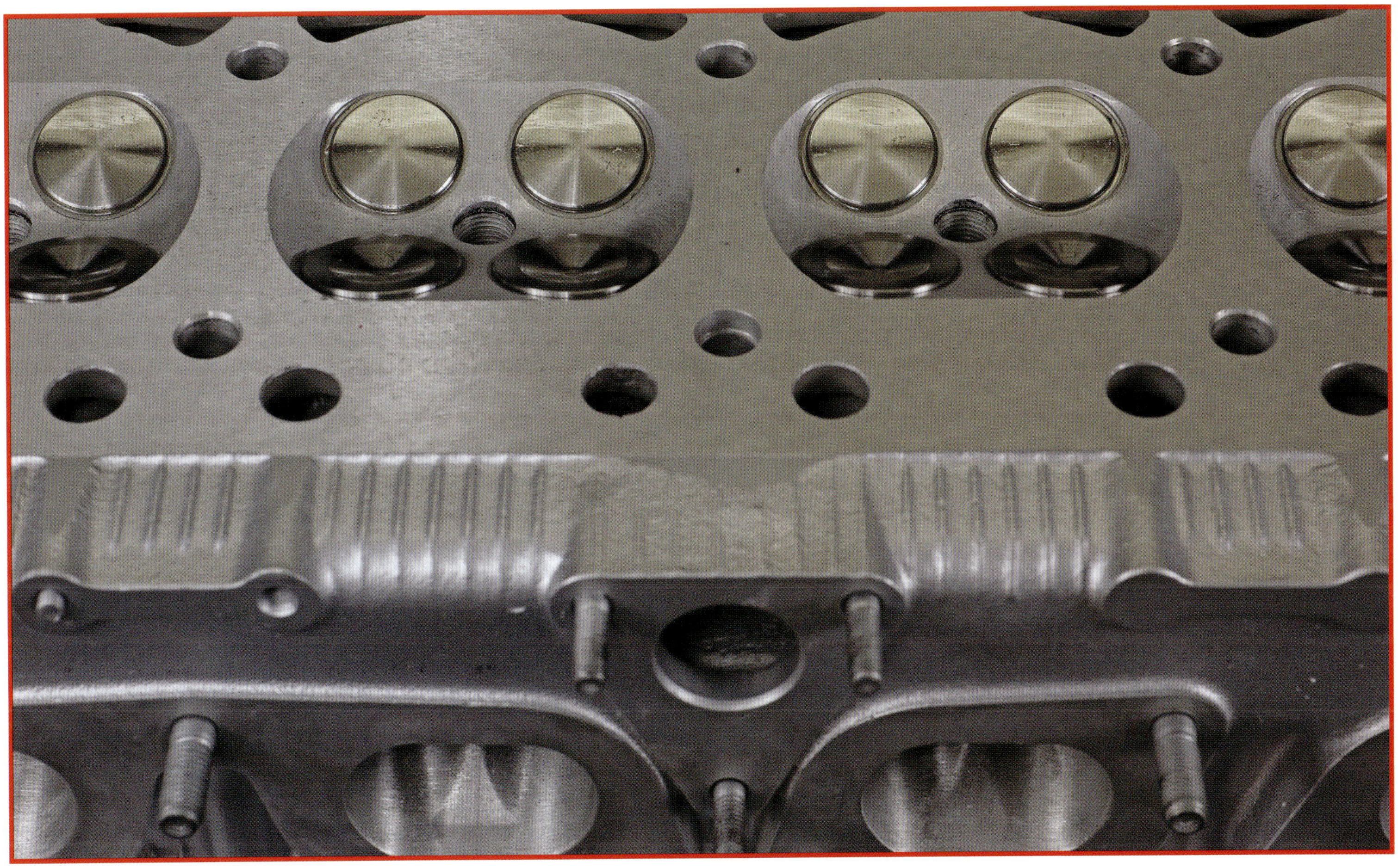

sen kann. Vielleicht hat gerade der extreme Gegensatz zwischen dem Straßen- und Rennwagen zur Namensgebung geführt. Damals schien Ferrari vorzugsweise die Namen erfolgreicher Rennwagen vergangener Zeiten zu verwenden, erhielt doch der Nachfolger des Dino 308 GT4, ein neuer 2+2-Sitzer mit V8-Motor den wohlklingenden Namen Mondial.

36 Jahre nach dem ursprünglichen 500 TR erschien 1992 der 512 TR und setzte die seit 1984 andauernde eigenwillige Berlinetta-Philosphie des Testarossa fort, allerdings mit einem stärkeren 180°-V12-Motor der Baureihe 113.

Dieser Wagen sollte den neuen Lamborghini Diablo mit 5,7-Liter-Motor in die Schranken weisen, der bereits die Aufmerksamkeit der Presse und des Publikums auf sich gezogen hatte.

Der Motor des 512 TR mit der Typenbezeichnung F113 D besteht fast vollständig aus Leichtmetall und weist gegenüber seinem Vorgänger im Testarossa bedeutende Änderungen auf, wie zum Beispiel leichtere Slipperkolben oder eine überarbeitete Kurbelwelle. Mit identischen Werten für Bohrung und Hub (82 mm x 78 mm) ergibt sich der gleiche Einzelhubraum von 411,92 cm^3, entsprechend einem Gesamthubraum von exakt 4943,04 cm^3. Die Zylinderlaufbahnen sind mit Nikasil® beschichtet, der Antrieb der vier Nockenwellen erfolgt über Zahnriemen, die erforderliche 2:1-Übersetzung über vorgeschaltete Zahnräder. Wie der F113-A-Motor, hat der 113 D ebenfalls vier Ventile pro Zylinder, die von den Nockenwellen (mit geänderten Steuerzeiten) direkt über Tassenstößel betätigt werden. Optimierte Ansaugwege verbessern das Strömungsverhalten und damit die Füllung der Zylinder. Vom Vorgänger-Testarossa übernommen wurde auch die seitliche Anordnung der Kühler anstelle des üblichen vorn liegenden Einbaus. Das erforderte

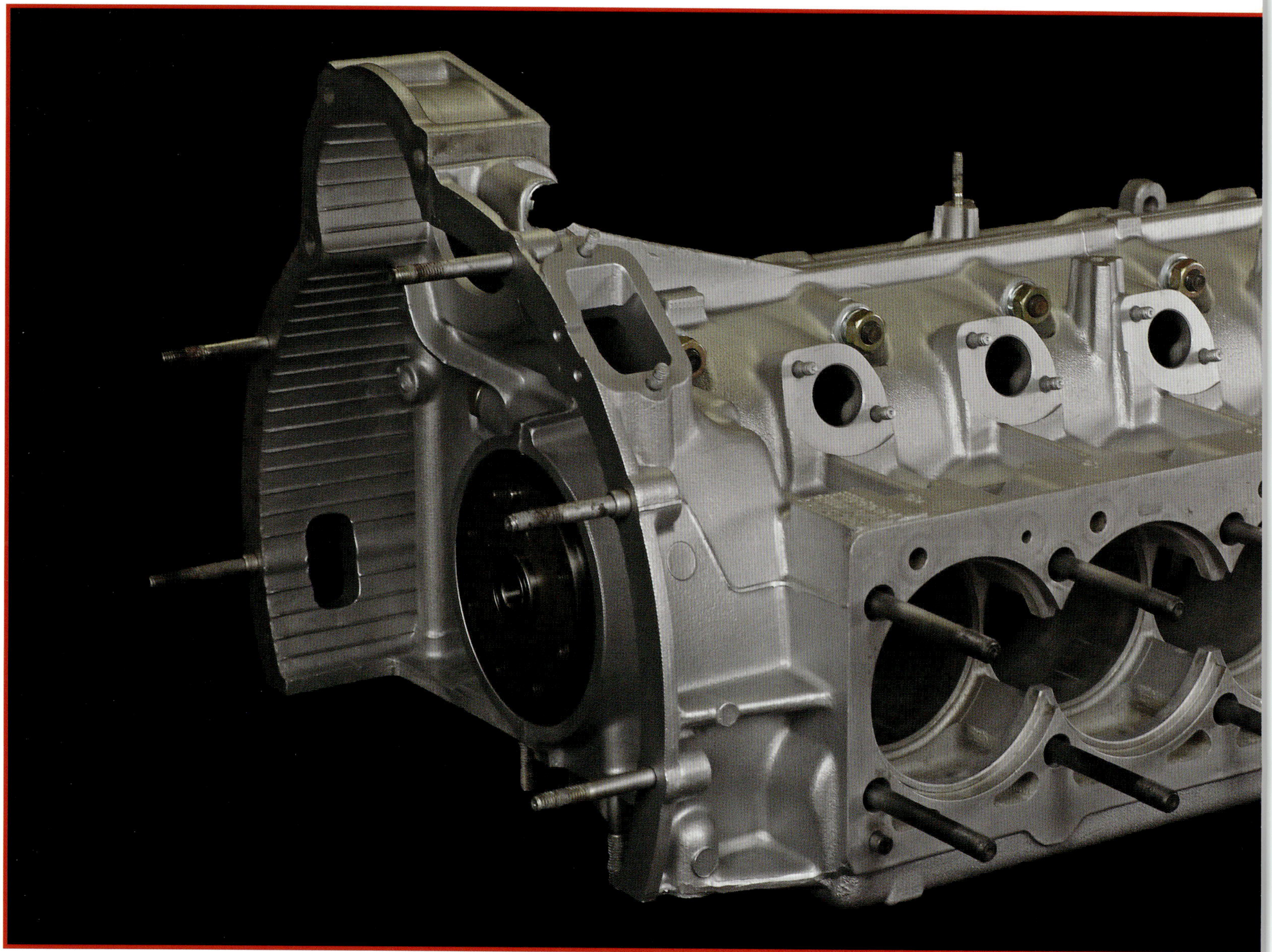

die auffälligen seitlichen Lufteinlässe – einem Schlüsselmerkmal in der Karosseriekonzeptionierung – denn über sie wird die erforderliche Kühlluft zugeführt. Pro Zylinderbank ist eine Bosch Motronic ME 2.7 für Gemischaufbereitung und Zündung vorhanden; das gleiche System wird auch bei den ersten Motoren des Typs 116 im 456 GT verwendet. Die Zündfolge lautet 1-9-5-12-3-8-6-10-2-7-4-11.

Eine Trockensumpfschmierung hilft, die ohnehin schon geringe Bauhöhe des Motors niedrig zu halten.

Im Vergleich zum Testarossa wurde das Verdichtungsverhältnis des F113-D-Motors von 9,3 : 1 auf 10 : 1 erhöht. Eine Einscheiben-Trockenkupplung überträgt die Kraft auf das ebenfalls modifizierte Getriebe des 512 TR. Dadurch lässt es sich leichter schalten und ist vor allem auch der höheren Leistung gewachsen. Denn die Literleistung des 5,0-Liter-„Boxers" stieg durch die Summe aller Veränderungen von 78 PS/Liter (58 kW/Liter) beim Testarossa auf 86 PS/Liter (64 kW/Liter). Das entspricht einem Plus von 37 PS (28 kW), womit nun 422 PS (315 kW) bei 6750 min^{-1} anliegen. Auch das Drehmoment stieg leicht an und liegt bei 491 Nm bei 5500 min^{-1}. Damit erreicht der 512 TR beeindruckende 314 km/h und beschleunigt in 4,8 Sekunden von 0-100 km/h!

Durch das Mittelmotorkonzept mit dem zwischen den Achsen liegendem Motor ergibt sich eine günstige Gewichtsverteilung (vorn 41%, hinten 59%), die sich positiv auf Fahreigenschaften und -stabilität auswirkt.

An den Radaufhängungen sind nun zwei Gasdruckdämpfer pro Rad vorhanden, außerdem wurden größere gelochte Bremsscheiben eingebaut mit 315 mm Durchmesser vorn und 310 mm hinten.

Auch die Karosserie weist einige Änderungen auf. So wurden die Fahrzeugnase und auch die Motorabdeckung neu gestaltet und im Vergleich zum Testarossa ist der 512 TR 5 mm kürzer und auch 5 mm höher. Die Spurweite vorn erhöhte sich um 14 mm, während sie hinten 16 mm kleiner ausfiel, was teilweise auf die Änderung der Radgrößen von 16 Zoll auf 18 Zoll zurückzuführen ist. Die Reifengröße beträgt vorn nun 235/40 ZR 18, hinten mächtige 295/35 ZR 18, was zur leicht angewachsenen Gesamthöhe führte. Leichteres Material für die vordere Abdeckung und die Motorhaube halfen das Gewicht von 1506 kg (Testarossa) auf nun 1473 kg zu senken.

Eines der wesentlichen Designmerkmale von Testarossa und 512 TR gleichermaßen sind die voluminösen seitlichen Lufteinlässe, die von den Türen in die hinteren Seitenteile verlaufen und manchmal spöttisch auch als „Käseraspeln" oder „Eierschneider" bezeichnet werden. Eine weitere Besonderheit beider Modelle ist die Gestaltung der Heckleuchten, die sich vom üblichen runden Ferrari-Standard unterscheidet. Hier sind die Leuchten rechteckig ausgeführt und darüber ist eine seidenmatte grillartige Abdeckung angebracht, die sich über das gesamte Fahrzeugheck erstreckt. Auch das Interieur des 512 TR wurde überarbeitet und das Cockpit moderner und funktionaler gestaltet. Dazu kamen ein neues Lenkrad mit Airbag sowie neue Ledersitze.

Die Baureihe Testarossa/512 TR/F512 M war von 1984 bis 1996 im Programm und es entstanden etwa 10.000 Autos in vier verschiedenen Versionen. Vom Testarossa wurden 7177 Stück gebaut, die sich in zwei Serien unterteilen: die erste Serie hatte Räder mit Zentralmutter und nur einen Außenspiegel, in der zweiten Serie waren die Räder mit fünf Schrauben befestigt und es gab zwei Außenspiegel. Vom 512 TR wurden 2261 Exemplare produziert und die letzte Version, der von 1994 bis 1996 gebauten F512 M, schaffte es nur noch auf 501 Exemplare.

← Die beiden zusammengesetzten Hälften des Kurbelgehäuses mit eingelegter Kurbelwelle, aber noch ohne Zylinderlaufbüchsen.

↑ Die meisten Abdeckungen und Gehäuse des Motors bestehen aus Leichtmetallguss, so wie diese Kühlmittelleitung.

↗ Aus dem hinteren Motorblockende ist der Kurbelwellenflansch für die Schwungradmontage zu sehen. Durch einen Passstift lässt es sich nur in einer Position befestigen.

↓ Das Ansaugsystem einer Zylinderbank, bestehend aus Ansaugstutzen und Sammler mit eingegossenem Ferrari- und Testarossa-Schriftzug.

→ Blick in einen der beiden Zylinderköpfe, in den bereits die Ventile eingebaut sind. Da die Tassenstößel noch nicht eingesetzt sind, sind die Ventilschaftenden, der Ventilfederteller und die ihn fixierenden Ventilkeile noch sichtbar.

↘ Eine der Nikasil®-beschichteten Zylinderlaufbuchsen.

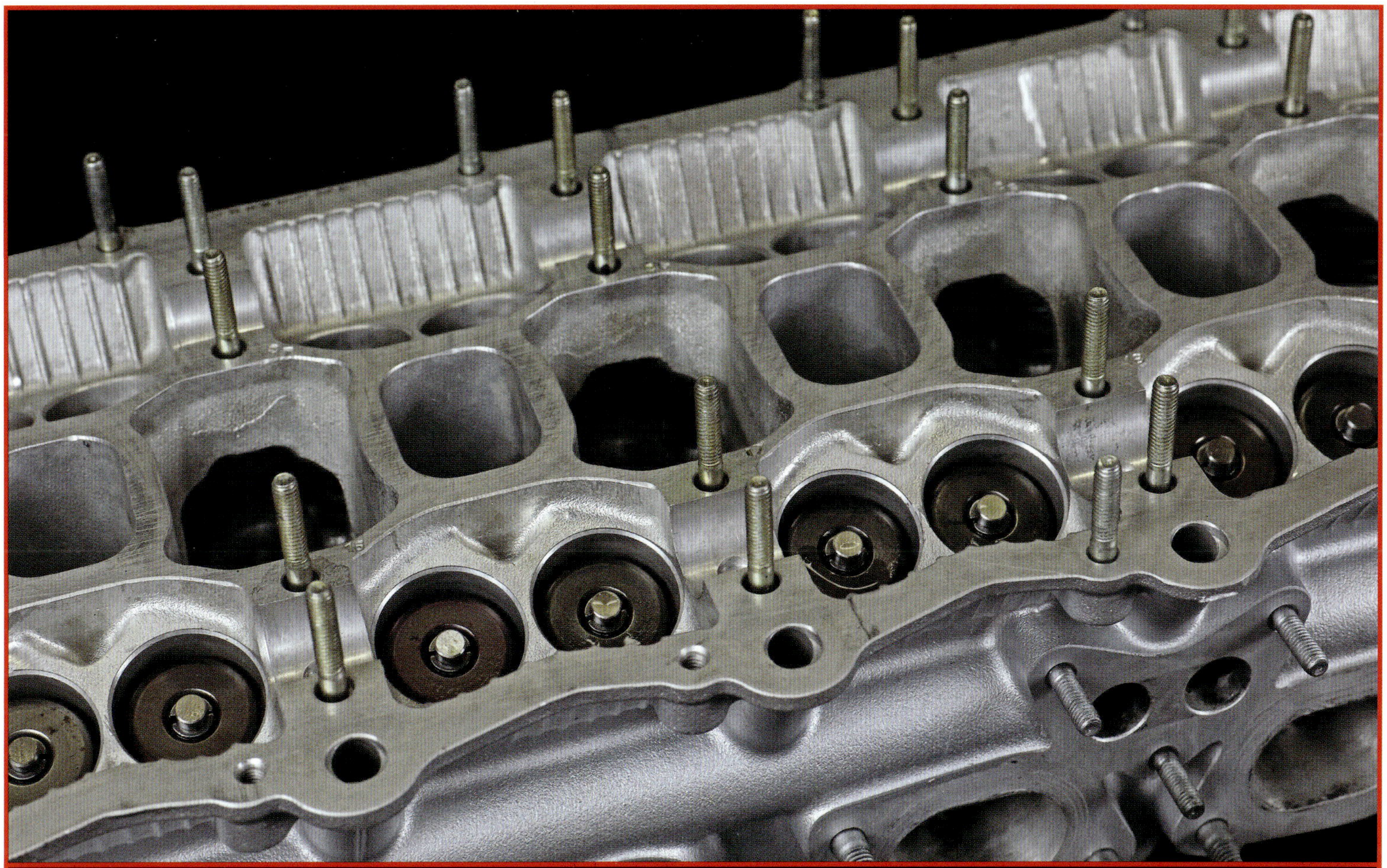

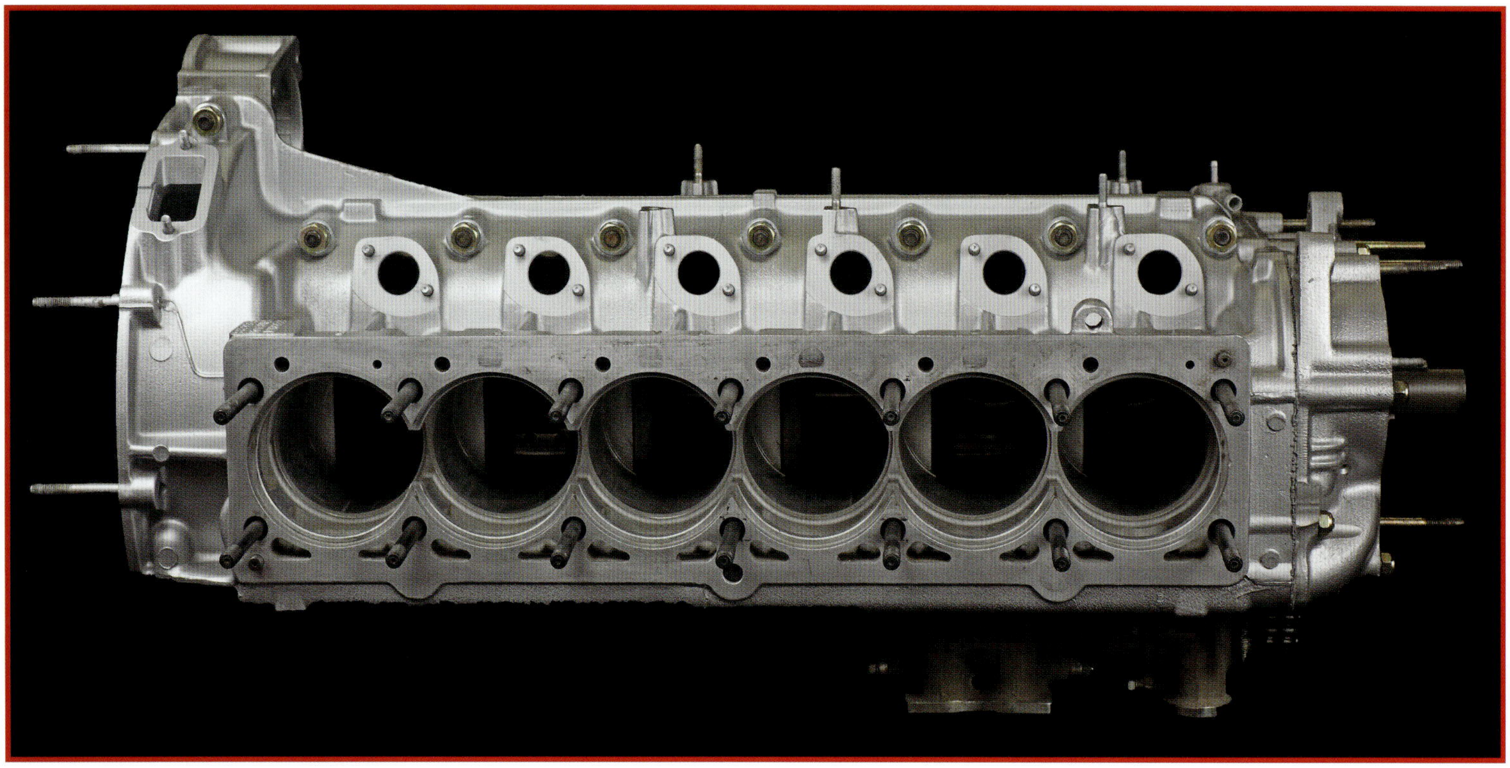

Zur großen Gesamtzahl zählt auch ein Spider-Einzelstück von Gianni Agnelli, mit dem er sein 20jähriges Jubiläum als Präsident des multinationalen FIAT-Konzerns feierte. Agnellis Wagen war silberfarben und hatte in Türhöhe und am unteren Karosserieende einen teilweise umlaufenden blauen Streifen, blaues Lederinterieur und für den Fall der Fälle ein spärliches Notverdeck. 2016 wurde das Auto für € 1.210.080,– versteigert ...

2017 erhielt der Wagen bei der Feier zum 70. Firmenjubiläum von

↑ Aus dieser Perspektive wird die geringe Bauhöhe des Motorgehäuses deutlich.

Ferrari in Maranello/Fiorano die Auszeichnung „Best of Show" bei den Straßenwagen. Anschließend wurde er vom November 2017 bis April 2018 im Design Museum in London anlässlich der Ausstellung „Ferrari Under the Skin" gezeigt. Pininfarina hatte verstanden, dass für eine offene Version Nachfrage bestand – besser gesagt, wurde das Unternehmen von Olivier Gendebien, der 1958 in Le Mans mit einem „richtigen" Testarossa 250 TR gewonnen hatte, darauf hingewiesen. Er erhielt seinen Wagen 1989.

Dieses Auto war schwarz-metallic lackiert, hatte ein abnehmbares schwarzes Dach und eine rote Innenausstattung. Das italienische Magazin ‚Auto Capital' stellte den Wagen damals vor. Darüber hinaus baute Pininfarina eine Kleinserie von zehn Testarossa Spider für den Sultan von Brunei in verschiedenen Farben.

Zwei weitere Testarossa wurden berühmt und trugen vor allem auf dem US-Markt zum Erfolg des Modells bei. Hier handelt es sich um die zwei Wagen, die von Maranello für die Dreharbeiten zur bekannten Fernsehserie „Miami Vice" zur Verfügung gestellt wurden. Die Universal

FERRARI 512 TR – TECHNISCHE DATEN

Motorbezeichnung	F113 D
Motorbauweise	Längs eingebauter Mittelmotor, V12, 180° Zylinderwinkel
Bohrung und Hub	82 x 78 mm
Gesamthubraum	4943,04 cm^3
Einzelhubraum	411,92 cm^3
Verdichtungsverhältnis	10 : 1
Maximale Leistung	423 PS (315 kW) bei 6750 min^{-1}
Literleistung	86 PS/Liter (64 kW/Liter)
Ventilsteuerung	Zwei obenliegende Nockenwellen pro Zylinderbank, vier Ventile pro Zylinder
Gemischaufbereitung	Bosch Motronic M2.7
Zündsystem	Bosch Motronic M2.7, eine Zündkerze pro Zylinder
Schmiersystem	Trockensumpfschmierung
Kupplung	Einscheiben-Trockenkupplung
Maximales Drehmoment	491 Nm bei 5500 min^{-1}
Zündfolge	1-9-5-12-3-8-6-10-2-7-4-11

→ Nippon-Denso lieferte den Generator, der am vorderen Motorende angebracht ist und von der Kurbelwelle über einen Keilriemen angetrieben wird.

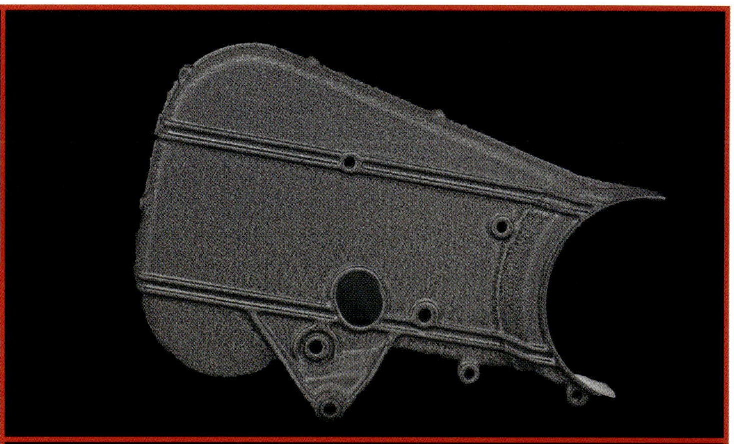

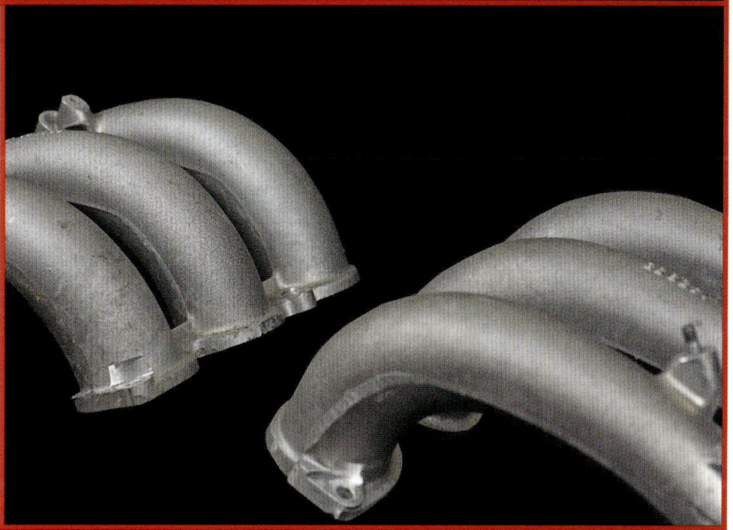

↑ Nahaufnahme der mit rotem Schrumpflack lackierten Ventildeckel. Die halbrunden Öffnungen im Vordergrund bilden mit den Gegenstücken im Zylinderkopf jeweils einen Kreis, in den der Wellendichtring zum Abdichten der Nockenwelle eingelegt wird.

↗ Im Kontrast zu den Ventildeckeln sind die Zahnriemenabdeckungen mit schwarzem Schrumpflack lackiert.

→ Relativ lang sind die zwischen dem Zylinderkopf und Luftsammler angeordneten Ansaugkrümmer.

Studios in Hollywood verwendeten anfänglich die Replica eines offenen 365 GTB4 „Daytona" auf Corvette-C3-Basis für die erste Staffel. Den Hausadvokaten von Ferrari gefiel das gar nicht und um dieses Problem im wahrsten Sinne des Wortes aus der Welt zu schaffen, vereinbarten Ferrari und das Studio, dass der Möchte-Gern-Daytona bei einem Unfall zerstört und durch die Testarossa ersetzt wurde. Die zuerst in Schwarz ausgelieferten Fahrzeuge erhielten wenig später eine weiße Lackierung, um ihre Tauglichkeit für Nachtaufnahmen zu verbessern.

Wie bereits erwähnt, war der 1994 auf dem Pariser Salon vorgestellte F512 M die letzte Evolutionsstufe und damit der letzte Straßen-Ferrari, der mit einem180°-V12-Mittelmotor ausgeliefert wurde. Ferrari strich das Kürzel TR und fügte stattdessen M für Modificata (modifiziert) hinzu. Das F stand für „Ferrari" und wurde damals bei mehreren Modellen verwendet (zum Beispiel beim F355). Der Motor erhielt die Bezeichnung 113 G. Neu am F512 M war eine verbesserte Gewichtsverteilung, bei der die Vorderachse jetzt mit 42% und die Hinterachse mit 58% belastet wurde.

Diese Berlinetta hatte mit 434 PS (324 kW) bei identischen 6750 min^{-1} 12 PS (9 kW) mehr Leistung als der bisherige 512 TR. Das Verdichtungsverhältnis war auf 10,4 : 1 erhöht worden und der Kurbeltrieb hatte eine leichtere Kurbelwelle sowie Titanpleuel erhalten. Damit wurde das letzte Kapitel in der langjährigen Erfolgsgeschichte der 180°-V12-Motoren von Ferrari aufgeschlagen. Nach dieser Zeit (eigentlich schon ab 1992 mit der Vorstellung des 456 GT 2+2) setzte Maranello auf eine neue V12-Motorengeneration mit 65° Zylinderwinkel, die zuerst vorn längsliegend und anschließend als Mittelmotor quer im F50 und Enzo eingebaut waren. Später kam noch in den Modellen LaFerrari und LaFerrari Aperta die Hybridtechnologie dazu. Damit sind wir in der Gegenwart angekommen und richten unseren Blick auf den von Ferrari eingeschlagenen Weg in die Zukunft.

↑ Nebeneinander aufgereiht bilden die Kolben und dazugehörigen Pleuel eine beeindruckende Parade.

→ Von oben betrachtet dominieren die Luftsammler und Ansaugstutzen das Erscheinungsbild des Motors. Aus dieser Perspektive ist auch gut der Versatz der beiden Zylinderbänke zu sehen, der dadurch entsteht, weil die Pleuel der gegenüberliegenden Zylinder nebeneinander auf einem gemeinsamen Zapfen befestigt sind. Unten links sind der Klimakompressor und rechts davon der Generator zu erkennen.

↓ Der Blick in die sechs Auslasskanäle eines Zylinderkopfs, die sich im Innern aufteilen und jeweils zu einem der beiden Auslassventile eines Zylinders führen.

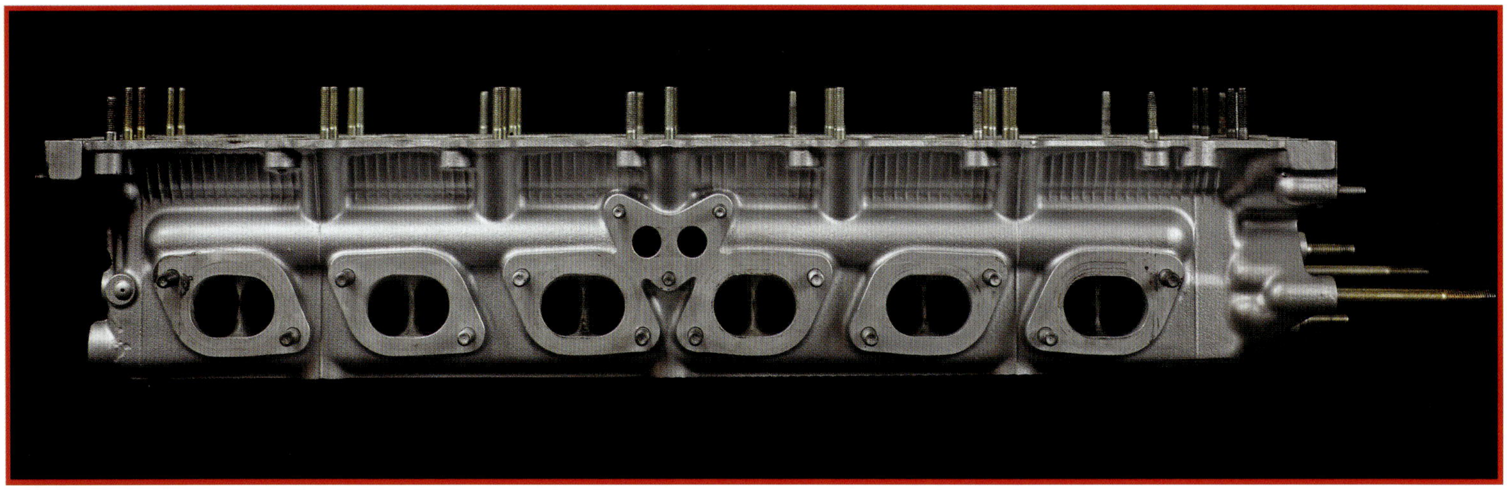

Ferrari
Testarossa
Testarossa
Ferrari

TRIPLA

Ferrari
TRIPLA

TRIPLA FILTRAZIONE

↑ Die Vorderansichten des 512 TR und des Testarossa sind im Prinzip identisch. Beim darauf folgenden 512 M waren die Scheinwerfer mit einer Kunststoffabdeckung versehen.

↑ Die beeindruckende Breite des Wagens wird von der Rückseite betrachtet am deutlichsten.

→ Eines der wesentlichen Designelemente sind die großen seitlichen Luftöffnungen mit ihren Stegen, die manchmal scherzhaft als „Käsereibe“ oder „Eierschneider“ bezeichnet werden.

↘ Hinter dem fünfspeichigen Stern des Leichtmetallrads verstecken sich große gelochte Bremsscheiben.

↘↘ Für einen Ferrari untypisch sind die Heckleuchten mit einer grillartigen Abdeckung in seidenmattem Schwarz versehen.

↘↘↘ Die eleganten Spiegel waren am Testarossa ab der zweiten Serie und danach an allen folgenden Modellen verbaut.

↓ Die Seitenansicht wird dominiert von den Stegen des Lufteintritts, der sich von der Tür bis in die Seitenteile zieht. Luftführungen im Innern leiten den seitlich angebrachten Kühlern die nötige Luft zu.

Ferrari 456M
Ferrari 456M

456 GT M

Wieder ein „richtiger" Ferrari – mit V12-Frontmotor (1998)

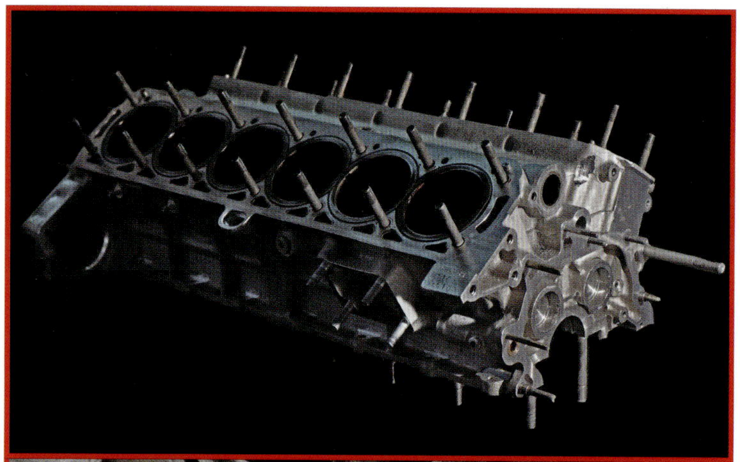

← Als erster Ferrari-Motor für den Straßeneinsatz hatte dieser 12-Zylinder einen V-Winkel von 65° anstelle der bisherigen 60°.

↙ Die Typenbezeichnung und Motornummer sind in den Zylinderblock eingeschlagen.

Mit der Einführung der V12-Motorenbaureihen F116/F133 fand ein wahrer Umbruch in der Ferrari-Motorengeschichte statt. Erstmals hatte ein Motor für Straßenmodelle einen Zylinderwinkel von 65° anstelle der bisherigen 60° – und seitdem weisen alle V12-Motoren von Ferrari bis heute diesen Winkel auf. Der erste Vertreter dieser Motorenbauart war der 1992 erschienene 116 B, der vorne eingebaut in dem von Pininfarina gestalteten 456 GT 2+2 für den adäquaten Vortrieb sorgte. Mit diesem völlig neuen 5,5-Liter-Motor erlebte auch die traditionelle Modellbezeichnung eine Renaissance, denn das neue Coupé benannte sich nach dem Einzelhubraum eines Zylinders – 456 cm^3. Der Motortyp 116 B lieferte dazu die passende Leistung und die bei 6250 min^{-1} anstehenden 436 PS (325 kW) beschleunigten den mit 1790 kg relativ schweren 465 GT problemlos auf eine Geschwindigkeit von 300 km/h, was den hohen Ansprüchen an ein Produkt aus der Fabrik in Maranello absolut gerecht wurde.

Eine Vor-Präsentation des 456 GT gehörte zum Rahmenprogramm einer Feier anlässlich des Jubiläums der Partnerschaft zwischen Enzo Ferrari und Jacques Swaters – dem belgischen Rennfahrer und späteren Ferrari-Händler, der 1952 das berühmte Rennteam Ecurie Francorchamps gegründet hatte und das in erster Linie mit Wagen von Ferrari ins Rennen ging. So erhielten die Gäste der Ecurie/Garage Francorchamps während eines Gala-Dinners zur 40-Jahr-Feier im Cinquantaire-Museum in Brüssel die Ehre, exklusiv vor der breiten Masse den neuen 456 GT 2+2 bewundern zu dürfen. Einen Monat später auf dem Pariser Salon erfolgte die offizielle Vorstellung des stattlichen Viersitzers und mit ihm die neue großvolumige Motorengeneration. Dieser damals hubraumstärkste Motor von Ferrari hatte die Typenbezeichnung F116 erhalten, die später im 550 Maranello auf F133 geändert wurde. Der revolutionäre F116-Motor (der in diesem Kapitel behandelte Motor stammt aus dem 456 GT M und trägt daher die Bezeichnung F116 C, ist aber mit dem F116 B im Prinzip identisch) war eine völlige Neukon-

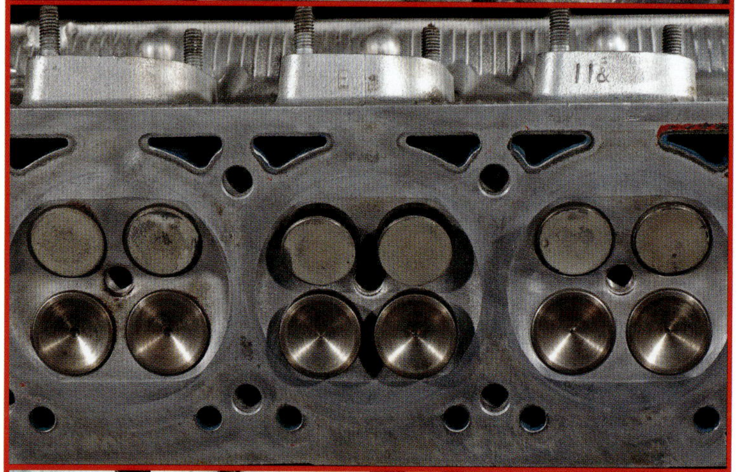

↖ Die Vierventil-Brennräume sind dachförmig ausgeführt und die Zündkerze liegt günstig in der Mitte des Brennraums. Beim mittleren Brennraum im Bild sind die Einlass- und Auslassventile leicht geöffnet.

← Detailansicht der Motorgehäuseunterseite mit drei Kurbelwellenlageraufnahmen und den dazugehörigen Befestigungsbolzen der Lagerdeckel.

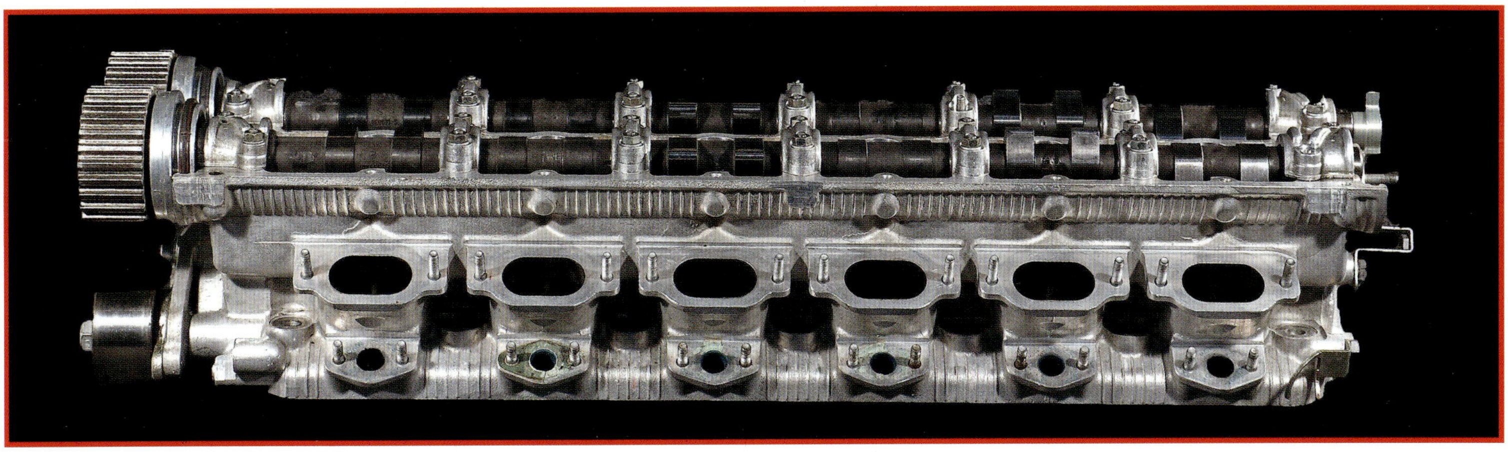

struktion. Bei 88 mm Bohrung und 75 mm Hub ergibt sich ein Einzelhubraum von 456,16 cm^3, woraus ein Gesamthubraum von 5474 cm^3 resultiert. Die vier Ventile pro Zylinder summieren sich zu einer schon fast inflationär zu nennenden Gesamtanzahl von 48 Stück. Alle wesentlichen Gehäuseteile wie Motorblock, Zylinderköpfe, Ölwanne, Steuergehäuse und Ventildeckel bestehen aus Leichtmetallguss.

↑ Einer der beiden Zylinderköpfe, aufgenommen von der Einlassseite mit eingelegten Nockenwellen und montierten Zahnriemenrädern.

↓ Gesamtansicht der Motorgehäuseunterseite. Hier ist erkennbar, dass die Mittelebene der Kurbelwellenhauptlager in den Motorblock verlegt wurde, um die Steifigkeit des Gehäuses zu erhöhen.

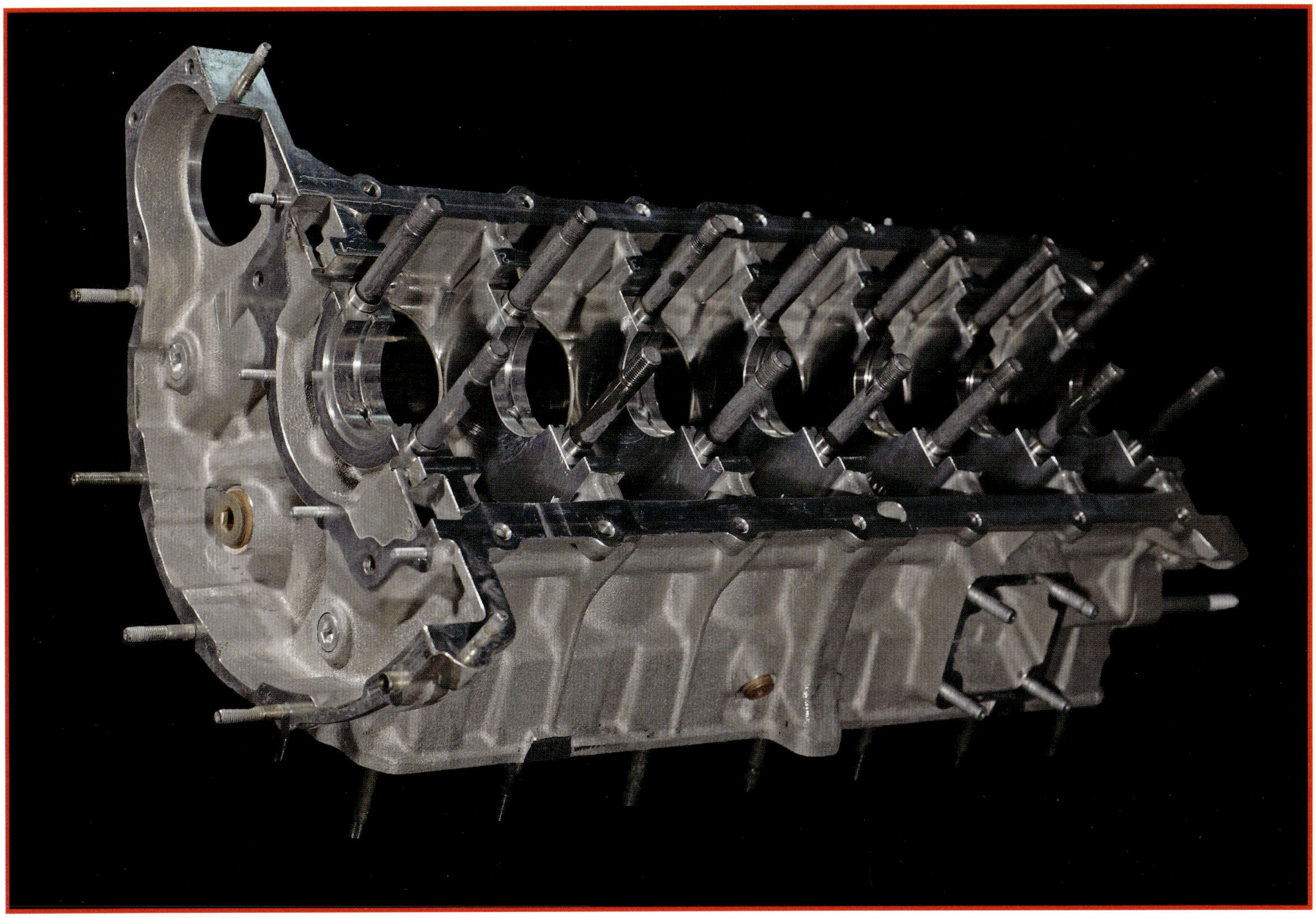

Die Kurbelwelle aus Nitrierstahl ist siebenfach gelagert und trägt am vorderen Ende einen Schwingungsdämpfer. Leichte geschmiedete Slipperkolben aus Aluminium gleiten in Aluminiumlaufbüchsen mit einer Nikasil®-Beschichtung und übertragen ihre Kraft über Titanpleuel, die deutlich leichter und gleichzeitig belastbarer sind als die Stahlversionen in den Vorgängermotoren. Der französische Hersteller Valeo lieferte die hydraulisch betätigte Einscheiben-Trockenkupplung. Um den Motor kompakt zu halten und tiefer einbauen zu können, ist eine Trockensumpfschmierung vorhanden, die zudem auch bei sportlicher Fahrweise eine sichere Ölversorgung der Schmierstellen gewährleistet. Dazu tragen auch zwei Ölpumpen, zwei Ölfilter und ein in den Wasserkühler integrierter Ölkühler bei. Das Getriebe ist in die Hinterachse integriert, wie es schon vor einiger Zeit bei den Modellen 275 GTB/GTS, 330 GTC/GTC, 365 GTC/GTS und 365 GTB4/GTS4 „Daytona" der Fall war, aber immerhin war es das erste 6-Gang-Transaxle-Getriebe in einem Straßenwagen von Ferrari.

Motor und Transaxle-Getriebe sind über ein Stahlrohr miteinander verbunden, das auch gleichzeitig als Gehäuse für die dreifach gelagerte Antriebswelle dient. Über sie wird die Antriebskraft von der schwungradseitig montierten Kupplung auf das Getriebe übertragen. Dieses weist eine Doppel-Konus-Synchronisierung auf und hat zur Verringerung der Verlustleistung einen direkten sechsten Gang. Von ZF stammt das Sperrdifferenzial. Für eine ordentliche Schmierung und Kühlung des Getriebes sorgen eine aufwändige Druckumlaufschmierung mit Ölpumpe sowie ein zusätzlicher Getriebeölkühler. Zum Antrieb der Nockenwellen sind zwei Zahnriemen vorhanden, die jeweils einer Einlass- und Auslassnockenwelle pro Zylinderbank zugeordnet sind. Die Ventilbetätigung erfolgt direkt über Tassenstößel. Durch dachförmige Brennräume ergibt sich eine relativ geringe Brennraumoberfläche im Verhältnis zu ihrem Volumen, was die Verbrennungseffizienz verbessert. Um die nötige Ansaugrohrlänge zu erreichen, kreuzen sich die Ansaugkrümmer im Zylinder-V. Der erste Motor der neuen Generation, der Typ

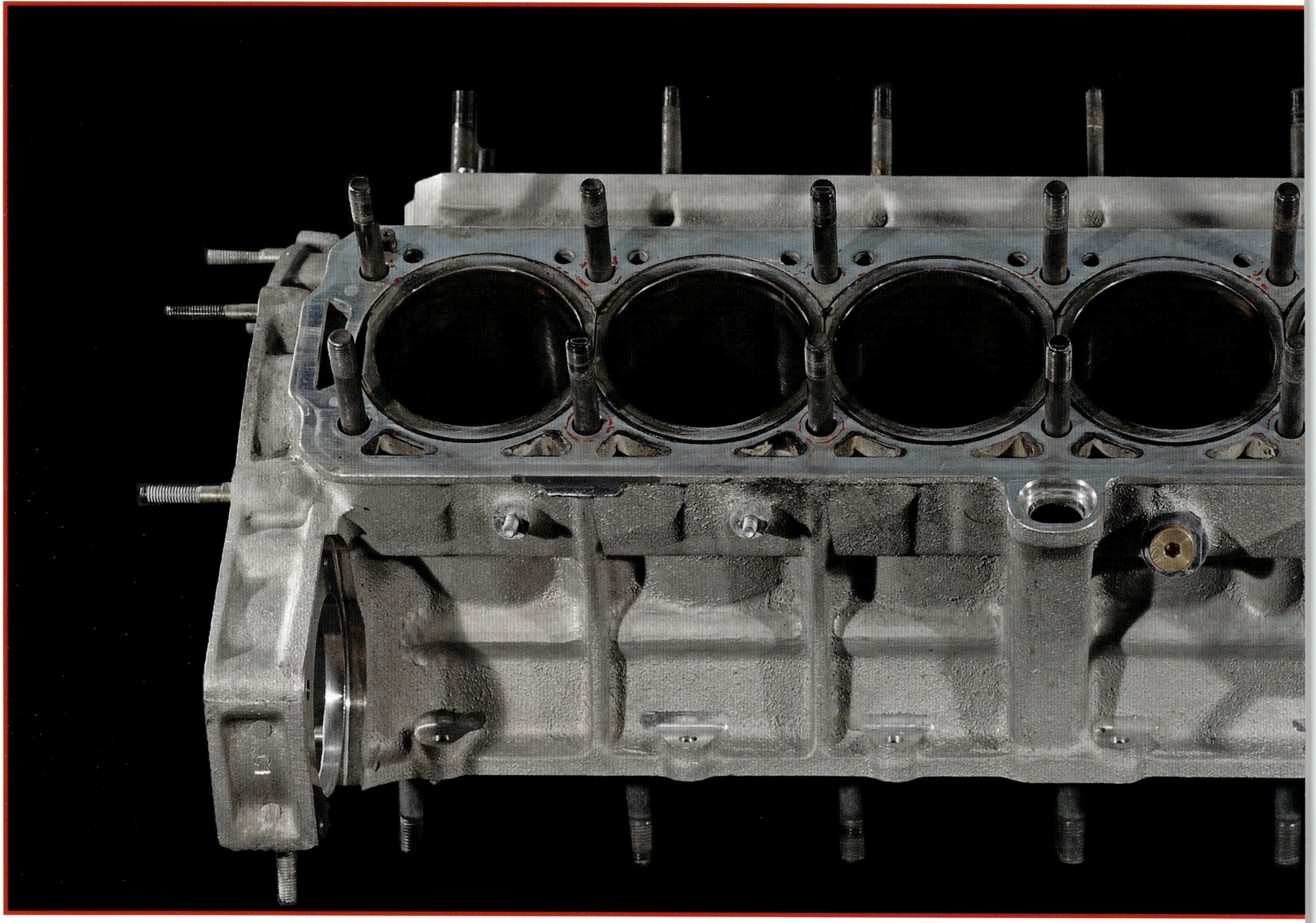

F116 B, ist mechanisch mit dem F116 C identisch, hat aber zur Motorsteuerung noch eine Bosch Motronic ME 2.7, während der Nachfolger mit einer überarbeiteten Bosch Motronic 5.2 ausgerüstet ist. Bei beiden Versionen erfolgt die Kraftstoffzufuhr über eine sequenzielle Saugrohreinspritzung; jede Zylinderbank verfügt über eine eigenes Zündsystem. Interessanterweise haben die Motoren unterschiedliche Zündfolgen. Beim F116 B lautet sie 1-12-5-8-3-10-6-7-2-11-4-9, beim F116 C dagegen 1-7-5-11-3-9-6-12-2-8-4-10.

Zur Erfüllung der Emissionsvorschriften sind die F116-Motoren mit zwei Katalysatoren versehen und ein Aktivkohlefilter verhindert das Austreten von Kraftstoffdämpfen an die Umgebung. Besondere Aufmerksamkeit widmeten die Entwickler der Auspuffanlage, um die Leistung zu optimieren und einen angemessenen Sound zu erzielen.

In gewohnter Ferrari-Tradition haben viele technologische Besonderheiten des 456 GT 2+2 ihren Ursprung in der Formel 1. Den Zylinderwinkel von 65° übernahm man vom Formel-1-Wagen 640 mit dem ersten V12, der nach vielen Jahren mit 60°- und 180°-V-Motoren diesen Winkel aufwies. Die Innovationen, mit denen die Motoren F116 und F133 aufwarten, erhielten im Jahr 2000 ihre angemessene Anerkennung, als der F133-Motor des 550 Maranello bei der Wahl zum „International Engine of the Year“ zum Gewinner in der Kategorie über 4,0 Liter gewählt wurde. Die Entscheidung, diesen Motor in ein viersitziges Coupé einzubauen, ging auf die Philosophie von Enzo Ferrari zurück, die dem Motto folgte „Racing improves the Breed“. Damit soll ausgedrückt werden, dass die im Rennsport gewonnenen Erfahrungen auf die Straßenwagen übertragen werden können und diese damit verbessern. Ein weiteres Beispiel für die F1-Technologie beim 456 GT 2+2 ist die Verwendung von Leichtmetall für die Karosserie und Türen sowie Verbundmaterial für die große Motorhaube (beim 456 GT M besteht diese aus Kohlefaser). Die Aluminiumkarosserie wurde mit dem Stahlrohrrahmen punktverschweißt. Ermöglicht wurde das durch die Verwendung einer Zwischenlage aus Feran, einem Aluminium-Stahl-Verbundmaterial, mit der die eigentliche Inkompatibilität der beiden Materialien überwunden werden kann.

Diese Lösung trug wesentlich zur Gewichtsreduzierung des großen, aber fahrwerkstechnisch sehr gut ausbalancierten Viersitzers bei.

Der 456 GT ersetzte das Vorgängermodell 412, dessen Produktion 1989 eingestellt worden war. Im Vergleich zu diesem recht kantigen Viersitzer wirkt der 456 GT wesentlich ästhetischer und hat eine bildschöne fließende Form. Sie stammt aus der Hand von Pietro Camardella, einem Pininfarina-Designer, der sich dazu vom 365 GTB4 „Daytona“ inspirieren ließ. So weisen am neuen Coupé die lange Motorhaube, die aufklappbaren Scheinwerfer und das Fahrzeugheck mit den doppelten Rückleuchten in einem modernen gemeinsamen Gehäuse eindeutige Parallelen zum Daytona auf. Der elegante 2+2, der unter der Aufsicht von Lorenzo Ramaciotti entstand, stellte auch einen neuen Rekord für die längste Produktionszeit eines Ferraris auf – der 456 wurde in zwei Serien 12 Jahre lang gebaut, von 1992 bis 2004!

Die ersten Wagen mit der Bezeichnung 456 GT hatten ein 6-Gang-Schaltgetriebe mit der Ferrari-typischen offenen Schaltkulisse. 1996 wurde der GTA mit 4-Gang-Automatikgetriebe eingeführt, mit dem man sich mehr Zuspruch im amerikanischen Markt erhoffte. Bei den bis 1998 gefertigten Autos war ein automatisch ausfahrender Heckspoiler in die hintere Schürze integriert; sein Anstellwinkel und damit die Höhe der von ihm erzeugten Abtriebskraft hing von der gefahrenen Geschwindigkeit ab. Mit der Einführung der zweiten Serie, dem von 1998 bis 2004 gebauten 456 GT M, entfiel nicht nur dieser

← **Ansicht des Motorblocks mit den bereits eingesetzten Nikasil®-beschichteten Zylinderlaufbuchsen.**

Heckspoiler, sondern es gab auch weitere Änderungen an der Mechanik, der elektrischen Anlage und dem Interieur.

Von der ersten Serie des 456 GT entstanden unter dem Fahrzeugcode F116 CL 1548 Exemplare sowie 402 Wagen des Typs F116 CLA, der für die Automatikversion 456 GTA steht. Die zweite Serie behielt den Fahrzeugcode F116. Vom 456 M GT (Typ F116 CL) wurden 640 Einheiten hergestellt, vom 456 M GTA (F116 CLA) mit 631 Stück fast dieselbe Anzahl.

Der Formel-1-Fahrer Michael Schumacher erhielt ein 456-M-GT-Sondermodell mit einer Zweiton-Lackierung in Silber/Dunkelgrau und Ferrari baute im Anschluss zusammen mit der Carrozzeria Scaglietti eine

↑ Das Bild der siebenfach gelagerten Kurbelwelle offenbart bei genauem Hinsehen den eigentlichen (und teuren) Grund der Motorevision: Der rechte der nach unten weisenden Hubzapfen (Bildmitte) weist einen Schaden an der Lauffläche auf.

→ Kunstvoll arrangiert sind hier die Bauteile eines Zylinders (von unten nach oben): der Kolben mit dem Titanpleuel, die Tassenstößel, die Ventile und Ventilfedern.

↓ Aus dieser Perspektive wird die flache dachförmige Brennraumstruktur gut deutlich.

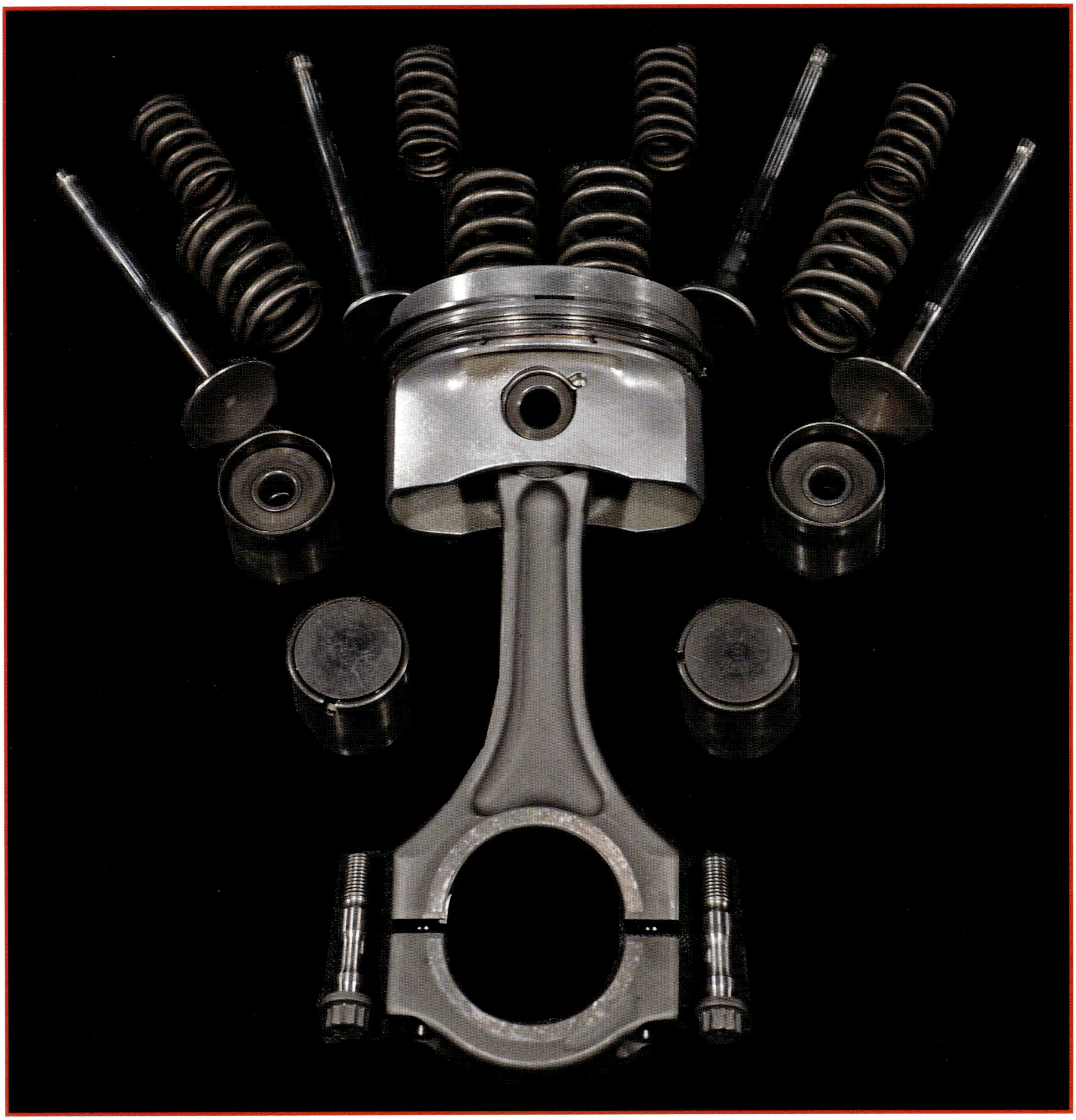

Kleinserie in dieser Farbgebung mit grauem Interieur und einem Michael-Schumacher-Schildchen. Die Produktionszahlen beinhalten auch eine Anzahl von Sondermodellen mit dem Codenamen Venice. Dabei handelt es sich um Serienwagen, die von Pininfarina speziell für den Sultan von Brunei in Viertürer, Kombis und Cabriolets umgebaut wurden.

Die Entscheidung, Anfang der 90er Jahre – einer eigentlich schwierigen Zeit für Luxusautos – ein sehr teures und hubraumstarkes Modell zu bauen, erwies sich als kluger Schachzug und bescherte dem „Komfort"-Ferrari unerwartet hohe Verkaufszahlen.

Unterm Strich summierte sich die Zahl aller verkauften 456-Varianten auf stolze 3252 Autos! Die Wurzeln dieses GT 2+2 reichen zurück bis 1960, als Enzo Ferrari sich dazu entschied, sein erstes viersitziges

↑ Die beiden Zylinderköpfe mit den eingelegten Nockenwellen. Die im Kreis angeordneten und halb verdeckten kleinen Bohrungen in der Mitte der Zahnriemenräder ermöglichen verschiedene Positionen der Räder und dienen zur Feineinstellung der Steuerzeiten.

FERRARI 456 GTM – TECHNISCHE DATEN

Motorbezeichnung	F116 D
Motorbauweise	Längs eingebauter Frontmotor, V12, 65° Zylinderwinkel
Bohrung und Hub	88 x 75 mm
Gesamthubraum	5473,92 cm^3
Einzelhubraum	456,16 cm^3
Verdichtungsverhältnis	10,6 : 1
Maximale Leistung	436 PS (325 kW) bei 6250 min^{-1}
Literleistung	80 PS/Liter (59 kW/Liter)
Ventilsteuerung	Zwei obenliegende Nockenwellen pro Zylinderbank, vier Ventile pro Zylinder
Gemischaufbereitung	Bosch Motronic M5.2
Zündsystem	Bosch Motronic M5.2, eine Zündkerze pro Zylinder
Schmiersystem	Trockensumpfschmierung
Kupplung	Einscheiben-Trockenkupplung
Maximales Drehmoment	550 Nm bei 4500 min^{-1}
Zündfolge	1-7-5-11-3-9-6-12-2-8-4-10

Coupé zu bauen, um damit weitere Käufer anzulocken. In den frühen 50er Jahren gab es bereits Modelle mit „vier“ Sitzen, von denen die hinteren allerdings nur sehr eingeschränkte Platzverhältnisse boten. Der 250 GTE war dagegen als richtiger 2+2 ausgeführt und bot auch Normalwüchsigen auf den hinteren Sitzen zumindest ausreichend Platz.

Mit einem Radstand von 2600 mm war der Wagen relativ groß und sein 3,0-Liter-Motor leistete angemessene 237 PS (177 kW) bei 7000 min^{-1}. Enzo Ferrari besaß selbst lange Zeit ein solches Modell (Kennzeichen MO 54083) und pendelte damit regelmäßig zwischen der Fabrik in Maranello und seinem Wohnsitz in Modena. Mit diesem ersten Viersitzer wollte Ferrari vor allem Kunden ansprechen, die mehr an ein komfortableres Fahren gewohnt waren und Platz für die Familie benötigten. 32 Jahre später erschien wieder ein Viersitzer mit dem gleichen Radstand von 2600 mm. Der war aber durch den technischen Fortschritt und den Einsatz neuer Materialien, was nicht zuletzt auf die Rennsporterfahrungen zurückging, natürlich wesentlich moderner – und hatte 202 PS (151 kW) mehr Leistung.

Der 456 GT M (von dem der in diesem Kapitel vorgestellte Motor stammt) war noch einmal überarbeitet worden und wies einige Neuerungen auf. Dazu gehörten unter anderem eine geänderte Geometrie an der Vorderradaufhängung, die das Eintauchen verringert sowie neu abgestimmte Stoßdämpfer für mehr Komfort bei langsamer Fahrweise. Außerdem wies der GT M eine dynamische Stabilitätskontrolle auf (ASR), die über das ABS und die Motorsteuerung die Traktion optimier-

↑ Diese einzelne Kupplungsscheibe von Valeo muss immerhin 550 Nm Drehmoment übertragen.

↗ Am äußeren Umfang des Schwungrads sind der Anlasserzahnkranz und darüber die rechteckigen Rotornasen zur Signalerzeugung im Kurbelwellensensor erkennbar. Anhand der größeren Lücke im Rotorring (linker Bildrand) kann das Steuergerät die Kurbelwellenposition erkennen.

→ Die Kupplungsdruckplatte mit der mittig liegenden Membranfeder.

→ Durch die kompakten Brennräume fallen die Zylinderköpfe relativ schmal und hoch aus.

↘ Eine der beiden Drosselklappen, die den Lufteintritt in den jeweiligen Sammler steuern. Über der Drosselklappe ist der dazugehörige Sensor zu erkennen, der ihre Bewegungen erfasst.

↓ Nahaufnahme eines Zylinderkopfs mit Nockenwelle und Nockenwellenlagerdeckeln.

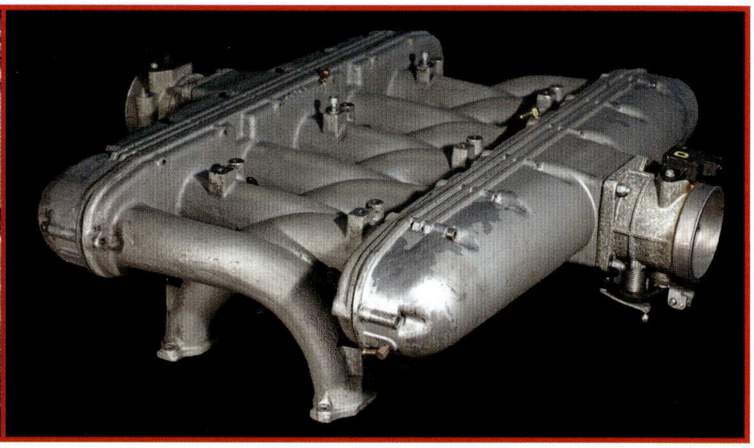

te. Dabei konnte zwischen den Stufen Normal und Sport gewählt und das System auch ganz abgeschaltet werden.

Nach den 5,5-Liter-Motoren F116 B und F116 C erschien 1995 der daraus hervorgegangene F133. Bei unverändertem Hubraum von 5474 cm^3 leistete er 478 PS (356 kW) bei 7000 min^{-1}.

Der 456 GT war mit seinem vorn eingebauten V12 wieder ein „richtiger" Ferrari, ganz gemäß nach Enzo Ferraris Mantra: „Die Pferde müssen den Karren ziehen und nicht schieben.".Luca di Montezemolo, seinerzeit frischgebackener Ferrari-Präsident, hatte eine neue Entwicklungsrichtung vorgegeben, die komfortablere und einfacher zu fahrende Sportwagen vorsah, die aber immer noch mehr als ausreichend motorisiert sein sollten. Mit ständig ansteigender Leistung stellt sich das Entwicklungsteam von Ferrari den kommenden Herausforderungen und die Zukunft des vorn eingebauten V12 scheint gesichert!

↖ Nahaufnahme der sich kreuzenden Ansaugrohre.

↑ Das komplette Ansaugsystem der beiden Zylinderbänke mit Ansaugrohren, Sammlern und Drosselklappenteilen.

→ Aufnahme eines Zylinderkopfs mit eingelegten Nockenwellen von der Rückseite. Am rechten Nockenwellenende ist der Rotor des Nockenwellenimpulsgebers zu erkennen. Anhand der Signale von Kurbelwellensensor und Nockenwellensensor kann das Steuergerät die exakte Motorstellung erkennen.

↓ Ansicht der Brennraumseite eines Zylinderkopfs. Wie bei den frühen V12-Motoren sind die Gussrohlinge für beide Zylinderbänke identisch und werden erst bei der Bearbeitung einer Motorseite zugeordnet.

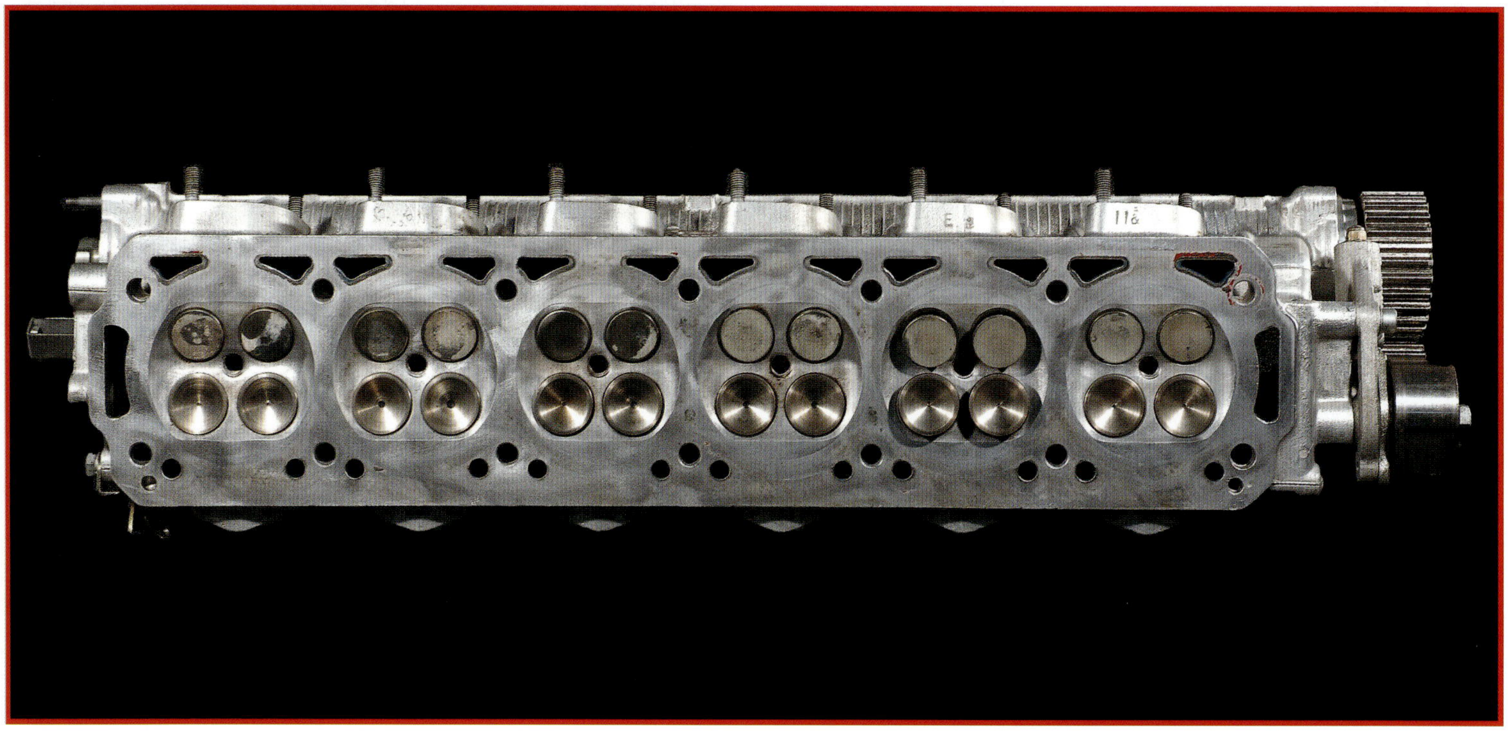

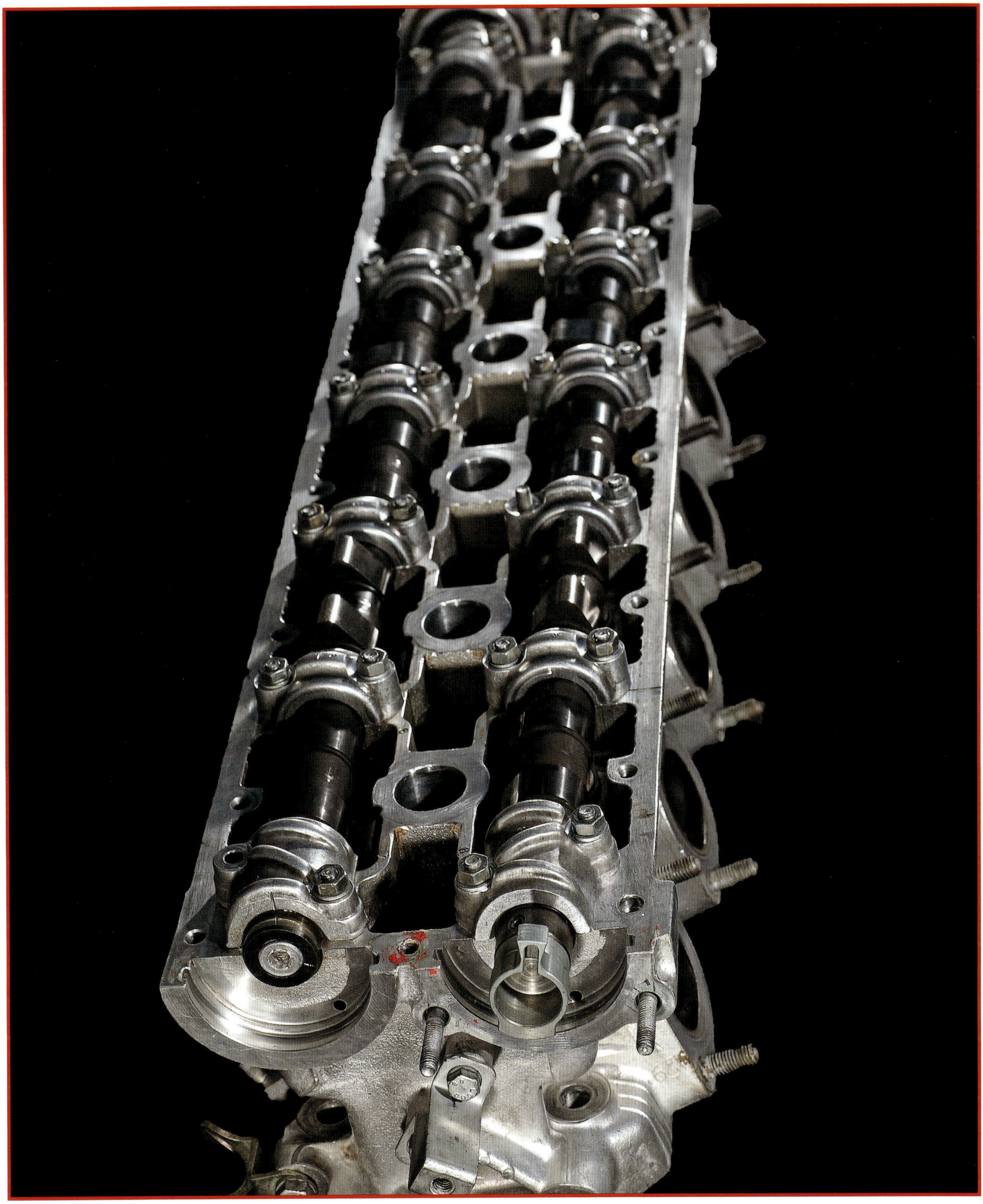

456 GT M: Wieder ein „richtiger" Ferrari – mit V12-Frontmotor (1998)

ferrari 456M

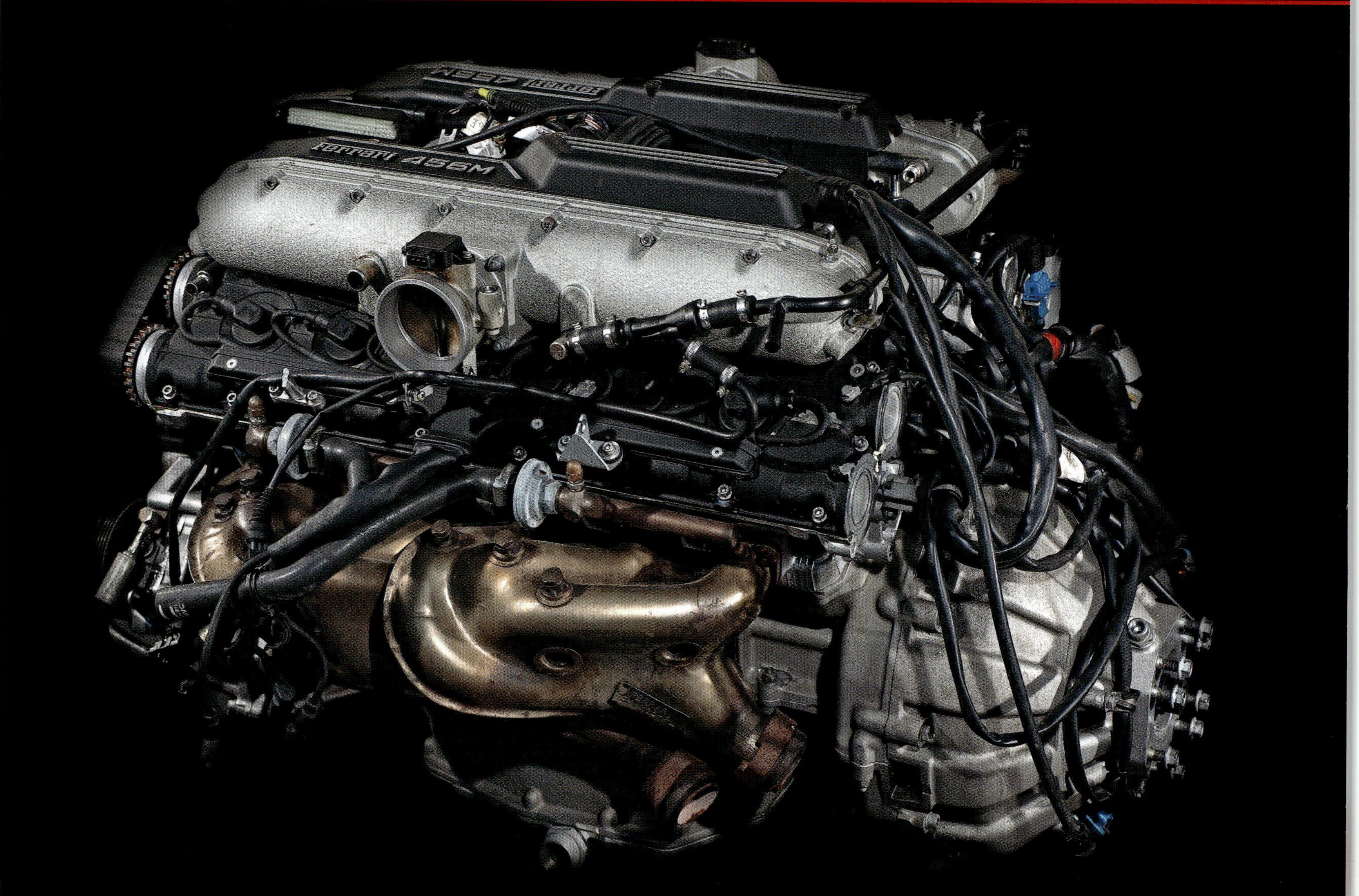
ferrari 456M

Ferrari 456M
Ferrari 456M

↑ Die Vorderansicht des 456 GT M wirkt sehr harmonisch, wozu auch die aufklappbaren Scheinwerfer beitragen.

↑ Runde Heckleuchten, die auf jeder Seite zu einer Einheit zusammengefasst sind, spiegeln die vier Endrohre wider.

→ Die aufklappbaren Scheinwerfer wurden geschickt über dem vorderen Stoßfänger eingelassen, die Nebelscheinwerfer in den Kühlergrill integriert.

↘ Durch ihre schmale Ausführung wirken auch die aufgeklappten Scheinwerfer nicht sonderlich störend.

↘↘ Die doppelten Rückleuchten des 456 GT M stellen eine Verbindung zum klassischen Ferrari-Heck her.

↘↘↘ Hinter den vorderen Radhäusern sind Vertiefungen vorhanden, die in den Türen auslaufen. Sie sind nicht nur ein Gestaltungselement, sondern dienen auch als Luftaustrittsöffnung zur Wärmeabfuhr.

↓ In der Seitenansicht zeigt der 456 GT M deutliche Parallelen zum „Daytona“, den ebenfalls ein vorn eingebauter V12 „zieht“.

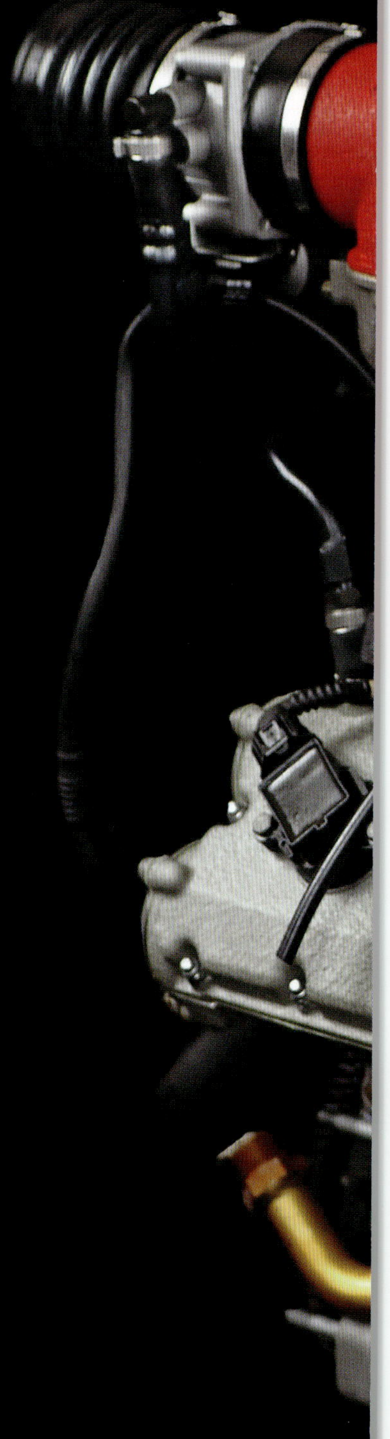

360 Modena
Wiedergeburt des V8 (1999)

Für die Herausforderungen des neuen Jahrtausends beschritt Ferrari neue Wege bei der Gestaltung und dem Bau der Karosserien und wappnete sich mit einer Fülle von Innovationen für die Verteidigung der Spitzenposition unter den Sportwagenherstellern.

Der erste Paukenschlag war der 360 Modena mit einem längs eingebauten 90°-V8-Mittelmotor, der stramme 400 PS (298 kW) bei 8500 min^{-1} leistete. Vorgestellt wurde der Neuankömmling 1999 auf dem Genfer Salon, eine der Lieblingsbühnen von Ferrari für Neupräsentationen. Ihm folgte im Jahr 2000 noch eine Spider-Version.

Die Geschichte der V8-Wagen aus Maranello begann 1973 mit dem Dino 308 GT4, einem 2+2-Sitzer mit 3,0 Litern Hubraum. In das neue Jahrtausend startete man mit der Berlinetta 360 Modena, angetrieben von einem 3,6-Liter-V8-Motor mit der Bezeichnung F131. Hier erregte das Triebwerk im Stillstand Aufsehen, denn es konnte beim Parken in all seiner Pracht durch die transparente Motorhaube bewundert werden. Dazu kamen eine Reihe fortschrittlicher Lösungen, wie zum Beispiel ein 6-Gang-Getriebe mit Formel-1-Technik, das elektrisch/hydraulisch arbeitete und über zwei Schaltpaddel hinter dem Lenkrad bedient wurde. Ganz neu war ein solches Getriebe freilich nicht, denn bereits 1997 war eine erste Version im Modell F355 zum Einsatz gekommen. Darüber hinaus hatte der F131-Motor fünf Ventile pro Zylinder – drei

↑ Einer der acht Mahle-Kolben aus geschmiedetem Aluminium und die dazugehörige Laufbüchse.

→ Aus Schmiedestahl ist die fünffach gelagerte Kurbelwelle hergestellt. Wie bei den V8-Motoren der Modelle Dino 308 GT4 und 308 GTB sind die Hubzapfen um 180° gekröpft.

↓ Die acht Kolben sind auf ihre Titanpleuel montiert und warten auf den Einbau.

Einlass- und zwei Auslassventile – sowie ein variables Ansaugsystem. Durch Klappen wurde die Länge der Ansaugwege abhängig von der Motordrehzahl und dem Betriebszustand verändert und damit der Drehmomentverlauf optimiert. Hier stand der F1-Wagen 641, den der Engländer John Barnard konstruiert hatte, als Technologieträger Pate.

Vom Vorgängermodell F355 übernommen wurden die fünf Ventile pro Zylinder, die gemeinsam mit der hydraulisch arbeitenden variablen Ventilsteuerung in einem breiten Drehzahlbereich eine optimale Füllung sicherstellen. Wie bei vielen anderen Ferrari-Motoren sind die meisten Bauteile aus Leichtmetall hergestellt, so zum Beispiel der Zylinderblock, die Zylinderköpfe, Zahnriemenabdeckungen, Ansaugstutzen, Ölwanne usw. Aus Schmiedestahl besteht die Kurbelwelle mit 180°-Kröpfungen, während die Pleuel des österreichischen Herstellers Pankl aus hochfestem Titan gefertigt sind.

Der Motor weist erstaunlich viele interessante Details auf, von denen einige, wie zum Beispiel die Titanpleuel oder die Fünfventil-Lösung, beim Nachfolgemodell F430 vermutlich dem Rotstift zum Opfer fielen und schon nicht mehr vorhanden waren. Die Zylinderlaufbüchsen sind mit Nikasil® beschichtet; die erleichterten, von Mahle gelieferten Slipperkolben verdichten das Kraftstoff-/Luftgemisch auf 11:1. Zum Antrieb der beiden obenliegenden Nockenwellen pro Zylinderbank sind zwei getrennte Zahnriemensätze vorhanden. Eine Bosch Motronic ME7.3 ist für die Motorsteuerung zuständig. Jede Zündkerze hat eine eigene, in den Zündkerzenstecker integrierte Zündspule (ruhende Hochspan-

nungsverteilung) und das Öffnen der Drosselklappe erfolgt nicht mehr mechanisch über einen Seilzug, sondern elektrisch über einen Stellmotor (Drive by Wire). Im Gegensatz zu den ersten V8-Motoren ist die Zündfolge geändert und lautet nun 1-8-3-6-4-5-2-7.

Einsatzgerecht ist eine Trockensumpfschmierung vorhanden, der dazugehörige Öltank ist im Motorraum rechts vom Zylinderblock über dem Differenzial angebracht. Durch alle diese technischen Kniffe und ausgefeilten Lösungen ergibt sich eine Literleistung von 112 PS/Liter (84 kW/Liter) und die Nenndrehzahl liegt bei beeindruckenden 8500 min^{-1}. Diese gebündelte Technik des F131-Motors war seinerzeit absolute Spitzentechnologie und beruhte auf dem Besten vom Besten, was es damals überhaupt gab.

Ein weiteres bemerkenswertes (und bemerkbares) Merkmal des F131-Motors ist der faszinierende Sound, der durch die speziell entwickelte Auspuffanlage entweicht. Sie trägt nicht nur zur Leistungsoptimierung bei, sondern verändert auch den Auspuffton durch ein variables Rückstausystem. Für die Abgasreinigung ist pro Zylinderbank jeweils ein Katalysator vorhanden.

Zur Fahrzeugausstattung gehören ein ABS und eine Schlupfregelung (ASR) sowie ein variables Dämpfungssystem, das sich zwischen „Normal" und „Sport" einstellen sowie ganz abschalten lässt. Unterstützt von der Geometrie der Radaufhängungen beeinflusst es entsprechend der gewählten Einstellung das Ein- und Ausfedern der Räder. Darüber hinaus sind noch eine elektronische Bremskraftverteilung (EBD) sowie eine Motor-Schleppmoment-Regelung (MSR) vorhanden, die einen Schlupf der Antriebsräder bei schnellem Gaswegnehmen unterdrückt.

Erstmals bestand an einem Ferrari das Chassis vollständig aus Aluminium. Ein Verbund aus gezogenen Profilen und gegossenen Elementen wurde mit der Leichtmetallkarosserie vernietet und verklebt und bildet so eine Monocoque-Struktur. Bei der Entwicklung dieses Chassis kooperierte Ferrari mit Alcoa, einem internationalen Unternehmen aus der Luftfahrtbranche, mit dem man zuvor schon am Allrad-Prototypen 408 RM zusammengearbeitet hatte. Die aus Aluminium bestehenden Karosserieteile samt Monocoque und die Radaufhängungen aus Leichtmetall halfen das Gewicht auf 1290 kg zu senken – im Gegensatz zu den 1440 kg des Vorgängermodells F355.

Der Radstand ist mit 2600 mm 150 mm länger als beim F355 und auch die Spurweiten (vorn 1679 mm und hinten 1617 mm) sind größer als beim Vorgänger.

Die ausgefeilte Aerodynamik des Wagens erforderte anstelle eines vorderen mittigen Kühlers den Einbau von zwei seitlichen in der Fahrzeugnase, was dem Modell auch ein besonderes Erscheinungsbild verleiht. Der Hintergrund ist, dass die von vorn anströmende Luft unter dem flachen Wagenboden nach hinten zu zwei Diffusoren geleitet wird. Damit entsteht unter dem Wagen mit zunehmender Geschwindigkeit ein Druckabfall, der den Abtrieb erhöht und einen Heckspoiler überflüssig macht.

Das gegenüber dem F355 geringere Gewicht des 360 Modena erleichtert dem 3,5 Liter großen F131-Motor zusätzlich die Arbeit und der quirlige V8 beschleunigt den Wagen in gerade einmal 4,5 Sekunden von 0 – 100 km/h; als Spitzengeschwindigkeit werden fast 300 km/h (genau 295 km/h) erreicht.

Wie bereits erwähnt, bot Ferrari für den 360 Modena ein elektrisch/hydraulisch gesteuertes 6-Gang-Getriebe an, das optional bestellt wer-

← Die Unterseite des Zylinderkopfs zeigt die äußerst kompakten Brennräume sowie die drei Einlass- und zwei Auslassventile pro Zylinder.

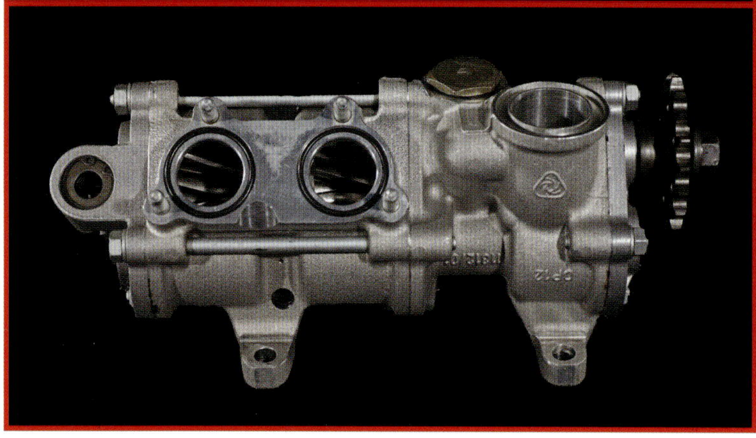

↑↑ Eines der Titanpleuel mit eingeschobenem Kolbenbolzen. Die Befestigungsschraube des unteren Lagerdeckels ist nicht durchgehend und mit einer Mutter verschraubt, sondern wird direkt in das Pleuel eingeschraubt. So lässt sich das Gewicht der Mutter einsparen.

↑ Direkt in der Ölwanne befindet sich die große, kettengetriebene Ölpumpe.

↑ Kunstvoll arrangiert sind hier Kolben und Pleuel sowie die Ventiltriebteile eines Zylinders.

↙ Die Zahnriemenräder eines Zylinderkopfs.

↓ Dank der transparenten Motorabdeckung können der Ferrari-Schriftzug auf dem Luftsammler sowie das Cavallino-Rampante-Emblem auch von außen bewundert werden.

den konnte. Gegenüber der im F355 verbauten Version wurden die Schaltzeiten verkürzt und ein Gangwechsel dauert nur noch 100 Millisekunden. Das System schaltet je nach Fahrsituation selbständig herunter und das Röhren des Motors, das beim Zurückschalten für die passende akustische Untermalung sorgt, ist für den Fahrer Musik in den Ohren – und die 8-Mann-Combo in Form des Mittelmotors spielt direkt hinter ihm. Die Mehrzahl der Kunden entschied sich für diese ursprüngliche F1-Technik, serienmäßig war jedoch ein klassisches 6-Gang-Getriebe mit offener Schaltkulisse und einer Einscheiben-Trockenkupplung von Valeo eingebaut.

Letztendlich waren das Aussehen und die Fahrleistungen so überzeugend, dass über 18.000 Einheiten des 360 Modena und F131-Motors gebaut wurden (der Fahrgestellnummernbereich erstreckt sich von 104376 – 140647). Gegen Produktionsende entstand noch eine kompromisslosere Straßenversion in begrenzter Stückzahl, das Sondermodell Challenge Stradale. Wie der Name vorgibt, handelte es sich um eine straßentaugliche Ausführung (Stradale) des Rennwagens für die Challenge-Rennserie, die volle 110 kg leichter als die Serienversion war, was sich schon allein bei den Fahrleistungen deutlich bemerkbar machte. Zusätzlich erhielt der Motor noch ein Feintuning, das die Literleistung auf 118,5 PS/Liter (88,4 kW/Liter) ansteigen ließ – zu dieser Zeit der Rekordwert bei den Saugmotoren. Der F131-Motor diente auch als Antrieb für ein exklusives Spider-Einzelstück, das im Auftrag

↑ Der Motorblock ohne Zylinderlaufbüchsen, die im Rahmen der Motorrevision entfernt wurden. Im Vordergrund einer der Ausleger, über den sich der Motor im Chassis abstützt.

von Gianni Agnelli als Hochzeitsgeschenk für den damaligen Ferrari-Präsidenten Luca di Montezemolo gebaut wurde. Pininfarina entwarf eine bildschöne Barchetta-Karosserie für dieses Auto, das in Silber (Argento Nürburgring) lackiert wurde. Die Frontscheibe war sehr niedrig gehalten, in der Mitte zusätzlich noch etwas eingezogen und hatte keinerlei seitliche Abstützungen. Auch die hintere Abdeckung unterschied sich von der des Serien-Spiders und damit nichts die Ästhetik dieses Meisterwerks beeinträchtigte, war nicht einmal ein Notdach vorhanden.

Schon bevor er dieses Präsent erhielt, war Montezemolo vom 360 Modena überzeugt und erklärte seinen weltweiten Erfolg mit der perfekten Ausgewogenheit zwischen Leistungspotenzial und Fahrfreude. Die große Nachfrage gab ihm recht. Ein weiterer überzeugter Fan dieses Modells war kein geringerer als Dario Benuzzi, der damalige oberste Testfahrer von Ferrari. Für ihn war die Spider-Version des 360 Modena der beste offene Wagen mit V8-Motor, den Maranello je gebaut hatte. Die außergewöhnlich guten Fahreigenschaften und die spontane Gasannahme bereiteten ihm maximalen Fahrspaß und führten zu dieser Einschätzung.

↑ **Bei geöffneten Luftsammlern sind die elektronisch gesteuerten (und jetzt geschlossenen) Klappen des variablen Ansaugsystems zu sehen.**

FERRARI 360 MODENA – TECHNISCHE DATEN

Motorbezeichnung	F131
Motorbauweise	Längs eingebauter Mittelmotor, V8, 90° Zylinderwinkel
Bohrung und Hub	85 x 79 mm
Gesamthubraum	3586,20 cm^3
Einzelhubraum	448,29 cm^3
Verdichtungsverhältnis	11 : 1
Maximale Leistung	394 PS (294 kW) bei 8500 min^{-1}
Literleistung	110 PS/Liter (82 kW/Liter)
Ventilsteuerung	Zwei obenliegende Nockenwellen pro Zylinderbank, vier Ventile pro Zylinder
Gemischaufbereitung	Bosch Motronic ME7.3
Zündsystem	Bosch Motronic ME7.3, eine Zündkerze pro Zylinder, ruhende Hochspannungsverteilung
Schmiersystem	Trockensumpfschmierung
Kupplung	Einscheiben-Trockenkupplung
Maximales Drehmoment	373 Nm bei 4750 min^{-1}
Zündfolge	1-8-3-6-4-5-2-7

Wie schon für die Vorgängermodelle 348 und F355 in den Jahren zuvor wurde von 2000 bis 2006 für den Modena 360 eine Ferrari Challenge ausgerichtet, hinzu kam auch eine Teilnahme in der neuen FIA N-GT-Meisterschaft. Ferrari baute dafür mit dem langjährigen Partner Michelotto Automobili eine leistungsgesteigerte Version des 360-Challenge-Wagens, den 360 N-GT für internationale GT-Rennen. In der Fer-

↓ **Eine weitere Aufnahme des Zylinderkopfs, jetzt von der Auslassseite betrachtet. Die fünf Ventile nutzen konsequent die zur Verfügung stehende Brennraumoberfläche aus.**

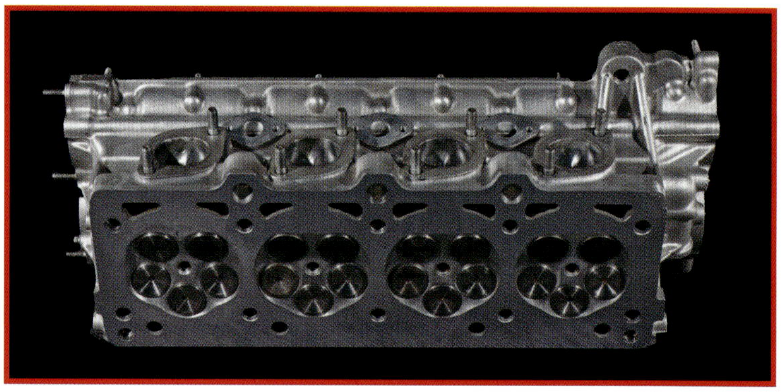

↑ Die hellen Stellen im Gehäuse der Kupplungsdruckplatte sind Bohrungen, über deren Materialabtrag das Bauteil ausgewuchtet wird.

↗ Die Kupplungsreibscheibe des französischen Herstellers Valeo.

→ Die Ölwanne der Trockensumpfschmierung, die im Vergleich zu Motoren mit Nasssumpfschmierung deutlich flacher ausfallen kann.

↓ Der Ansaugstutzenkomplex des variablen Ansaugsystems, das aus der Formel 1 übernommen wurde.

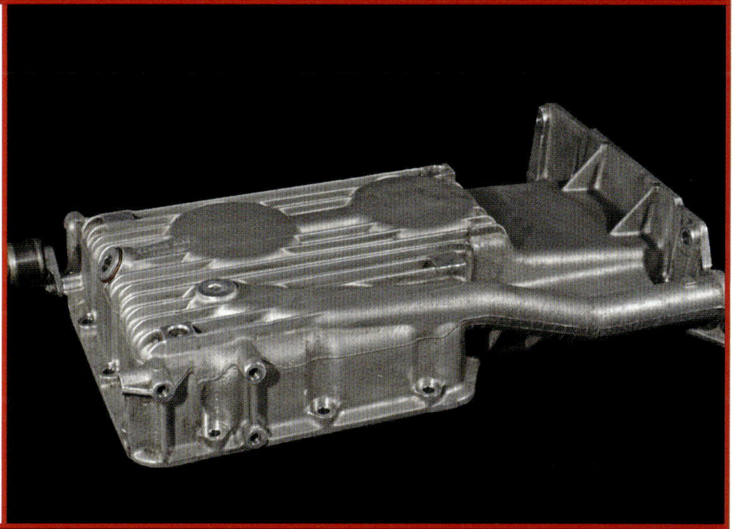

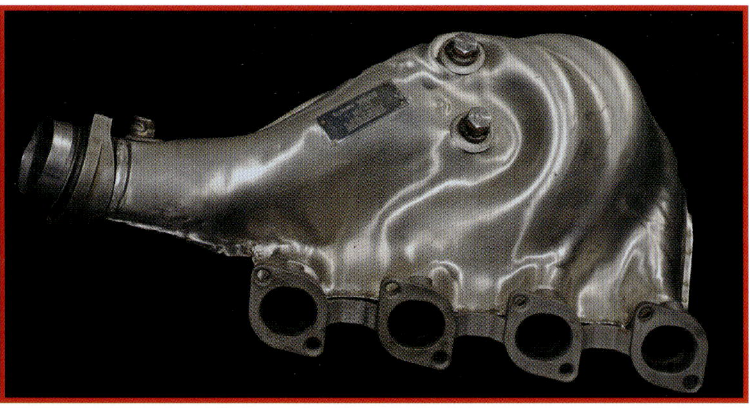

rari-Abteilung Corse Clienti entstand in Zusammenarbeit mit Michelotto die Rennversion des F131-V8. Dieser erhielt unter anderem erleichterte Kolben, schärfere Nockenwellen, überarbeitete Brennräume und eine neu abgestimmte Motorsteuerung. Außerdem wurden das Fahrwerk und die Karosserie für den Einsatzzweck modifiziert. Mit diesem Wagen gewann 2001 das JMB-Competition-Team (offiziell von Ferrari unterstützt) die N-GT-Klasse in der FIA-GT-Meisterschaft.

2003 entwickelte Ferrari Corse Clienti zusammen mit Michelotto den 360 GTC, den eine 450-PS-Version (336 kW) des F131-V8 befeuerte. Außerdem konnte man durch den Einsatz von Verbundwerkstoffen für

↖ Eine weitere Ansicht der Ansaugstutzen, jetzt mit den montierten rot lackierten Luftsammlern. Auf die großen runden Öffnungen werden später die Drosselklappenteile aufgesetzt.

↑ Einer der beiden 4-1-Auspuffkrümmer, der zum Schutz der Umgebung im Motorraum mit einem Hitzeschutzblech versehen ist.

↓ Ein Blick in das auf dem Kopf stehende Motorgehäuse. Auch hier ist das Gehäuse weit über die Lagergasse der Kurbelwelle heruntergezogen, um die Steifigkeit zu erhöhen.

die Karosserie das Gewicht des Wagens auf das für die N-GT-Klasse vorgeschriebene Mindestgewicht von 1100 kg reduzieren.

Die Rennkarriere dieses erfolgreichen 90°-V8-Motors ist nur eine von vielen Aktivitäten, die seine Bauzeit verlängerten. Nach mehr als 18.000 gebauten Exemplaren des 360 Modena fand die 180°-Kurbelwelle im Ferrari F430 eine weitere Verwendung. Der als F136 E bezeichnete Motor hatte einen auf 4,3 Liter vergrößerten Hubraum und leistete 440 PS (328 kW). 2009 stieg der Hubraum erneut und es entstand der 4,5-Liter-Motor F136 F, der in das Modell 458 Italia eingebaut wurde. Durch die sich weltweit verschärfenden Emissionsvorschriften war das vermutlich der letzte V8-Saugmotor von Ferrari. Ein Ableger davon kam als Frontmotor im Modell California zum Einsatz und holte 2011, 2012 und 2014 bei der Auszeichnung „International Engine of the Year" den Titel des „Best Performance Engine" in der Klasse über 4,0 Liter. Der V8 wird auch heute noch produziert, allerdings unter der Bezeichnung F154 CB mit 3,9 Litern Hubraum und Doppelturboaufladung. 2016 wurde dieser zum „Best New Engine" gekürt und 2017 zum „International Engine of the Year" und „Best Performance Engine" gewählt. Der Doppelturbo ist im 488 GTB Fiorano eingebaut, der mit seinen 670 PS (500 kW) eine Höchstgeschwindigkeit von 330 km/h erreicht und in nur 3,0 Sekunden von 0-100 km/h beschleunigt. Wie schon bei seinem Vorgänger wurde auch von ihm ein Ableger in den V8-Frontmotor-Modellen California T und Portofino verwendet. Es bleibt spannend, wie die nächste Evolutionsstufe aussehen wird!

↑ Die Kurbelwelle aus Schmiedestahl ist in den Zylinderblock eingelegt. Im nächsten Schritt werden die Hauptlagerdeckel montiert.

↓ Der Motorblock mit aufgesetzten Zylinderköpfen und montierter Ölwanne.

Ferrari

↑ Erstmals war an einem Ferrari der vordere Kühlergrill durch zwei seitliche Lufteinlässe ersetzt worden, deren Form an den Formel-1-Wagen 156 erinnert.

↑ Die klassischen runden Rücklichter und das Cavallino-Rampante-Wappen lassen keinen Zweifel aufkommen, aus welchem Stall der Wagen stammt.

➔ Die Auspuffrohrdurchführungen in der Heckschürze greifen die Kontur der vorderen Lufteinlässe auf.

↘ Große Lufteinlässe hinter den Türen lassen Erinnerungen an den 250 Le Mans aufkommen.

↘↘ Kunststoffabdeckungen über den Scheinwerfern verbessern die Aerodynamik und bilden ein zusätzliches Designelement.

↘↘↘ Hinter dem fünfspeichigen Radstern der Leichtmetallfelgen verbergen sich große innenbelüftete Bremsscheiben.

↓ Pininfarina übernahm für den 360 Modena Designelemente von verschiedenen Vorgängern und schuf so einen neuen Ferrari-Klassiker.

FF

Der erste Allrad-Ferrari (2011)

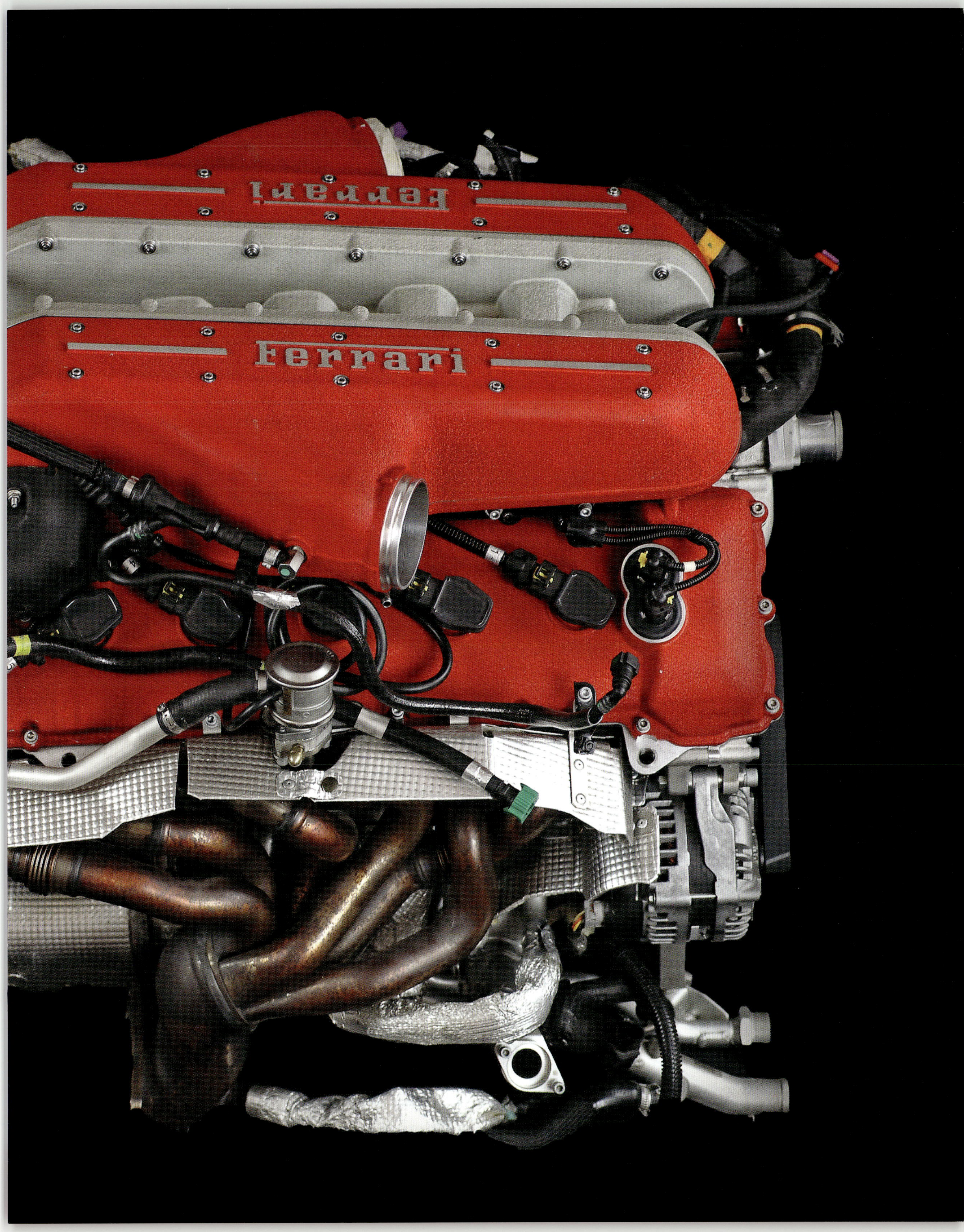
Ferrari

Der Motorentyp und die Motornummer sind in das Motorgehäuseunterteil eingeschlagen.

Die Brennräume haben eine ungewöhnliche „apfelförmige“ Kontur. Sie entsteht, weil das Einspritzventil der Direkteinspritzung direkt in den Zylinderkopf eingeschraubt ist und sein Austrittskanal zwischen die beiden Einlassventile (oben) mündet.

Er glänzte bei seiner Vorstellung im Jahr 2011 mit Superlativen: der Ferrari FF – das Kürzel steht für Four Wheel Drive und Four Seater (Allradantrieb und Viersitzer) – war als Über-Gran Turismo konzipiert. Sein 65°-V12-Motor mit der Bezeichnung F140 EB hatte mit 6,3 Litern (6262 cm³) den größten Hubraum, der je in Maranello für öffentliche Straßen gebaut worden war. Mit diesem Hubraumriesen startete auch eine neue Motorenbaureihe, deren Ableger als Frontmotor in der Berlinetta F12 (Motorentyp F140 FC), im F12 TdF (Motorentyp F140 FG) und im GTC4 Lusso (Motorentyp F140 ED) für den standesgemäßen Vortrieb sorgten. Außerdem wurde das Kraftpaket (mit der Bezeichnung F140 FE) als Mittelmotor im LaFerrari (500 Exemplare) und LaFerrari Aperta (210 Exemplare) eingebaut. Diese Modelle waren auch die ersten Hybrid-Ferraris überhaupt und der Elektromotor des „HY-KERS“ unterstützte hier mit zusätzlichen 161 PS (120 kW).

Nach bewährter Ferrari-Tradition floss in die Entwicklung dieses GT-Modells mit Kombi-Optik allerlei Rennsporttechnik ein. So gehörten ein elektronisch gesteuertes Differenzialgetriebe („E-diff“) und die letzte Entwicklungsstufe der Ferrari-eigenen Stabilitätskontrolle „F1-Trac“ zur Serienausstattung.

Mit dem FF gab es endlich einen Allrad-Ferrari, nachdem ein früheres Projekt von Mauro Forghieri noch vor dem Serienanlauf gestoppt und für Jahrzehnte wieder in der Schublade verschwunden war. Forghieri war einer der klügsten Köpfe in der wechselvollen Geschichte von Ferrari und arbeitete fast 30 Jahre lang, von 1960 bis 1987 für das Unternehmen. Er begann als junger Ingenieur und stieg bis zum Technischen Direktor auf. Unter seiner Leitung entstand auch ein straßentauglicher Prototyp mit Allradantrieb. Dieser 408 4RM (4RM = 4 Ruote Motrici = Vierradantrieb) wurde 1987 auf der Motor-Show in Detroit erstmals gezeigt; vier Monate später verließ Forghieri jedoch Ferrari.

Nahaufnahme eines der beiden Ventildeckel, die in rotem Schrumpflack lackiert sind. In der Mitte die Öffnung für die Zündkerze.

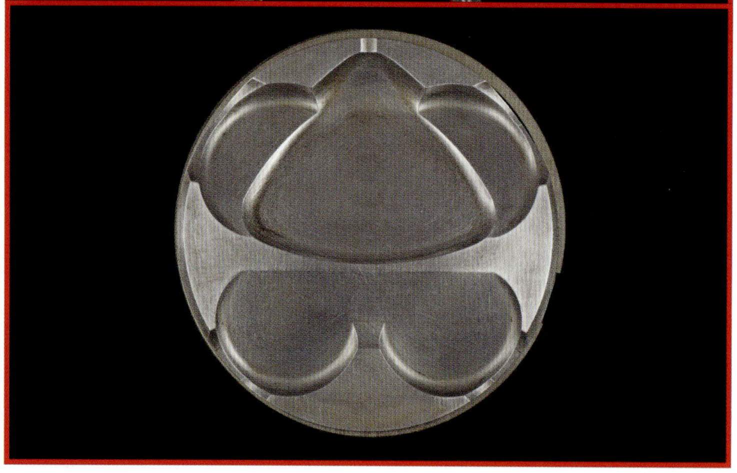

Die Direkteinspritzung erfordert auch eine besondere Oberflächenform des Kolbenbodens. Neben den Ventiltaschen ist auch eine zusätzliche Aussparung für den Einspritzstrahl vorhanden.

Von diesem ersten allradgetriebenen Ferrari entstanden zwei Exemplare – eines in Rot (Fahrgestellnummer 70183, das Ausstellungsfahrzeug von Detroit) und 1988 noch eines in Gelb (Fahrgestellnummer 78610).

Dieser zweite Prototyp hatte ein Monocoque-Chassis, das aus miteinander verklebten Aluminiumbauteilen bestand; eine Technik die 1999 beim 360 Modena zum Serieneinsatz kam. Unter normalen Fahrbedingungen verteilte der Allradantrieb des 408 die Antriebskraft zu 29,3% an die Vorderachse und zu 70,7% an die Hinterachse und von dort jeweils über ein mechanisches Differenzial an die Räder.

Über eine hydraulische Steuerung konnte die Verteilung dann entsprechend den Fahrbedingungen angepasst werden. Als Antriebsquelle diente in den 408-Prototypen ein 90°-DOHC-V8, der als Mittelmotor längs eingebaut war und vier Ventile pro Zylinder aufwies. Mit einer Verdichtung von 9,8:1 schöpfte er aus einem Hubraum von 3999,66 cm^3 eine Leistung von 300 PS (224 kW) bei 6250 min^{-1}. Der Motor entstammte der bekannten V8-Familie und war eine hubraumstärkere Weiterentwicklung des damals beim 328 GTB und GTS verwendeten Typs. Das Besondere daran war, dass dieser Motor nur für diese beiden Prototypen gebaut wurde.

Wieder zurück in die Neuzeit: 25 Jahre später erschien mit dem F140 EB der größte V12-Motor, den Ferrari bis zu diesem Zeitpunkt produziert hatte. Seine 660 PS (492 kW) lagen bei 8000 min^{-1} an und sein gewaltiges Drehmoment bereitete den Antriebswellen enormen Stress.

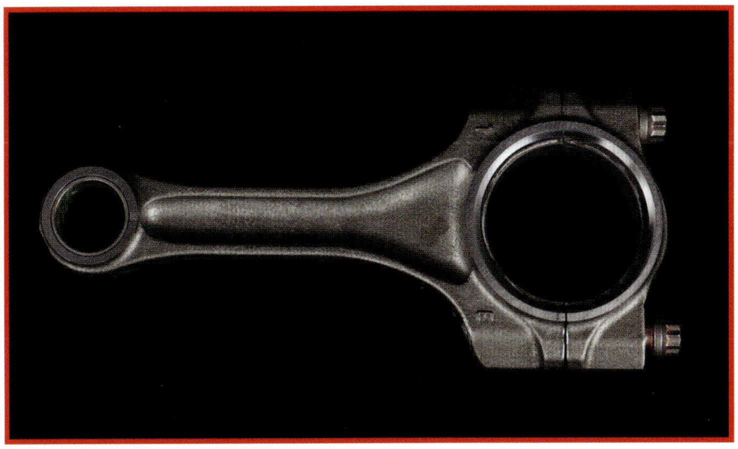

↑ Die Pleuel sind aus Schmiedestahl hergestellt; die Lagerdeckel sind mit Schrauben befestigt, die in den Pleuelfuß eingedreht werden.

Für die internationale Pressevorstellung des FF im März 2011 wählte Ferrari einen sehr ausgefallenen Ort, um die Qualitäten und Eigenschaften des Wagens praxisgerecht zu demonstrieren. Zwei Exemplare

↓ Der Zylinderblock besteht aus Leichtmetallguss und hat eingesetzte, mit Nikasil® beschichtete Zylinderlaufbuchsen.

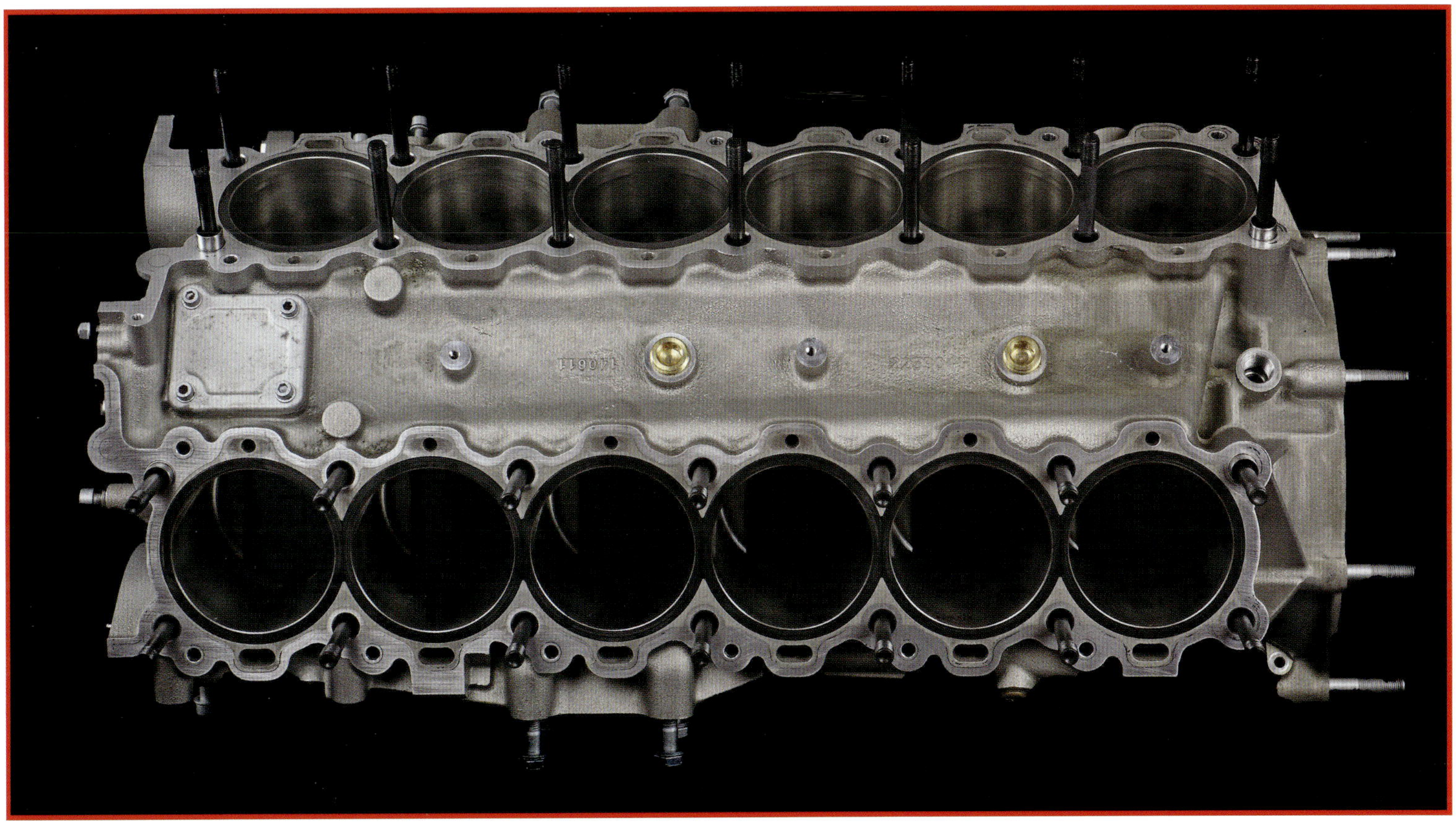

wurden per Hubschrauber, einem Boeing CH-47 Chinook, zu Eis und Schnee verfrachtet, nach Kronplatz in den italienischen Dolomiten. Das passte auch zur sehr außergewöhnlichen „Shooting-Brake“-Karosserieform des Autos, wie im englischen Sprachgebrauch ein Sportkombi bezeichnet wird. Entworfen hatte sie Flavio Manzoni vom Ferrari Styling Centre in Zusammenarbeit mit Lowie Vermeersch, dem ehemaligen Design Director von Pininfarina.

Für die Umsetzung des Allradkonzepts war Franco Cimatti verantwortlich, der sich dazu von Forghieris 408-RM-Projekt Anregungen holte und intensiv mit der Kraftübertragung zur Vorderachse auseinandersetzte.

Im FF-Styling finden sich Anleihen vom 458 Italia; so wurden die Kontur der vorderen Scheinwerfer und die runden Rückleuchten übernommen. Außerdem flossen in die Karosserieform auch Inspirationen

von der Design-Studie Sintesi ein, die 2007 bei Pininfarina entstanden war. Das Shooting-Brake-Konzept bietet die Vorteile eines braven Familienkombis, nämlich einen relativ großen Stauraum im Heck, der gut über eine große Klappe zugänglich ist. Für Ferrari war das kein völliges Neuland, denn schon 1996 musste man sich damit befassen. Pininfarina erhielt vom Sultan von Brunei den Auftrag für den Bau einer 456-GT-Kleinserie unter der zusätzlichen Bezeichnung „Venice" und fünf dieser Wagen waren als Sportkombi ausgeführt. Die Karosserie dieser Wagen war 20 cm länger als die der Seriencoupés. Angeblich soll der Sultan für diese außerordentliche Bestellung 9 Millionen US-Dollar bezahlt haben. 15 Jahre nach dieser inoffiziellen Pininfarina-Kleinserie baute Ferrari schließlich für die eigene zahlungskräftige Kundschaft einen frei käuflichen Sportkombi.

Im Prinzip entsprach der vorne längs eingebaute V12 des FF dem Motor des bisherigen Ferrari-Viersitzers, dem 612 Scaglietti, allerdings war der Hubraum von 5748 cm^3 auf 6262 cm^3 aufgestockt worden.

Für eine optimale Schwerpunktlage und ausgewogene Radlastverteilung am neuen Ferrari-Viersitzer wurde im Vergleich zum vorhergehenden Scaglietti der Motor etwas weiter hinter der Vorderachse eingebaut.

Der innovative Allradantrieb hat weder ein konventionelles Differenzial an der Vorderachse noch ein herkömmliches Verteilergetriebe. Zum Antrieb der Vorderräder ist ein zusätzliches Getriebe vorhanden, das über Zahnräder mit der Kurbelwelle in Eingriff steht. Dieses als PTU (Power Transfer Unit) bezeichnete Getriebe hat nur zwei Vorwärtsgänge (2. Gang und 4. Gang) sowie einen Rückwärtsgang. Die Übersetzungsverhältnisse in der PTU sind 6% höher als die der entsprechenden Gänge im eigentlichen Getriebe, das sich in der Transaxle-Hinterachse befindet. Die Kraftübertragung von der PTU an die Vorderräder ist elektronisch gesteuert und erfolgt über voneinander unabhängig arbeitende Haldex-Kupplungen, die ständig im Schlupfbereich arbeiten und das für eine optimale Traktion erforderliche Motordrehmoment übertragen. Zwei Doppelkupplungen, eine für die geraden Gänge, eine für die ungeraden, stellen den Kraftschluss zwischen dem Motor und dem 7-Gang-Getriebe in der Transaxle-Einheit her, in der auch das „E-diff", Ferraris elektronisch gesteuertes Differenzial für den Hinterradantrieb integriert ist. Mit dem Doppelkupplungsgetriebe ist eine nachdrückliche und doch weiche Kraftübertragung mit kaum noch wahrnehmbaren Gangwechseln möglich. Zur manuellen Schaltung sind ähnlich wie beim 458 Italia und der F12 Berlinetta Schaltpaddel am Lenkrad angebracht. Der Allradantrieb ist so aufgebaut, dass sich zwecks einer guten Balance die Hauptmasse des Systems an der Hinterachse konzentriert. Im Vergleich zu einem konventionellen Allradsystem wiegt der Antrieb einschließlich PTU und vorderer Kupplungen nur 45 kg und damit etwa 50% weniger.

Im elektronisch gesteuerten Fahrwerk arbeiten magnetorheologische Dämpfer, bei denen die Viskosität der Dämpfungsflüssigkeit und damit

← Eine abstrakte Aufnahme der einbaufertigen Kolben und Zylinder. Bemerkenswert an den Kolben ist ihre ausgeprägte „Slipperung", das heißt der aus Gewichts- und Reibungsgründen im Bereich der Kolbenbolzennabe stark nach innen zurückgesetzte Kolbenschaft.

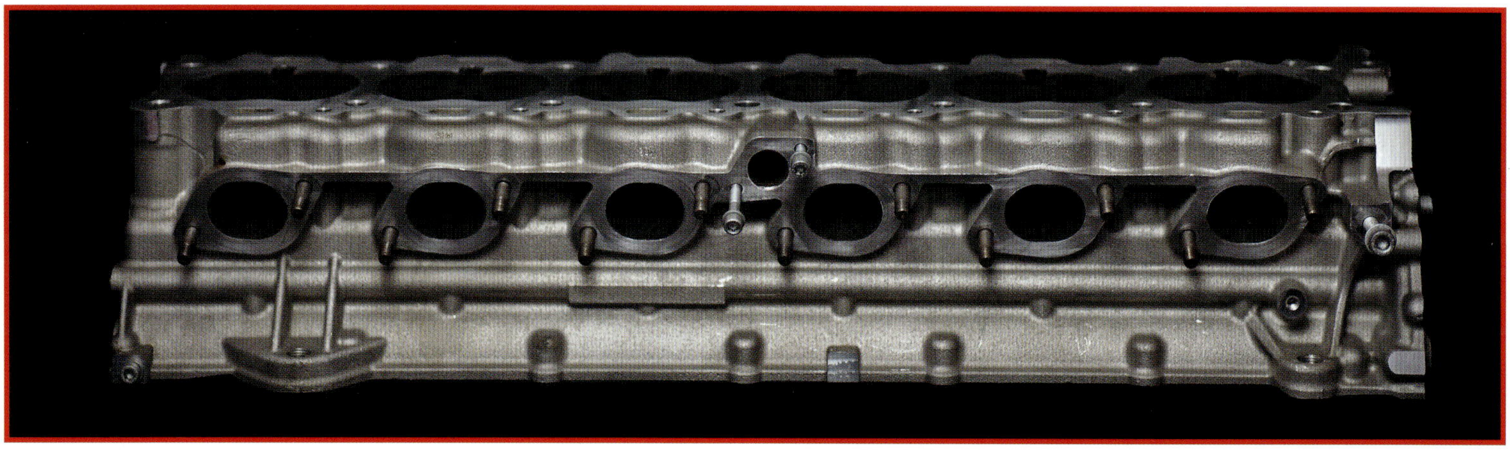

das Dämpfungsverhalten durch den Einfluss von Magnetfeldern blitzschnell geändert werden kann.

Für die passende Verzögerung sind Karbon-Keramik-Bremsscheiben vorhanden, wie sie in ähnlicher Form auch im 599 GTO eingebaut waren.

Der bärenstarke F140-EB-Motor, der erste Sprössling der 6,3-Liter-Familie aus Maranello, besteht fast völlig aus Leichtmetall (Zylinderblock und -köpfe, Steuergehäuse, Ventildeckel, Ölwanne usw.) und hat mit Nikasil® beschichtete Zylinderlaufbuchsen. Zur Gewichtserleichterung und Reibungsverminderung haben die aus geschmiedetem Leichtmetall

↑ Auslassseitige Ansicht eines umgedreht stehenden Zylinderkopfs.

→ Die geschmiedete Kurbelwelle ist siebenfach gelagert, zwischen den Hauptlagerzapfen sind die etwas breiteren Kurbelzapfen erkennbar. Trotz des größeren Zylinderwinkels sind die Pleuel von gegenüberliegenden Zylindern auf einem gemeinsamen Zapfen angelenkt.

↓ Innenansicht eines Zylinderkopfs mit eingebauten Ventilen (vier pro Zylinder), aber noch ohne Nockenwellen und Tassenstößel. Daher sind die Ventilschaftenden und Federteller gut zu erkennen.

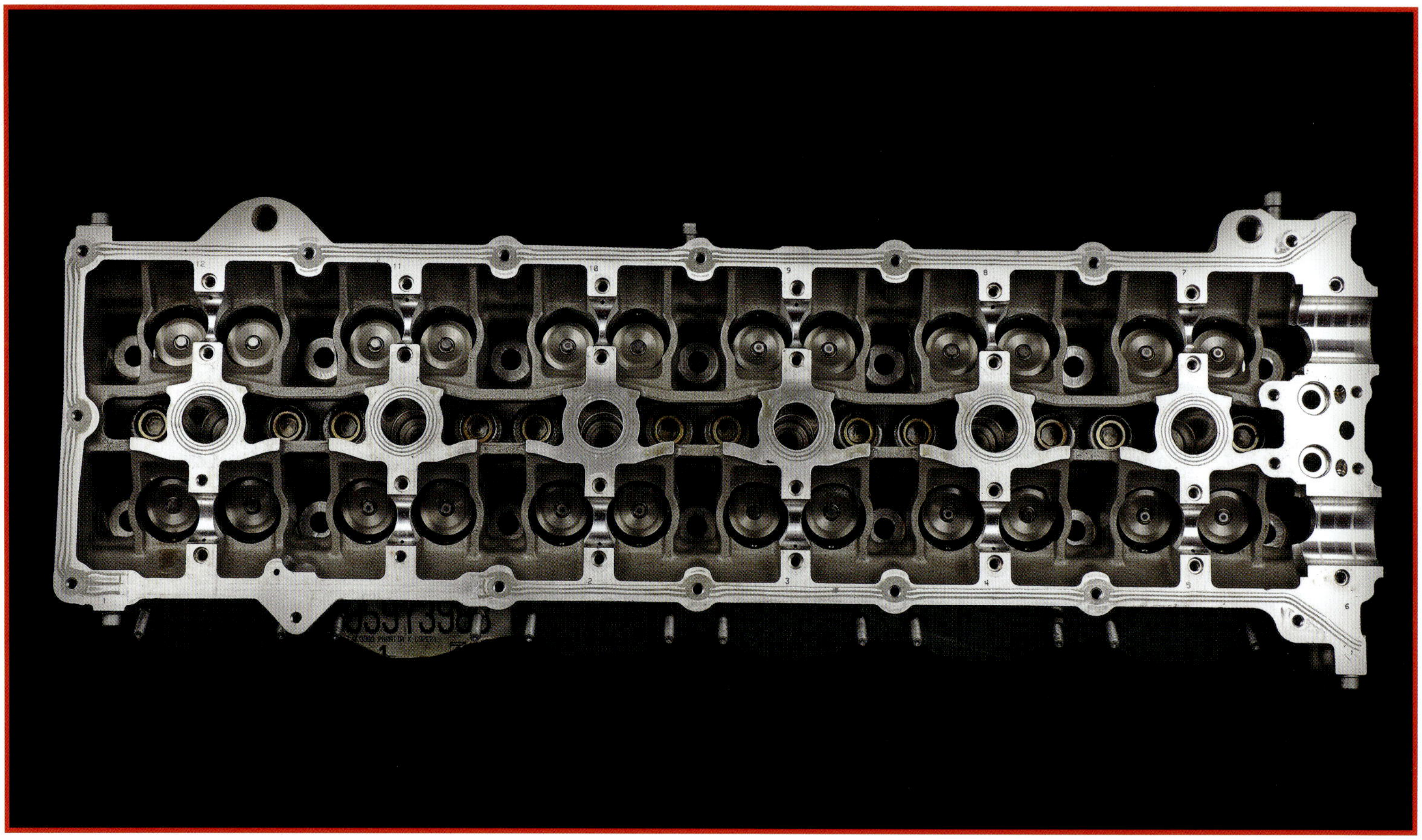

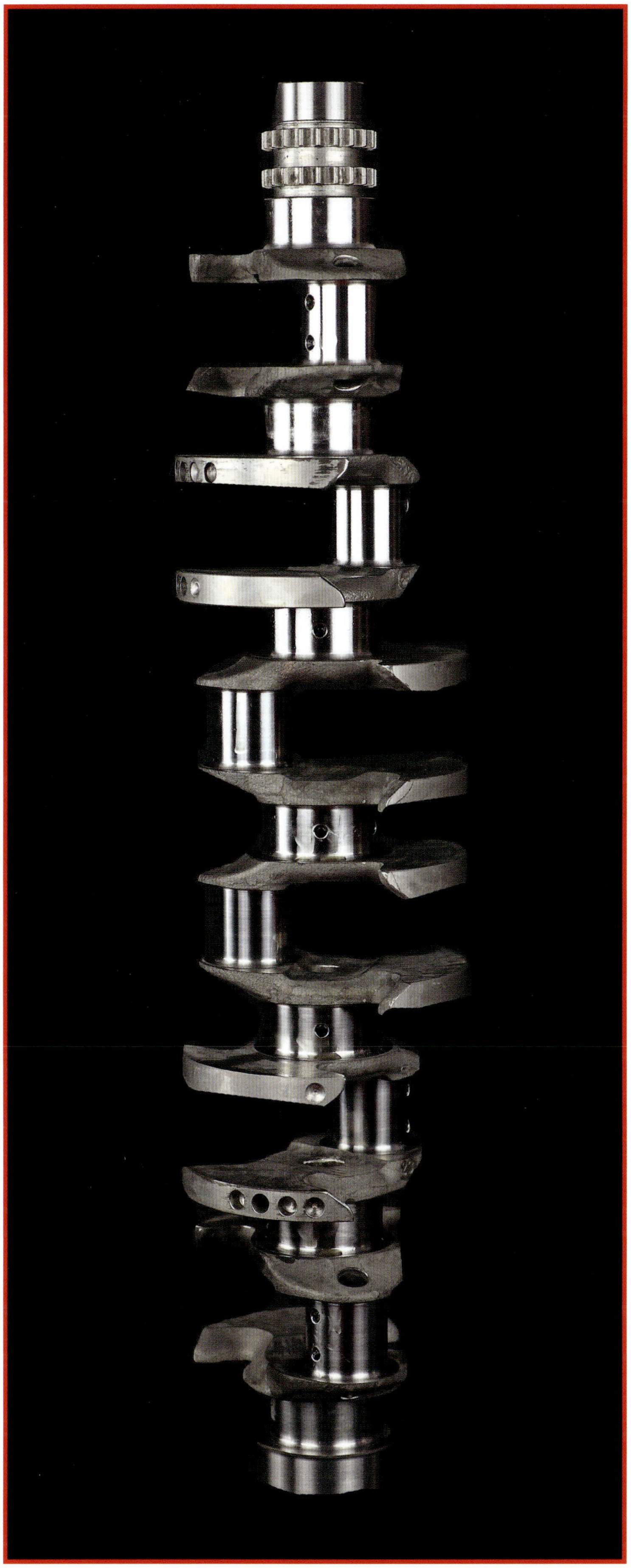

hergestellten Kolben (94 mm Bohrung, 75,2 mm Hub) extrem zurückgesetzte Kolbenschäfte. Das Verdichtungsverhältnis ist mit einem Wert von 12,3:1 außergewöhnlich hoch. Die Kurbelwelle, Pleuel, Ventile und Nockenwellen bestehen aus Stahl; zum Antrieb der Nockenwellen sind Steuerketten vorhanden. Sehr sorgfältig wurden die Auspuffkrümmer gestaltet, um die Schwingungen im Auspuffsystem zur Verbesserung der Füllung und damit zur Leistungssteigerung zu nutzen.

Die Gemischbildung erfolgt über eine Direkteinspritzung, das heißt der Kraftstoff wird nicht in das Saugrohr, sondern direkt in die Brennräume eingespritzt. Auch der zündende Funken wird in steckerintegrierten Zündspulen direkt an der jeweiligen Zündkerze erzeugt (ruhende Hochspannungsverteilung).

Zur Steuerung von Einspritzung und Zündung ist eine Bosch Motronic vorhanden.

Trotz des mit 1880 kg recht hohen Fahrzeuggewichts schiebt der 6,3-Liter-Motor den FF gewaltig vorwärts. Schon nach 3,7 Sekunden sind aus dem Stand 100 km/h erreicht und erst bei 335 km/h kommt die Tachonadel zum stehen. Möglich wird das durch die brachiale Leistung von 660 PS (492 kW) und einem Drehmoment von 683 Nm.

Der erste Ferrari-V-Motor mit einem 65°-Zylinderwinkel in einem Straßenmodell war der F116 B, der im 456 GT 2+2 eingebaut war. In den 90er Jahren entschieden sich die Ferrari-Ingenieure aufgrund der Erfahrungen aus der Formel 1 zur Abkehr vom 60°-Winkel der bisherigen „Colombo"-V12-Motoren und der Einführung des neuen V12-Winkels auch bei den Serienmodellen.

Neue FIA-Regularien führten 1989 in der Formel 1 zu einer Rückkehr der V12-Saugmotoren. Ein V12 mit 60°-Zylinderwinkel hat bauartbedingt einen perfekt ausbalancierten Kurbeltrieb und läuft daher sehr vibrationsarm, hat aber eine relativ große Bauhöhe. Daher wählte man für das neue Projekt einen V12 mit einem Zylinderwinkel von 65°, der zwar eine ungleichmäßigere Zündfolge hat, aber dafür deutlich gedrungener ist mit einem niedrigeren Schwerpunkt. Seit dem 456 GT bis heute ist der 65°-Winkel Standard bei allen Ferrari-V12.

Die Geschichte der Viersitzer aus Maranello begann vor über 50 Jahren. 1960 wurde mit dem 250 GT/E der erste „richtige" 2+2 von Ferrari vorgestellt, dem eine lange Reihe komfortabler Sportwagen folgte.

Bereits in den 50er Jahren gab es Ferrari-Modelle mit vier Sitzen, aber hier konnten auf den Rücksitzen wirklich nur Kinder Platz nehmen. Auch wenn die Viersitzer nicht den gleichen Zuspruch erfuhren wie die reinen Zweisitzer, baute Ferrari doch etliche begehrenswerte 2+2-Modelle. Wie bereits erwähnt begann diese Linie mit dem 250 GT/E, ihm folgten 1964 der 330 GT 2+2, 1967 der 365 GT 2+2, 1971 der GTC/4, 1972 der 365GT4 2+2, 1973 der 308 GT4, 1976 die Baureihe 400, 1980 die Baureihe Mondial, 1985 der 412, 1992 der 456 GT, 2004 der 612 Scaglietti, 2008 die Baureihe California, 2011 der

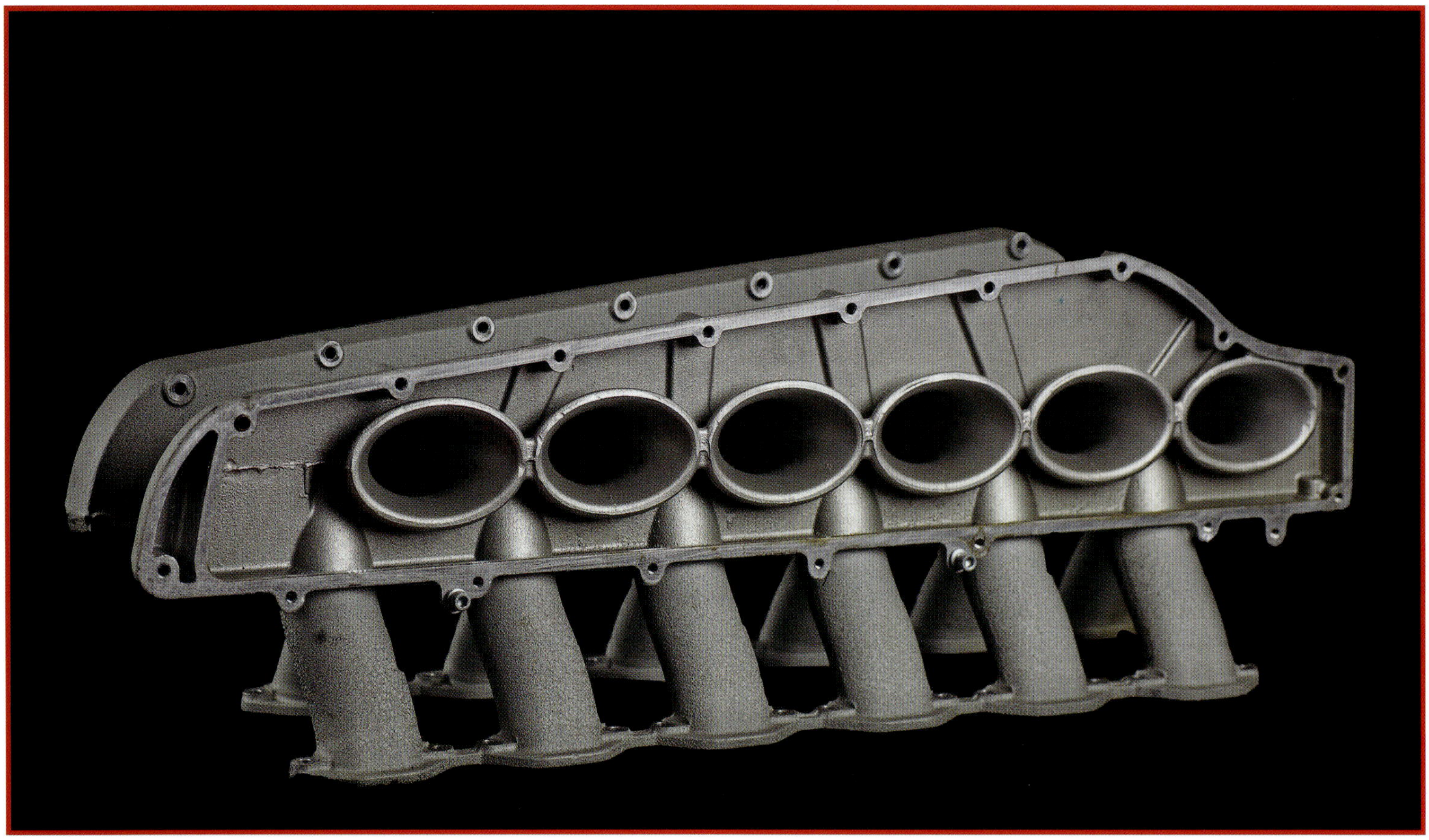

↑ Ein sehr aufwändiges Aluminiumgussteil ist der einteilige Ansaugstutzen. Die Ansaugrohre der Zylinderbänke kreuzen sich im Zylinder-V; auf die sichtbare Flanschfläche wird später der Luftsammler aufgesetzt.

FERRARI FF – TECHNISCHE DATEN

Motorbezeichnung	F140 EB
Motorbauweise	Längs eingebauter Frontmotor, V12, 65° Zylinderwinkel
Bohrung und Hub	94 x 75,2 mm
Gesamthubraum	6262 cm^3
Einzelhubraum	521,83 cm^3
Verdichtungsverhältnis	12,3 : 1
Maximale Leistung	660 PS (492 kW) bei 8000 min^{-1}
Literleistung	104 PS/Liter (77 kW/Liter)
Ventilsteuerung	Zwei obenliegende Nockenwellen pro Zylinderbank, vier Ventile pro Zylinder
Gemischaufbereitung	Direkteinspritzung, Bosch Motronic
Zündsystem	Ruhende Hochspannungsverteilung, eine Zündkerze pro Zylinder, Bosch Motronic
Schmiersystem	Trockensumpfschmierung
Kupplung	Zweischeiben-Trockenkupplung
Maximales Drehmoment	683 Nm bei 6000 min^{-1}
Zündfolge	1–7–5–11–3–9–6–12–2–8–4–10

FF und bis zum Zeitpunkt der Drucklegung 2016 der GTC4 Lusso und 2017 der Portofino.

Die höchste Ausbaustufe der Motorenbaureihe 140 bis heute ist der 2017 präsentierte F140 GA, der mit 6496 cm^3 den bisher größten Hubraum eines Ferrari-Motors aufweist. Dieser Saugmotor dient als Antrieb für den 812 Superfast. In den 15 Jahren, seit der erste F140-B-Motor im Ferrari Enzo zum Einsatz kam – der durch seine limitierte Stückzahl von 400 Exemplaren sofort zum Sammlerobjekt wurde – hat Ferrari den 65°-V12 kontinuierlich weiterentwickelt, was sich natürlich auch in einer stetig steigenden Leistung bemerkbar macht. Den 812 ziehen unglaubliche 800 Pferdestärken (597 kW) vorwärts – wehe, wenn sie losgelassen. Diese kaum vorstellbare Kraft war übrigens der Anlass, dass man erstmals in der Ferrari-Geschichte die Leistung in die Typenbezeichnung aufnahm: 812 steht für 800 PS und 12 Zylinder.

Falls das immer noch nicht reichen sollte – es gibt noch eine Steigerung. Zusammen mit „Hy-KERS“ leistet ein Vertreter der F140-Baureihe im La Ferrari sagenhafte 963 PS (718 kW) und ist damit das leistungsstärkste Triebwerk, das Ferrari je in einem Straßenmodell verwendet hat. Es scheint derzeit, dass der V12 auch in den kommenden Jahren, unterstützt von der sich ständig weiterentwickelnden Technik, seine mit einem Symphonieorchester vergleichbaren Lebensäußerungen von sich geben darf. Angesichts des Fortschritts der elektrischen Antriebe und der dazugehörigen Technik stellt sich jedoch die Frage, ob in Zukunft

↑ Die vier Ventile eines Zylinders. Gut erkennbar ist die entgegengesetzte Wicklungsrichtung der äußeren und inneren Ventilfeder. Damit soll ein Verhaken der Federn verhindert werden, falls es zu einem Federbruch kommen sollte.

→ Nahaufnahme der eingesetzten Zylinderlaufbüchsen.

↘ Die Stirnseite eines umgedreht abgebildeten Zylinderkopfs. Am unteren Bildrand sind die Lagerstellen der Nockenwellen zu erkennen.

↓ Natürlich darf der Ferrari-Schriftzug auf den rot lackierten Luftsammlern nicht fehlen.

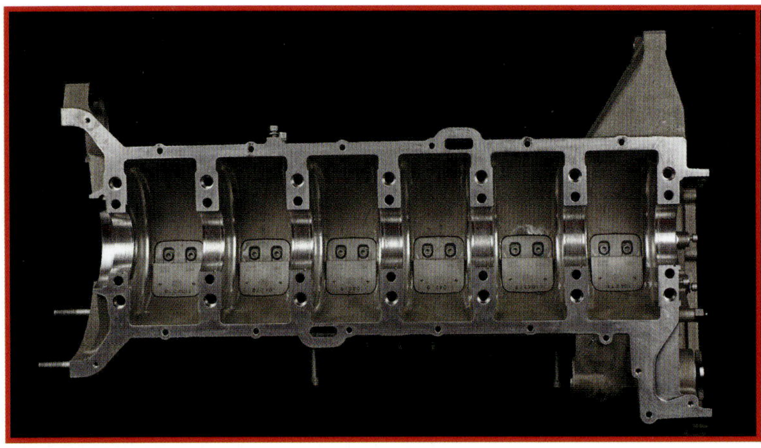

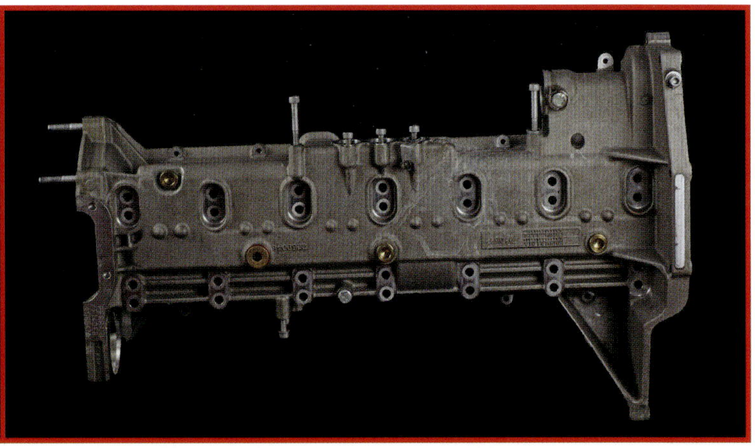

der V12-Sound tatsächlich ein gänsehauterzeugendes Auspuffröhren ist, oder ob wir uns an die künstlich erzeugte Soundkulisse aus dem Computer gewöhnen müssen.

↖ Innenansicht des Motorgehäuseunterteils, in das die unteren Lagerdeckel und die Ölwanne integriert sind.

↑ Das Motorgehäuseunterteil von unten betrachtet.

→ Das Schwungradgehäuse aus Leichtmetallguss ist an die Motorrückseite angeflanscht. Über den Zapfen am oberen Bildrand wird die Kraft an das Transaxle-Getriebe in der Hinterachse übertragen.

↓ Mit etwas Augenmaß kann der größere Zylinderwinkel von 65° am vorderen Steuergehäuse erkannt werden.

↑ Die Vorderansicht des FF mit dem geschwungenen Kühlergrill lässt Erinnerungen an frühere Ferrari-Modelle aufkommen.

↑ Ferraris erster Allradwagen ist als Sportkombi ausgelegt.

→ Das Wappen der Scuderia Ferrari ist als Emblem in den Vertiefungen der seitlichen Luftauslässe angebracht.

↘ Die Einzelrücklichter sind in Vertiefungen neben der Heckklappe eingelassen.

↘↘ An den 458 Italia erinnert die außergewöhnliche Form der vorderen Scheinwerfer.

↘↘↘ Trotz der mächtigen Reifendimensionen mit 235/35 R 20 vorn und 285/35 R 20 hinten meistert der FF dank seines Allradantriebs souverän auch widrige Straßenbedingungen.

↓ Die fließenden Linien und seine gedrungene Form lassen nicht vermuten, dass es sich beim FF um einen vollwertigen Viersitzer handelt.

Ferrari
Ferrari

Ferrari
Ferrari
FRAM

Weitere Serienmotoren

Abschließend sollen noch zwei Serienmotoren vorgestellt werden, die eine gewisse Beziehung zu den bisher vorgestellten Typen haben. Diese beiden Motoren dienten in zwei der legendärsten jemals gebauten Ferrari-Modelle als Antrieb – dem 1968 erschienenen 365 GTB4 „Daytona" und dem F40, der 1987 zum 40-jährigen Jubiläum von Ferrari aufgelegt wurde.

← Der 4,4-Liter-DOHC-V12 des 365 GTB4 „Daytona" war eine Weiterentwicklung des 275-GTB4-Motors, der wiederum auf den 330-GTS-Motor (siehe Seite 90) zurückging.

↓ Dank Doppelturboaufladung leistete der 2,9 Liter große V8 des F40 stolze 471 PS (351 kW). Das Getriebe des längs eingebauten Mittelmotors lag hinter der Hinterachse und war eine Weiterentwicklung des 288-GTO-Getriebes von 1984.

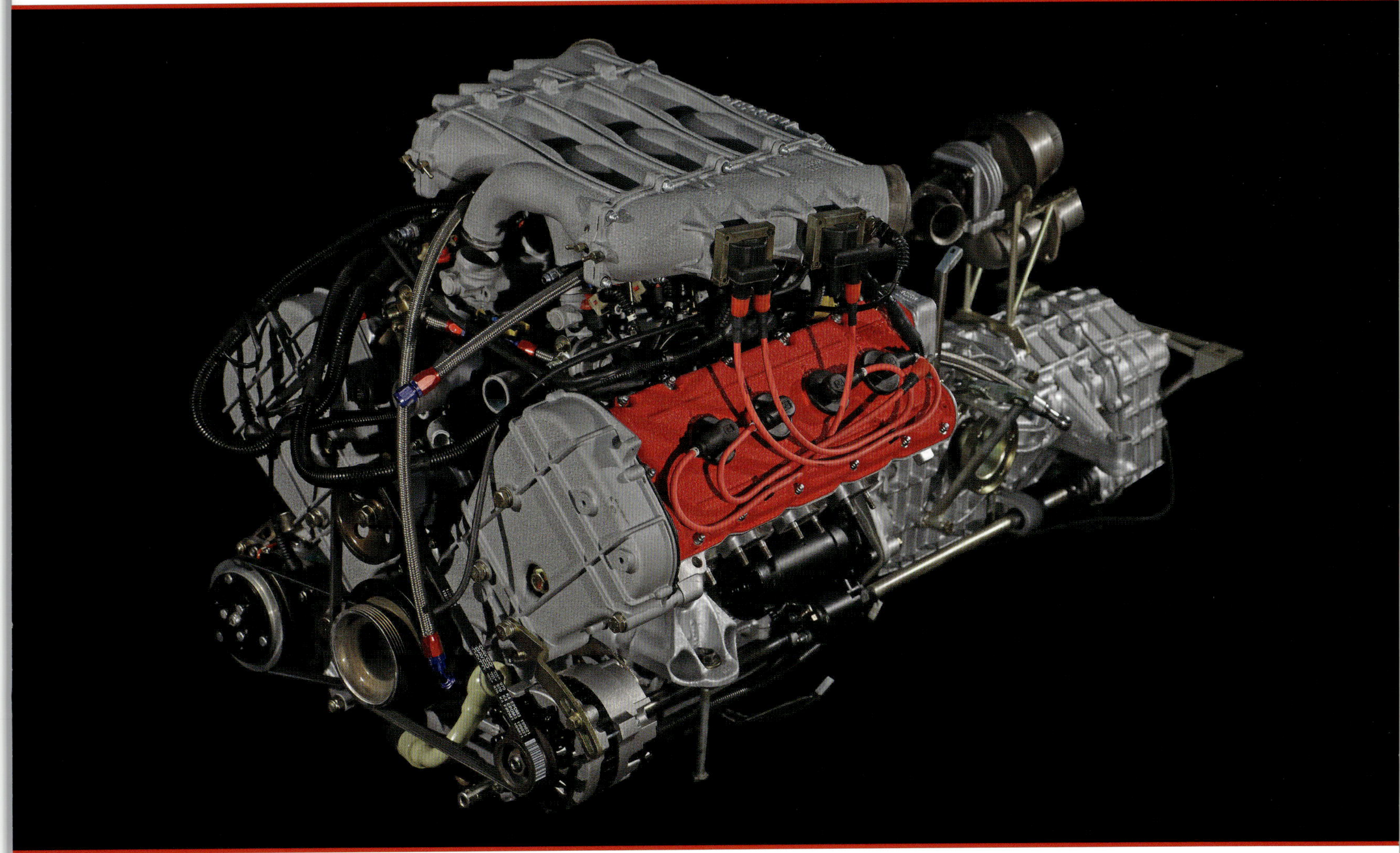

Wettbewerbsmotoren

Wie schon erwähnt, folgte man bei Ferrari immer der Philosophie, dass „Rennsport die Serie verbessert" und viele technische Merkmale der Ferrari-Straßenmodelle hatten ihren Ursprung in den Rennwagen der Scuderia. Daher soll dieses Buch mit der Vorstellung von einigen mustergültig konstruierten Rennmotoren von Ferrari schließen.

↓ Auf dem Zeichenbrett von Aurelio Lampredi entstand dieser DOHC-Reihenvierzylinder mit 2,5 Litern Hubraum, der 1955 im Grand-Prix-Wagen Super Squalo eingebaut war. Ferrari gab eine Leistung von 270 PS (201 kW) bei 7500 min^{-1} an.

➔ Die Wettbewerbsversion des SOHC-V12 mit 3,3 Litern Hubraum, der 1965 im Ferrari 275 GTB/C verwendet wurde. Der Straßenvariante ist ein Kapitel dieses Buchs gewidmet.

↓ Der 5,0-Liter-DOHC-V12, mit dem Ferrari 1970 gegen die Porsche 917 bei den Langstreckenrennen antrat. Er war im 512S eingebaut und leistete etwa 540 PS (400 kW).

↓ Die Wettbewerbsausführung des DOHC-V8-Motors aus dem 308 GTB, der in der Straßenversion auf den Seiten 138 – 153 vorgestellt wird. Anstelle der Vergaser ist hier eine Einspritzanlage vorhanden.

Faszination
FERRARI

MARANELLO
DAS MAGAZIN FÜR FERRARISTI
World
FORMEL 1
Neue Mannschaft
GTO MIT MITTELMOTOR
Die verpasste Rennsportkarriere des 250 LM
FRÜHJAHRSPUTZ
Ein Dino wird aus dem Winterschlaf geweckt
GRAN TURISMO
FÜNF IKONEN VOM DAYTONA BIS ZUM SUPERFAST
CONCORSO ITALIANO
Schöner als Pebble Beach?
LA PASSIONE FERRARI
Jean-Louis Bezemer im Portrait
MODELLISMO
Neue Ferrari-Miniaturen